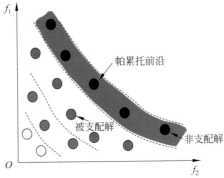

图 1.3　多目标优化问题中的非支配解、被支配解和帕累托前沿示意图

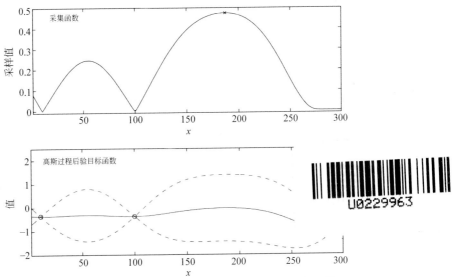

图 2.1　贝叶斯优化示意图：最大化具有一维连续输入的目标函数 f

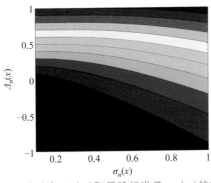

图 2.3　$\mathrm{EI}_n(x)$ 在 $\Delta_n(x)$ 和后验标准差 $\sigma_n(x)$ 的等高线

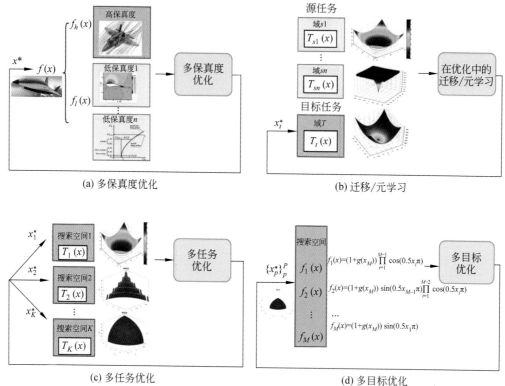

(a) 多保真度优化

(b) 迁移/元学习

(c) 多任务优化

(d) 多目标优化

图 3.2　多保真度优化、迁移/元学习、多任务优化和多目标优化之间的相似性和差异

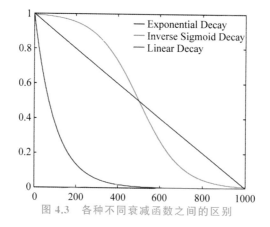

图 4.3　各种不同衰减函数之间的区别

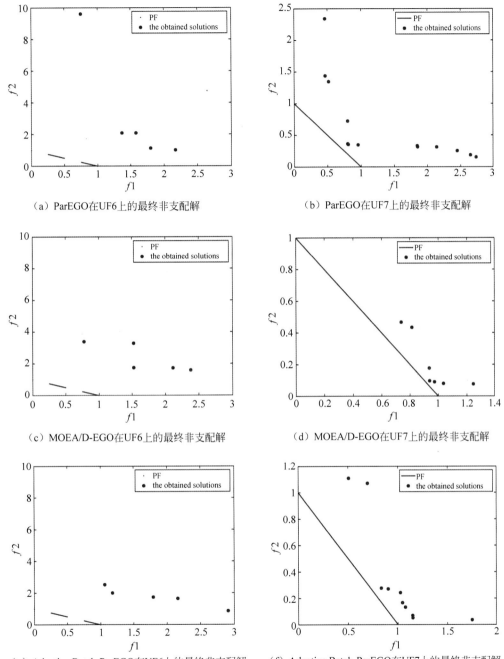

（a）ParEGO在UF6上的最终非支配解

（b）ParEGO在UF7上的最终非支配解

（c）MOEA/D-EGO在UF6上的最终非支配解

（d）MOEA/D-EGO在UF7上的最终非支配解

（e）Adaptive Batch-ParEGO在UF6上的最终非支配解

（f）Adaptive Batch-ParEGO在UF7上的最终非支配解

图 4.5　ParEGO、MOEA/D-EGO 和 Adaptive Batch-ParEGO 在 UF6 和 UF7 上得到的最终非支配解

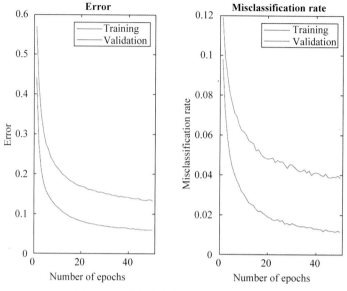

（a）ParEGO在超参调优任务上的表现性能

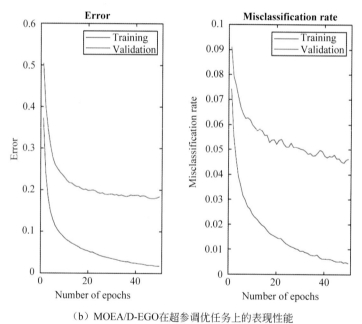

（b）MOEA/D-EGO在超参调优任务上的表现性能

图 4.6　ParEGO 和 MOEA/D-EGO 在超参调优任务上的表现性能

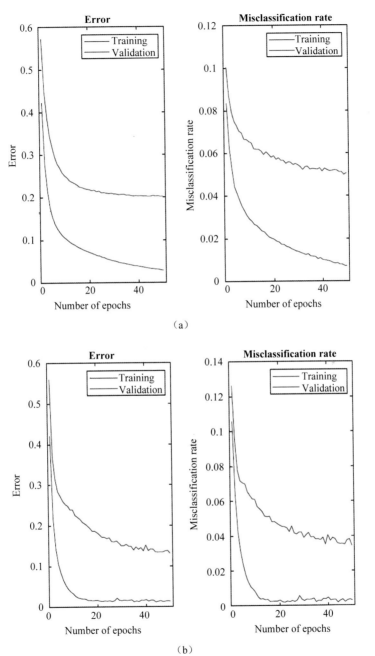

图 4.7　Adaptive Batch-ParEGO 在超参调优任务上的表现性能

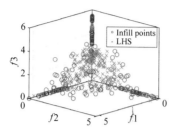 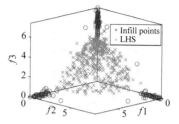

（a）20维DTLZ2上的初始解和候选解　　（b）40维DTLZ2上的初始解和候选解

图 5.2　ParEGO 中的边界问题示例

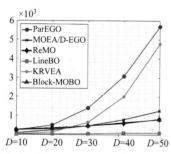 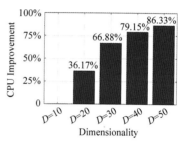

（a）多目标贝叶斯优化方法的CPU计算时间　（b）Block-MOBO相对于ParEGO的CPU计算时间的具体改进

图 5.3　相关基线多目标贝叶斯优化方法的 CPU 计算时间性能

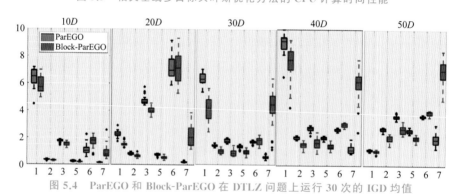

图 5.4　ParEGO 和 Block-ParEGO 在 DTLZ 问题上运行 30 次的 IGD 均值

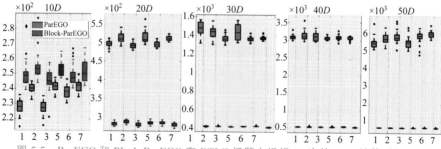

图 5.5　ParEGO 和 Block-ParEGO 在 DTLZ 问题上运行 30 次的 CPU 计算时间均值

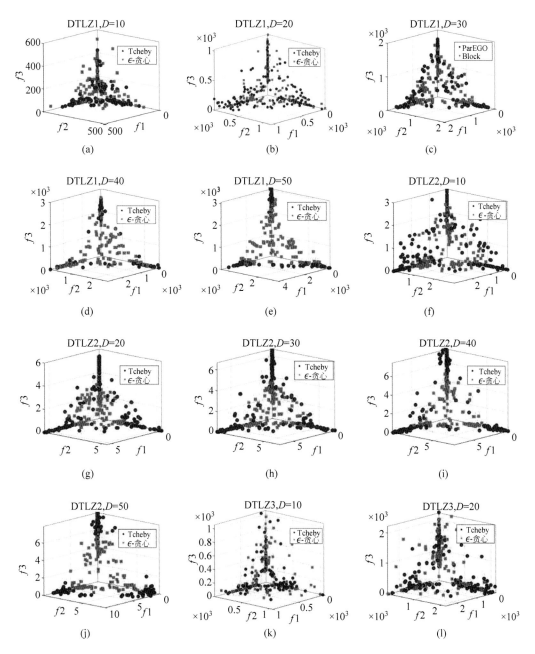

图 5.6 基于增广切比雪夫函数的获取函数和ϵ-贪心获取
函数在 DTLZ1-3 上获得的 200 个最终候选解

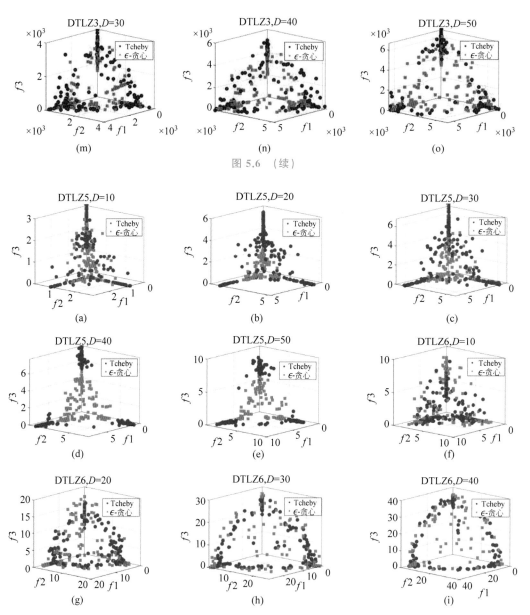

图 5.6 （续）

图 5.7 基于增广切比雪夫函数的获取函数和ϵ-贪心获取函数
在 DTLZ5-7 上获得的 200 个最终候选解

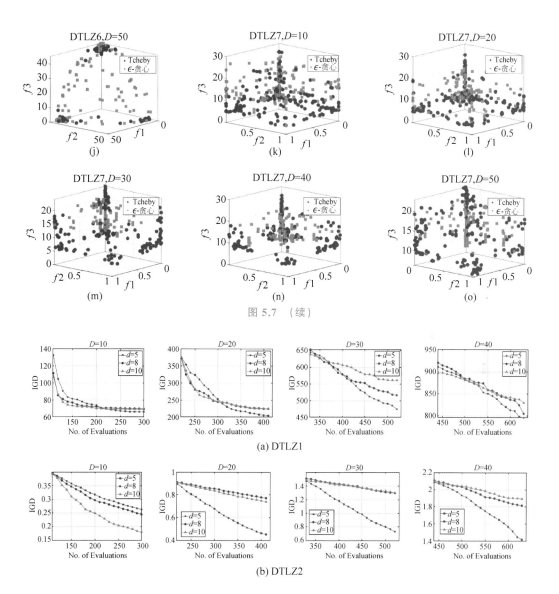

图 5.7　（续）

(a) DTLZ1

(b) DTLZ2

图 5.8　$d = \{5, 8, 10\}$ 时，Block-MOBO 在 DTLZ1-3 和 DTLZ5-6 上运行
30 次的 IGD 均值随迭代次数变化的趋势

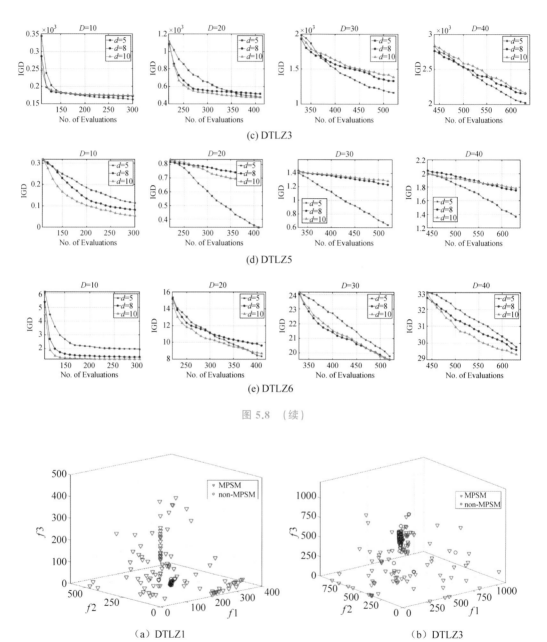

(c) DTLZ3

(d) DTLZ5

(e) DTLZ6

图 5.8 （续）

（a）DTLZ1

（b）DTLZ3

图 6.1 可加单目标和可加双目标获取函数在 $D=10$ 维 DTLZ1 和 DTLZ3 上的最终目标空间

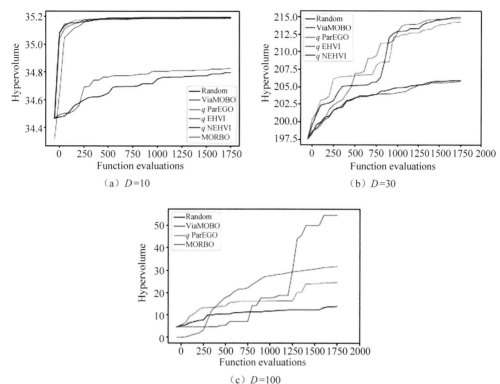

（a）$D=10$

（b）$D=30$

（c）$D=100$

图 7.1　相关基线方法在 $D=\{10,30,100\}$ 维 DTLZ2 问题
上的 HV 值随函数评估次数的变化趋势图

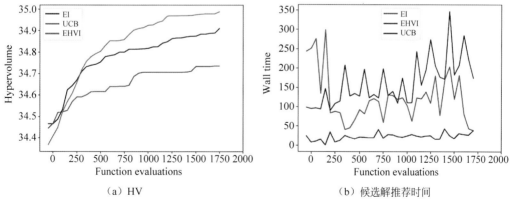

（a）HV

（b）候选解推荐时间

图 7.2　EI、UCB 和 EHVI 在 DTLZ2 上 HV 值和候选解推荐时间(秒)
随函数评估次数的变化趋势图

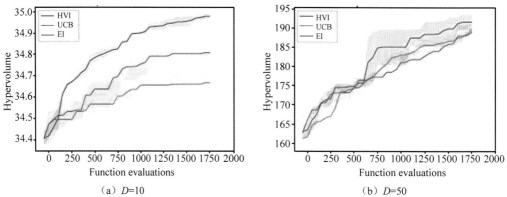

(a) D=10 　　　　　　　　　　　　　　　　 (b) D=50

图 7.3　EI、UCB 和 HVI 在 D＝{10,50} 维 DTLZ2 上 HV 值随函数评估次数的变化趋势图

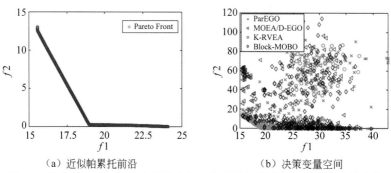

(a) 近似帕累托前沿 　　　　　　　　 (b) 决策变量空间

图 8.3　带有偏好信息的汽车驾驶室设计问题的近似帕累托前沿和决策空间

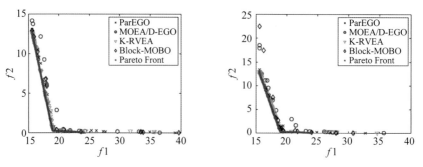

(a) HV 中值对应的运行次数的最终非支配解 　 (b) IGD 中值对应的运行次数的最终非支配解

图 8.4　多目标贝叶斯优化方法在带有偏好信息的汽车驾驶室设计问题上的非支配解

多目标贝叶斯优化

面向大模型的超参调优理论

徐　华
王　洪
袁　源
　　燕
　　源
　　著

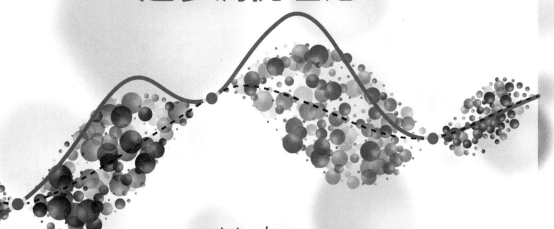

清华大学出版社
北京

内 容 简 介

以大规模深度学习模型超参调优为代表的评估代价昂贵的多目标优化问题被称为昂贵的多目标优化问题(Expensive MOPs)。昂贵的多目标优化问题广泛存在于现实世界中的不同应用领域。其优化目标通常为黑盒函数，且求得其真实目标函数值的评估代价高昂；而现实世界的有限资源和成本只允许求解器进行有限次函数评估，用于搜索该类问题的帕累托前沿。多目标贝叶斯优化方法能有效地求解该类问题，其利用高斯过程代理模型近似原优化问题以降低函数评估成本，并使用能平衡利用和探索之间关系的获取函数推荐候选解。本书关注大模型超参调优这类昂贵的多目标优化问题，针对其经典的求解方法(贝叶斯优化方法)开展理论方法探索。针对低维和高维决策空间中的并行化函数评估问题、获取函数优化效率问题以及维度灾难和边界问题，本书对多目标贝叶斯优化方法进行四方面的研究，旨在有效地求解低维和高维昂贵的多目标优化问题。

本书可作为当前大模型超参调优理论研究与应用实践的指导书，也可作为演化学习、智能优化、大数据及人工智能等相关专业的教材和参考书。

图书在版编目(CIP)数据

多目标贝叶斯优化：面向大模型的超参调优理论/
徐华，王洪燕，袁源著. --北京：清华大学出版社，
2024. 7. -- ISBN 978-7-302-66751-3

Ⅰ. TP274

中国国家版本馆 CIP 数据核字第 2024CL1749 号

责任编辑：白立军　常建丽
封面设计：刘　乾
责任校对：王勤勤
责任印制：刘　菲

出版发行：清华大学出版社
　　　　　网　　　址：https://www.tup.com.cn，https://www.wqxuetang.com
　　　　　地　　　址：北京清华大学学研大厦 A 座　　　　　邮　　编：100084
　　　　　社 总 机：010-83470000　　　　　　　　　　　　邮　　购：010-62786544
　　　　　投稿与读者服务：010-62776969，c-service@tup.tsinghua.edu.cn
　　　　　质量反馈：010-62772015，zhiliang@tup.tsinghua.edu.cn
　　　　　课件下载：https://www.tup.com.cn，010-83470236
印 装 者：三河市铭诚印务有限公司
经　　销：全国新华书店
开　　本：185mm×230mm　　　印　张：12　彩　插：6　　字　数：264 千字
版　　次：2024 年 7 月第 1 版　　　　　　　　　　　　　印　次：2024 年 7 月第 1 次印刷
定　　价：59.00 元

产品编号：104094-01

前　言

　　习近平总书记在党的二十大报告中指出:教育、科技、人才是全面建设社会主义现代化国家的基础性、战略性支撑。 必须坚持科技是第一生产力、人才是第一资源、创新是第一动力,深入实施科教兴国战略、人才强国战略、创新驱动发展战略,这三大战略共同服务于创新型国家的建设。 报告同时强调:推动战略性新兴产业融合集群发展,构建新一代信息技术、人工智能、生物技术、新能源、新材料、高端装备、绿色环保等一批新的增长引擎。

　　当前,人工智能日益成为引领新一轮科技革命和产业变革的核心技术。 其中,智能优化作为一种重要的计算方法,其在大模型调参、控制系统设计、工业调度、软件工程等实际应用中,已经展现出独特优势和巨大潜力。 该类问题通常需要耗费大量时间和成本的模拟或实验,导致极高的计算成本。 以广泛应用于自然语言处理、音频分析和计算机视觉中的大模型超参调优任务为例,人们希望在提高模型精度的同时降低网络的复杂度或训练时间。 对于大模型而言,模型的单次训练可能需要许多 GPU 计算天数(GPU Days)。

　　以超参数调优任务为例,较好的深度学习大模型应该具有较低的训练成本和较高的准确率,但实际很难找到一组超参数能够同时使这两个子目标达到最优。 如果是大模型或超大模型训练,需要的评估代价会更高昂。 如上述超参调优任务评估代价昂贵的多目标优化问题被称为昂贵的多目标优化问题。

　　面向求解昂贵的多目标问题的贝叶斯优化方法,本书围绕低维决策空间和高维决策空间中的串行函数评估、获取函数优化效率低、维度灾难和边界问题等关键问题,针对求解昂贵的多目标优化问题的贝叶斯优化方法展开四方面的研究。 针对上述理论研究方法,本书还给出理论方法在一个真实昂贵的多目标优化问题数据集上的应用验证,以验证理论方法的有效性和可行性。

　　本书是演化学习与智能优化系列专著的第三部,作者的研究团队后续将及时梳理和归纳总结相关的最新成果,以系列图书的形式分享给读者。 本书既可以作为大模型参数调优、演化学习、智能优化等领域的理论性教材,也可作为优化调度、决策智能、演化学习、智能系统等方面系统与产品研发重要的理论方法参考书。 本书相关的内容资料（如算法、代码、数据集等）可在开源社区下载（下载地址可查阅 THUAIR 官网或者联系作者索取）。 由于多目标贝叶斯优化是一个崭新的快速发展的研究领域，受限于作者的学识和知识的认知范围，书中错误和不足之处在所难免，衷心希望对我们的图书提出宝贵的意见和建议。

本书的相关工作受国家自然科学基金项目（No. 61673235、61175110、60875073、60575057）的持续资助支持。 同时更要感谢在本书写作过程中，清华大学计算机科学与技术系智能技术与系统国家重点实验室陈小飞、张肖寒等同学对于书稿整理所付出的艰辛努力，以及王洪燕同学和北京航空航天大学合作研究者袁源教授在相关研究方向上的合作创新。 没有各位团队成员的努力，本书无法以体系化的形式呈现在读者面前。

作 者

2024 年 5 月于北京

目　录

第1章 概　述

1.1　研究背景

现实世界中的许多优化问题涉及大量决策变量和多个可能冲突的优化目标,例如机器人设计[1]、模拟电路设计[2]、超参数调优[3]以及航空航天[4]和智能交通领域[5-11]的优化问题等。在这些问题中,需要在给定的约束条件下找到最佳的决策变量组合,以最大化或最小化一组目标函数。该类问题通常需要耗时的模拟或实验,导致极高的计算成本。以广泛应用于自然语言处理、音频分析和计算机视觉中的神经网络超参调优任务为例,人们希望在提高模型精度的同时降低网络的复杂度或训练时间。在优化机器学习模型时,同时优化模型精度和复杂度(或训练时间)是一项挑战。这涉及对多个超参数进行调整,包括隐藏层数、每个隐藏层的神经元数量、学习率、批处理大小、权重衰减率、优化算法以及与正则化权重惩罚相关的参数等。通过合理地选择和调整这些超参数,可以找到一种权衡关系,以获得既具有高精度且复杂度低或训练时间短的模型。对于某些复杂的神经网络,模型的单次训练可能需要许多 GPU 计算天数(GPU Days)。为了获得更好的模型性能,通常需要进行多次模型训练,尝试不同的超参数组合。然而,这种迭代性训练方法会导致巨大的计算成本。因此,一种可行的解决方案是在可接受的计算成本范围内对问题进行优化,以获得满意的可行解。这意味着需要在有限的计算资源下,通过智能化的优化策略和算法选择,找到适合问题需求的超参数组合,以实现性能和计算成本的权衡。

以超参数调优任务为例,较好的神经网络模型应该具有较低的训练成本和较高的准确率,但实际很难找到一组超参数能够同时使这两个子目标达到最优。基于种群的多目标进化算法(Multi-objective Evolutionary Algorithms,MOEAs)是求解多目标优化问题的一类有效算法。经典的多目标进化算法包括 NSGA-Ⅱ[12]、SPEA2[13]、PESA-Ⅱ[14]、MOEA/D[15]、NSGA-Ⅲ[16-17]以及这些算法的相关改进算法[18-20]等。该类进化算法采用种群进化、优胜劣汰的思想,通过选择、交叉、变异等操作算子逐步改进种群中的个体,直至找到原多目标优化问题的可行解。尽管该类算法能够有效地求解多目标优化问题,但是它们往往需要大量的函数评估,一般是几万、几十万甚至几百万次函数评估,才能搜索到满意的可行解。以上述经典的进化算法为例,NSGA-Ⅱ、SPEA2、PESA-Ⅱ、MOEA/D 和 NSGA-Ⅲ 分别使用了 25000、1000000、20000、25000～70000 和 150000 次函数评估。

特别地,如上述超参调优任务评估代价昂贵的多目标优化问题被称为昂贵的多目标优化问题(Expensive MOPs)。进化算法在面对有限的函数评估次数和昂贵的多目标优化问题时,其优化性能大打折扣。为了克服这一问题,可以采用智能和高效的基于代理模型的优化方法,利用已有样本信息构建模型,在模型指导下进行超参数搜索,以在有限的函数评估次数内更有效地探索超参数空间,获得更好的优化结果。求解昂贵的多目标优化问题具有两大挑战。如果昂贵的多目标优化问题具有大量决策变量(大于或等于 10),由于维度灾难[21]会更具挑战性。一般地,具有超过 10 个决策变量的昂贵的多目标优化问题被称为高维昂贵的多目标优化问题(High-dimensional Expensive MOPs)[22-26]。图 1.1 展示了多目标优化问题、昂贵的多目标优化问题和高维昂贵的多目标优化问题的关系。

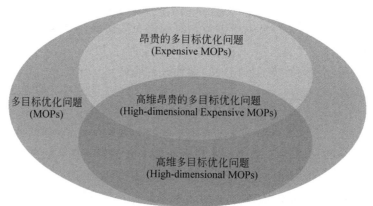

图 1.1　多目标优化问题、昂贵的多目标优化问题和高维昂贵的多目标优化问题的关系

基于代理模型的方法可以有效地求解昂贵的多目标优化问题。不同于真实的代价高昂的仿真实验,该类方法利用一组先验数据构建代理模型,用来近似原昂贵的多目标优化问题,且该代理模型较原优化问题具有相对低的评估代价。利用高斯过程(Gaussian Process,GP)[27]的贝叶斯优化(Bayesian Optimization,BO)[28]是一种有效的黑盒全局优化算法,该类方法充分沿袭高斯过程的简单性、有效性和优美的数学性质,成为最经典的基于代理模型的昂贵多目标优化方法之一。

贝叶斯优化方法起源于神经网络的超参调优任务[28],其可在有限的函数评估次数内,求得昂贵的黑盒多目标优化问题的满意解。利用贝叶斯优化方法求解诸如机器人、模拟电路设计、超参调优和航空航天等领域中的实际昂贵的多目标优化问题,既可以节约大量评估成本,又能保证在目标函数是黑盒的情况下找到全局最优解。所以,贝叶斯优化方法的研究对实际应用领域的优化问题具有较高的指导意义。

1.2　昂贵的多目标优化问题

本节将从数学角度阐述本书的主要研究问题,即昂贵的多目标优化问题。其主要内容包括昂贵的多目标优化问题定义及与其相关的基础概念,即帕累托支配关系、帕累托最优集、帕累托前沿、θ-支配关系、交互变量、目标函数可分性和可分多目标优化问题。

不失一般性,本书考虑如下连续昂贵的多目标优化问题,即

$$\text{minimize } \boldsymbol{F}(x) = (f_1(x), f_2(x), \cdots, f_M(x))^{\mathrm{T}}$$

$$\text{subject to } x \in \mathbb{R}^D \tag{1-1}$$

其中,$\mathbb{R}^D$ 是决策(变量)空间;$\mathbb{R}^M$ 是目标空间;$F: \mathbb{R}^D \to \mathbb{R}^M$ 是从决策向量 $\boldsymbol{x} = (x_1, x_2, \cdots, x_D)^{\mathrm{T}}$ 到目标向量 $\boldsymbol{F}(x) = (f_1(x), f_2(x), \cdots, f_M(x))^{\mathrm{T}}$ 的映射。决策空间包含 D 个决策变量维度,目标空间包含 M 个可能相互冲突的优化子目标。$F(x)$ 的单次评估代价昂贵,并且由于可用资源的有限性,只能进行有限次的函数评估。为了描述方便,本书将 D 记为决策变量空间的维度。特别地,当 $D \geqslant 10$ 时,原昂贵的多目标优化问题被称为高维昂贵的多目标优化问题。图 1.2 给出了本书考虑的昂贵的多目标优化问题的示例。

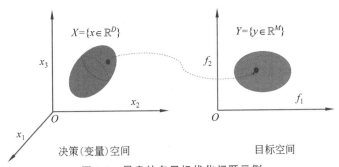

图 1.2　昂贵的多目标优化问题示例

昂贵的多目标优化问题的挑战性主要在于两方面。首先,因为多个子目标之间可能存在冲突性,即一个子目标的变动容易引起其他目标的变动,所以优化器很难搜索到一个最优解 $x^* = \{x_1^*, x_2^*, \cdots, x_D^*\}$ 能同时最小化或者最大化所有 M 个子目标。其次,该类问题的单次函数评估代价昂贵,但受限于现实资源,只能执行有限次的函数评估,导致查找全局最优解的难度大大增加。因为维度诅咒(the Curse of Dimensionality)[21] 和边界问题(Boundary Issue)[29],求解高维昂贵的多目标问题通常具有更高的挑战性。具体而

言,维度诅咒又称维度灾难,在本书中体现在两方面:采样复杂度随着决策变量维度呈指数增长,即使样本量非常大也不可能用有限多的样本点密集地填充决策空间;高斯过程的采样复杂度随数据点个数呈指数增长。边界问题又称过度探索(Over Exploration),一般指优化算法搜索到的最终解大多位于搜索空间的边界区域,是不可行解或低质量的可行解,导致过多的函数评估代价耗费在搜索边界附近区域。

为描述方便,在此引出如下多目标优化问题中的相关概念。

定义 1.1:帕累托支配关系(Pareto Dominance)[30]

假设存在两个向量 $\boldsymbol{u}=(u_1,u_2,\cdots,u_m)$ 和 $\boldsymbol{v}=(v_1,v_2,\cdots,v_m)$,当且仅当 $\boldsymbol{u}$ 偏序小于 $\boldsymbol{v}$,称 $\boldsymbol{u}$ 支配 $\boldsymbol{v}$(记为 $\boldsymbol{u}\preccurlyeq v$),即 $\forall i\in\{1,2,\cdots,m\},i\leqslant v_i \wedge \exists i\in\{1,2,\cdots,m\}:u_i<v_i$。

定义 1.2:帕累托最优集(Pareto Optimal Set,POS)[31]

一个能够最好地平衡所有优化子目标的解 $x^*\in\mathbb{R}^D$ 被称为帕累托最优解。即存在解 $x'\in\mathbb{R}^D$ 使得 $\boldsymbol{v}=F(x')=(f_1(x'),f_2(x'),\cdots,f_M(x'))^{\mathrm{T}}$ 支配 $\boldsymbol{u}=F(x^*)=(f_1(x^*),f_2(x^*),\cdots,f_M(x^*))^{\mathrm{T}}$。一个多目标优化问题的所有帕累托最优解的集合称为帕累托最优集 P^*。

定义 1.3:帕累托前沿(Pareto Front,PF)[32]

对于给定的如定义 1.1 所示的多目标优化问题 $F(x)$ 和其帕累托最优集 P^*,P^* 对应的所有非支配目标向量的集合称为帕累托前沿 PF^*,即 $PF^*=\{u=F(x)\,|\,x\in P^*\}$。

图 1.3 展示了一个最大化、有两个子目标的多目标优化问题的非支配解、被支配解和帕累托前沿。其中,黑色的点代表非支配解,其他颜色的点代表被支配解;由所有非支配解组成的前沿面为帕累托前沿,是对应于帕累托最优解集的非支配目标向量的集合。

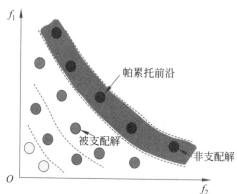

图 1.3 多目标优化问题中的非支配解、被支配解和帕累托前沿示意图(见彩插)

定义 1.4:θ-支配关系[19]

给定 N 个均匀分布的权重向量 $\boldsymbol{\Lambda}=\{\lambda_1,\lambda_2,\cdots,\lambda_N\}$,使得 X_t 中的每个解 x_t 都与 N

个簇 $\{C_1, C_2, \cdots, C_N\}$ 中的一个簇相关联。设 $\mathcal{F}_j(x_t) = d_{j,1}(x_t) + \theta d_{j,2}(x_t), j \in [1, 2, \cdots, N]$，其中 $d_{j,1}(x_t)$ 和 $d_{j,2}(x_t)$ 分别为

$$d_{j,1}(x_t) = \frac{\| \hat{\boldsymbol{F}}(x)^{\mathrm{T}} \lambda_j \|}{\| \lambda_j \|} \tag{1-2}$$

和

$$d_{j,2}(x_t) = \left\| \hat{\boldsymbol{F}}(x)^{\mathrm{T}} - d_{j,1}(x_t) \frac{\lambda_j}{\| \lambda_j \|} \right\| \tag{1-3}$$

$\hat{\boldsymbol{F}}(x)$ 是多目标优化问题的归一化目标向量。给定两个解 $x_t', x_t'' \in X_t, x_t'$ 被称为 θ-支配 x_t''，记为 $\prec_\theta$，当且仅当 $x_t' \in C_j, x_t'' \in C_j$，且 $\mathcal{F}_j(x_t') < \mathcal{F}_j(x_t''), j \in [1, 2, \cdots, N]$。$d_{j,2}(x_t) = 0$ 能够完美地保证多样性。当 $d_{j,2}(x_t) = 0$ 时，$d_{j,1}(x_t)$ 的值越小，表示收敛性越好。

定义 1.5：目标函数可分性[35]

一个函数 $f(x): R^n \to R$ 是部分可分的，如果其可以表示为多个子函数的和 $f(x) = \sum_{i=1}^{M} f_i(x_i)$，每个子函数依赖于一组如定义 1.5 所示的相互依赖的变量，如果所有子函数都是一维函数，那么函数 $f(x)$ 被称为完全可加可分的或完全可分的函数。如果 $f(x)$ 既不部分可分，也不完全可分，就被称为不可分函数。

1.3　研究现状分析

本节主要介绍用于求解昂贵的多目标优化问题的贝叶斯优化方法的相关工作。因为本书的研究内容分别聚焦于低维和高维决策空间中的多目标贝叶斯优化方法，所以 1.3.1 节和 1.3.2 节分别对低维和高维多目标贝叶斯优化方法的相关研究进行综述。本节首先对低维决策空间中的基于自适应采样的批量多目标贝叶斯优化方法的相关研究进行介绍，如 1.3.1 节中"基于 EGO 的多目标贝叶斯优化方法"内容所示。其次分别对基于块坐标更新的、可加高斯结构的和变量交互分析的高维多目标贝叶斯优化方法的研究现状进行阐述（分别对应本节其他小节内容）。

1.3.1　低维多目标贝叶斯优化方法

多目标贝叶斯优化方法是求解昂贵黑盒问题的有效方法之一。根据获取函数的种类，当前典型的多目标贝叶斯优化方法可以大致分为 3 类，即基于有效全局优化（Efficient Global Optimization，EGO）[37]、基于超体积改进（Hypervolume Improvement，HVI）和基于预测熵搜索（Predictive Entropy Search，PES）的多目标贝叶斯优化方法。下面分别对 3 种相关工作进行综述。

1. 基于 EGO 的多目标贝叶斯优化方法

基于 EGO 的多目标贝叶斯优化方法将单目标 EGO 方法进行扩展用于求解多目标优化问题。该类方法主要包括 ParEGO[38]、SMS-EGO[39]、MOEA/D-EGO[40] 及这 3 种方法的其他变形,如 EGOMO[41]、Simple-EGO[42]、Multi-objective EGO[43] 和 MOEA/D-ASS[44] 等。具体而言,ParEGO 首先通过增广切比雪夫(the Augmented Tchebycheff)函数将原多目标优化问题的多个子目标对应的评估代价聚合为单目标标量代价。然后,ParEGO 将已知观察点和标量代价值作为观测数据建立高斯代理模型,并最大化单目标期望改进(Expected Improvement,EI)[37]用于推荐下一个候选解。为了近似整个帕累托前沿,ParEGO 在每个算法迭代考虑不同的权重向量,然后用增广切比雪夫函数对多个子目标进行聚合。然而,ParEGO 每次只随机选择一个权重向量,导致其不能很好地、均匀地搜索到多目标优化问题的整个帕累托前沿。为了避免上述情况,SMS-EGO[39] 采用超体积改进作为获取函数,并利用协方差矩阵自适应进化策略(Covariance Matrix Adaptation Evolution Strategy,CMA-ES)[45-46] 算法优化该获取函数得到下一个候选解。但当目标数量大于两个时,由于超体积(Hypervolume,HV)[47] 的高计算复杂度,SMS-EGO 变得非常耗时。此外,无论是 ParEGO 还是 SMS-EGO,都采用串行化函数评估,即每个算法迭代只选择一个解用于真实函数评估,不能充分利用现实世界中的并行硬件计算资源。为了实现并行化函数评估,MOEA/D-EGO[40] 将基于分解思想的 MOEA/D 算法[15] 和高斯代理模型结合用于求解昂贵的多目标优化问题。具体而言,它首先将原问题分解为多个子问题,然后分别为每个子问题建立一个高斯代理模型和 EI 获取函数。接下来,其利用 MOEA/D 算法优化获取函数获得下一批候选解。然而,在当前基于 EGO 的多目标贝叶斯优化方法中,多目标 EI 通常因为使用多变量分段积分计算使得计算代价昂贵,且其代价随目标个数呈指数增长。为了解决上述问题,基于期望改进矩阵(Expected Improvement Matrix,EIM)[48] 的方法在单目标 EI 的基础上,提出了一种新的基于多目标获取函数 EIM 的优化方法,其中 EIM 中的元素是超过每个子目标中帕累托前沿逼近点的解的单目标 EI。EIM 不仅具有具体的数学表达形式,而且可以使用一维积分计算,使其计算复杂度随目标个数呈线性增加,大大降低原来 EGO 算法中 EI 的计算复杂度。不确定性逐步减少(Stepwise Uncertainty Reduction,SUR)[49] 算法将 EGO 中使用的 EI 获取函数用基于 SUR 算法的获取函数替代,旨在连续减少低于当前帕累托最优集的偏移集的超体积,从而更加高效地近似帕累托前沿。为求解目标个数大于 3 个的昂贵的多目标优化问题,K-RVEA[50] 将贝叶斯优化思想引入进化算法 RVEA[51] 中,利用自适应的参考向量改进优化过程中收敛性与多样性的平衡关系,有效地求解了目标个数较多的多目标优化问题。

尽管基于 EGO 的多目标贝叶斯优化方法可以确保收敛到昂贵的多目标优化问题的

全局最优,但这些方法的候选解仅由基于 EI 或 HVI 的获取函数以串行的方式进行推荐和评估,即每次只评估一个候选解。然而在一些昂贵的多目标问题条件设置中,可以以批处理的方式同时并行地评估多个候选解。此外,在许多现实世界环境中,如果硬件资源能够负担得起并行化计算的情况下,同时评估多个候选解既能加快收敛速度,又能节省大量的计算时间。在这种情况下,串行评估候选解不能充分地利用并行硬件计算资源环境,而一次推荐多个候选解进行真实函数评估能更充分地利用计算资源。由于现实中可用于函数评估的硬件资源数量通常是固定的、有限的,所以如何从一堆候选解中选择特定数量的解以有效地平衡利用和探索之间的关系[52-53]成为昂贵的多目标优化问题的另一个研究挑战。

2. 基于 HVI 的多目标贝叶斯优化方法

基于 HVI 的多目标贝叶斯优化方法的主要特点是,其利用与 HVI 相关的策略作为获取函数推荐候选解。因为超体积具有优美的帕累托依从性(Pareto Compliance),即其专注于衡量帕累托前沿的收敛性,所以该类方法普遍具有良好的帕累托收敛性,从而进一步更好地平衡收敛性和多样性[54]。然而,超体积的计算复杂度随目标个数的增加呈指数形式增长;且在算法迭代过程中,该类算法需要多次计算该指标值导致其计算复杂度较高。TSEMO[55]的高斯过程采用频谱采样技术,利用 HVI 的获取函数、NSGA-Ⅱ算法和汤普森采样在每次迭代中选择一个新的候选解进行评价。为了减少计算时间,基于超体积期望改进(Expected HVI, EHVI)的方法 EHVI-MOBGO[56]引入了 HVI 的多点机制。其首先将目标空间划分为几个子空间,然后以 TEHVI(Truncted Expected HVI)为选择策略(获取函数),通过在每个子目标空间寻找最优解实现以批处理的方式推荐候选解。尽管 EHVI-MOBGO 能够更合理地、充分地利用 CPU,并且能加快 HV 的计算速度,但在求解实际优化问题时计算成本仍然太高。为了进一步降低其计算复杂度,EHVIG[57]利用 EHVI 每个组成成分可微的性质,提出基于预期超体积改进梯度(EHVI Gradient,EHVIG)的获取函数,并使用以下两种策略提高获取函数优化器的优化效率:将梯度下降法应用于多目标贝叶斯优化方法中;因为 EHVIG 的最优解可以认为是一个零向量,所以其将零向量作为全局优化过程的停止准则。尽管 EHVIG 取得了不错的优化效果,但是关于 HVI 的理论分析仍然存在很大发展空间。为了进一步更深入地对 HVI 进行分析,文献[58]引入了超体积聚合(Hypervolume Scalarization)的概念,首次将超体积和聚合函数联系在一起。同时,该方法利用超体积聚合与超体积的关系,从理论上推导出超体积遗憾界限(HV Regret Bound),并用实验证明了该方法关于帕累托前沿的完美收敛性,为多目标贝叶斯优化方法提供了有力的理论支撑。为了进一步从可分析梯度的角度对基于 HVI 的获取函数进行优化,qEHVI[59]将原有的 EHVI 获取函数扩展到并行化函数评估的情况。该方法对 q 个新候选解的联合 EHVI 进行精确计算,使得误差最大为蒙特卡罗积分误差。该方法之前的 EHVI 计算依赖于无梯度或近似梯度获取函数优化,而 q EHVI 通过自动差分计算蒙特卡罗估计器的精确梯度,从而能够使用一阶和准二阶方法对获取函数进行高效的、有效的优化。然而,q EHVI 的优化性能在解决带约束的昂贵黑盒问题时性能大大降低。为了解决上述问题,q NEHVI[60]进一步将 q EHVI 扩展到带约束、并行(批量)采样的情况。具体而言,q NEHVI 提出了一个新的并行获取函数 NEHVI,通过对其优化可以生成多个候选解。同时,q NEHVI 将并行 EHVI 的计算复杂度从相对于批处理大小的指数级降低到多项式级别。实验结果表明,q NEHVI 可以通过样本平均逼近的梯度方法对获取函数进行优化,有效地求解了有噪声和无噪声的昂贵的多目标优化问题。为了进一步提升解的多样性,DGEMO[61]采用近似方法表示片段连续的帕累托前沿,并利用 HVI 获取函数以批处理的方式推荐候选解。同时,该方法对候选解的多样性进行优化,以便有效地近似帕累托前沿的最优有希望的区域。为了有效地解决输入决策空间中的噪声问题,MVAR(Multivariate Value-at-risk)[62]考虑了不确定目标的风险测量。由于在许多情况下直接优化 MVAR 在计算上是不可行的,所以在该方法中提出了一种可扩展的、有理论依据的方法,即利用随机标量优化 MVAR,使得整个帕累托集在一个连续流形上,可以包含无限解。然而,在上述提到的多目标贝叶斯优化方法中,帕累托最优解的结构特性没有得到很好的利用。因此,为了更好地利用帕累托最优集,帕累托集合学习(Pareto Set Learning,PSL)[63]利用基于学习的方法近似多目标优化问题的整个帕累托最优集。它将基于分解的多目标优化算法 MOEA/D 从有限种群进行推广,提出一种新的基于 HVI 的获取函数,从而实现并行化函数评估。

尽管基于 HVI 的多目标贝叶斯优化方法从理论和实际做出了一些贡献,但因其较高的计算复杂度,大多数方法仅仅局限于低维决策空间中的昂贵多目标优化问题。另外,当多目标优化问题的子目标个数大于或等于 3 个时,这些方法的优化性能会大大降低。

3. 基于 PES 的多目标贝叶斯优化方法

基于 PES 的多目标贝叶斯优化方法将信息论中熵(Entropy)[64]的概念引入了贝叶斯优化方法,并将其用于获取函数的构建推荐下一批候选解。为了求解单目标昂贵的优化问题,熵搜索(Entropy Search,ES)[65]和预测熵搜索(Predictive Entropy Search,PES)[66]选择能够最大化关于全局最大值的信息期望的解作为下一个候选解,用于真实函数评估。具体而言,PES 用预测分布的差分熵的期望减少作为获取函数,使该方法获得的近似值比其他基于熵搜索的方法获得的近似值更准确、有效。此外,不同于 ES,PES 可以很容易地对模型的超参数进行完全贝叶斯式的处理。为了求解带约束的昂贵黑盒问题,约束预测熵搜索(PES with Constraints,PESC)[67]的获取函数不再依赖于当前的最优可行解。所以,即使在没有可行解的情况下,该算法也可以搜索到最优解。同时,PESC

在其获取函数中自然地分离了每个任务(目标或约束)的贡献,使得其在解耦的情况下也是有效的。多保真最大值熵搜索(Multi-fidelity Max-value ES,MF-MES)[68]通过引入保真信息获得更可靠的信息增益,从而进一步提高获取函数的优化效率。

　　为了求解昂贵的多目标优化问题,PAL(Pareto Active Learning)[69]根据已经建立的学习模型将输入解集分为 3 类,即帕累托最优解、非帕累托最优解和不确定性解。在每次迭代过程中,PAL 选择能够最小化不确定集大小的解作为候选解进行真实函数评估。尽管 PAL 提供了理论上的保证,但它仅适用于具有有限离散点集输入空间的问题。ϵ-PAL[70]用超参数 ϵ 以一定粒度对决策变量空间进行自适应采样,以预测一组能够覆盖整个帕累托前沿的帕累托最优解。多目标优化 PES(PES for Multi-objective Optimization,PESMO)[71]将 PES 扩展到多目标优化的情况,选择能最大限度地减少关于帕累托前沿后验分布的熵的点作为候选解。具体而言,PESMO 的获取函数被分解为特定目标的获取函数的总和,使得在解耦的情况下,即当不同目标函数有不同评估成本时,每个目标能被单独评估。这种解耦能力对于识别评估困难的目标非常有用。除此,PESMO 算法的优化成本与目标个数呈线性增长关系,提高了优化效率。然而 PESMO 中获取函数的优化面临三大挑战:首先,近似优化极可能得到次优解而非最优解;其次,即使是使用近似方法对获取函数进行优化,优化成本依然高昂;最后,获取函数的优化性能强烈依赖于蒙特卡罗样本的数量。为了解决上述问题,MESMO(Max-value ES for Multi-objective Optimization)[72]采用了基于输出空间熵的获取函数,用来有效地选择需要真实函数评估的候选解,以快速地、高质量地覆盖整个帕累托前沿。与基于输入空间熵搜索的算法相比,MESMO 允许更严格的近似、计算成本明显降低、鲁棒性更强。然而,大多数上述方法需要复杂的近似值评估熵,或者因为采用过度简化的近似方法而忽略多个目标之间的权衡关系。帕累托前沿熵搜索(Pareto Front ES,PFES)[73]考虑了目标空间中帕累托前沿的信息增益,而非像其他方法一样考虑决策空间的信息增益。采用这种方式,PFES 能够更直接地实现多个优化目标之间的平衡,从而更准确地近似帕累托前沿。MF-OSEMO[74]选择候选解和保真度矢量对的序列使得每单位资源成本获得的关于帕累托前沿的信息最大化。虽然上述方法对昂贵的多目标优化问题的优化效果进行了改进,但并未考虑带约束的情况。为了处理约束多目标优化问题,MESMOC(MESMO with Constraints)[75]采用基于输出空间熵的获取函数推荐候选解用于真实函数评估,使得这些解既能满足约束条件又能尽可能地覆盖整个帕累托前沿。为了综合利用输入和输出空间的信息,联合熵搜索(Joint Entropy Search,JES)[76]提出了一种新的获取函数——联合熵,通过优化该获取函数得到的候选解能够评估一个候选解学习最优输入和输出的联合后验分布的信息多少。除此,该方法进一步从理论上证明了联合熵是基于信息熵的获取函数的一个上界。

虽然基于熵搜索的获取函数在多目标贝叶斯优化方法中进行了深入探索，但是当前基于熵搜索的多目标贝叶斯优化方法大多局限于低维决策空间。当求解高维昂贵的多目标优化问题时，由于维度灾难和熵计算的高复杂度，该类方法的优化性能大幅度降低。

1.3.2　高维多目标贝叶斯优化方法

因为当前的高维多目标贝叶斯优化方法大多从高维单目标贝叶斯优化方法扩展而来，所以本书首先阐述高维单目标贝叶斯优化方法的相关研究现状，然后针对高维多目标贝叶斯优化方法的研究现状进行概括和总结。

1. 高维单目标贝叶斯优化方法

为了求解高维决策空间中的昂贵黑盒问题，许多目标贝叶斯优化方法对决策空间和目标空间做了各种假设，以缓解维度灾难问题。其中最具代表的一类是基于随机嵌入（Random Embedding）[77]的方法。REMBO[77]是该类方法最初最经典的算法代表。该方法假设决策变量可分为重要和不重要的变量，只有重要的变量会影响目标函数值。因此，其将高维决策空间嵌入低维空间，然后通过优化重要的变量对低维子问题进行求解。SI-BO[78]在低有效维度假设的前提下，利用低秩矩阵恢复技术学习未知优化目标的子空间，并利用高斯过程上置信域采样优化该未知函数。该方法只在低维子空间进行贝叶斯优化，降低了计算复杂度。基于 Dropout 的高维贝叶斯优化方法[79]借鉴神经网络中的 Dropout 机制，在每次算法迭代过程中随机地选择部分决策变量进行优化，从而有效地缓解了维度灾难问题。LineBO[80]迭代地求解原问题一维子空间的低维子问题，然后利用贝叶斯优化方法对一维子问题进行优化获得最优解。SIR（Sliced Inverse Regression）[81]将监督降维方法——切片逆回归引入高维贝叶斯优化，在优化过程中有效地学习目标函数的内在子结构。此外，该方法还利用核函数降低计算复杂度和学习未知目标函数的非线性子集。为了避免决策空间划分的过强假设，文献[82]通过引入映射矩阵将原高维决策空间映射到低维子空间，然后再在一个由多个低维子空间构成的限制性空间而非完整的搜索空间内最大化获取函数，避免了高维决策空间中的复杂计算。HeSBO（Hashing enhanced Subspace Bayesian Optimization）[83]借助哈希函数实现高维决策空间的低维子空间映射，并用实验结果验证了其哈希映射的有效性。ALEBO（Adaptive Linear Embedding Bayesian Optimization）[84]通过为线性嵌入的马氏核添加多胞形边界改进可建模性，实现了决策空间的自适应线性嵌入。具有自适应扩展子空间的贝叶斯优化方法 BAxUS[85]利用一系列嵌套的嵌入子空间增加优化领域的维度。如果存在一个活跃子空间，它可以利用该子空间而不需要用户猜测其维度。BAxUS 是基于一种新型随机线性子空间嵌入的方法，提高了优化效率且提供了强有力的理论保证。与 HeSBO 相比，BAxUS 为包含全局最优解提供了最坏情况的保证。具体而言，当输入维度 $D \to \infty$ 时，其包含最优解的概率接近 HeSBO 嵌入的概率。

另一类经典的高维单目标贝叶斯优化方法假设目标函数可加,即一个目标函数可表示为几个子目标函数的线性加权和。因此,优化器可对目标空间进行划分,从而降低优化难度。ADD-GP-UCB[86] 首次对目标函数可加性做了假设,扩展了 GP-UCB[87] 算法。其利用 UCB 作为获取函数,并根据高斯过程优美的数学性质推导出可加均值和协方差函数,以及获取函数 UCB 的可加形式,从而大大降低获取函数的优化复杂度,提高其优化效率。然而,ADD-GP-UCB 的假设性过强,PP-GP-UCB[26] 提出了映射可加性假设的概念用于处理更广泛的函数类别。因此,可加性假设和低维有效性假设成为映射可加性假设的特例。此外,ADD-GP-UCB 是一种序列评估方法,即每次只能推荐和评估一个候选解。为了实现并行化采样候选解,Batch-ADD-GP-UCB[88] 利用多种并行采样机制,通过对目标函数划分添加先验知识,利用贝叶斯推理推导出目标函数划分的后验分布,避免了对目标函数可加性的过强假设。为了处理大规模输入问题,EBO(Ensemble Bayesian Optimization)[89] 使用高效的、基于分区的函数近似器(跨越数据和特征)简化并加速搜索和优化过程,并通过使用集合和随机的方法增强这些近似器的表示能力。为了确保高效和可扩展的优化,基于正交傅里叶变换(Quadrature Fourier Features,QFF)[90] 的贝叶斯优化方法利用基于傅里叶特征和数值积分方法的高保真近似方法,通过一个固定维度的线性核在一个转换空间内对静态核进行逼近,实现了高斯核函数的近似,降低了计算复杂度。文献[91] 在假设目标函数可加的基础上,进一步考虑了不同子目标函数对应的决策空间之间的交互关系,提高了优化效率。

为了更有效地利用获取函数的梯度信息和提高获取函数的优化效率,Elastic GP[92] 通过自适应地调整高斯核的长度尺寸,合理地利用了获取函数梯度信息为零处的其他有用信息,既缓解了维度灾难,又实现了获取函数的高效优化。PCA-BO[93] 将机器学习中的主成分分析方法(Principal Component Analysis,PCA)引入贝叶斯优化用于缓解维度灾难。HD-GaBO[94] 利用非欧几里得搜索空间的几何形状学习结构保持映射,并优化低维子空间中的获取函数。该方法建立在黎曼流形理论的基础上,利用几何感知的高斯过程共同学习流形嵌入和潜在子空间中目标函数的表示形式。为了实现决策空间的划分,LA-MCTS[95] 利用蒙特卡罗树和二分类器学习决策空间的划分,通过二分类器将决策空间划分为好坏两类,然后通过逐步构建蒙特卡罗树实现决策空间的划分,从而降低计算复杂度。TurBO[96] 将置信域(Trust Region)的概念引入贝叶斯优化,并利用置信域实现决策空间的划分,通过在子空间建立局部模型缓解了维度灾难。

虽然上述现有方法能成功求解昂贵的单目标黑盒问题,但大多数方法对优化问题的假设性过强。此外,上述方法仅仅局限于昂贵的单目标黑盒优化问题,而未考虑多目标黑盒问题。

2. 高维多目标贝叶斯优化方法

对于高维情况,目前只有少数关于高维多目标贝叶斯优化方法的研究,主要包括 ReMO[97]、MORBO[98] 和 LaMOO[99]。ReMO 利用随机嵌入[86,88] 将高维决策空间分解为多个低维子空间,然后求解低维子空间中的多目标优化问题。MORBO 使用带有置信域的局部模型[96]进行局部贝叶斯优化,以搜索多样性高的候选解。LaMOO 从观察样本中学习模型用于划分搜索空间,然后关注可能包含帕累托前沿子集的有希望的区域。其中,决策空间划分基于优势等级数,衡量了一个解在现有解中与帕累托前沿的接近程度。然而,关于这些方法主要有以下两点考虑:①ReMO 对决策空间的假设性太强。一方面,它假设只有少数决策变量维度是有效的,而大多数变量维度对目标值没有影响,导致该方法只适用于特定的昂贵的多目标优化问题。另一方面,它对不同的优化目标做了同样的假设,即假设所有目标的有效维度是相同的,这对大多数优化问题来说显然是不合理的。②虽然 MORBO 对决策空间和目标空间不做任何假设,但其主要考虑高斯过程采样复杂度随数据点个数呈指数增长的问题,而未考虑获取函数采样复杂度随决策空间维度呈指数增长的问题。然而,因为维度灾难,非参数回归在高维决策空间中非常具有挑战性。即使样本量非常大,也不可能用有限多的样本点密集地填充整个搜索空间。此外,用于优化获取函数的启发式方法的计算复杂度随决策空间维度呈指数增长。

在具有高维决策空间的昂贵的多目标优化问题中,决策变量之间可能存在交互关系,共同影响目标空间。从决策变量之间是否存在交互关系的角度出发,昂贵的多目标优化问题可以分为可分问题和不可分问题。对于可分问题,尤其是在高维情况下,根据变量之间的交互关系可将决策变量空间划分为多个不相交的子空间,降低决策空间的维度,以减少采样复杂性、提高获取函数的优化效率。然而,在现实应用领域的昂贵的多目标优化问题中,变量之间是否相互依赖很难确定。

1.4　本书的主要研究内容

本书研究总体框架如图 1.4 所示,围绕低维决策空间和高维决策空间中的串行函数评估、获取函数优化效率低、维度灾难和边界问题等关键问题,针对求解昂贵的多目标优化问题的贝叶斯优化方法展开了四方面的研究。本书的具体研究内容如下。

第一,提出了基于自适应采样的批量多目标贝叶斯优化方法。该方法将经典的多目标贝叶斯优化方法即序列化 ParEGO 扩展到批处理模式,用于求解昂贵的多目标优化问题。具体而言,该方法利用双目标获取函数推荐和评估多个候选解。双目标获取函数从多目标优化角度出发,将利用和探索作为两个优化目标,然后利用多目标进化算法对两者进行平衡。由于现实世界中通常只有固定数量的有限硬件资源,所以该方法进一步提出

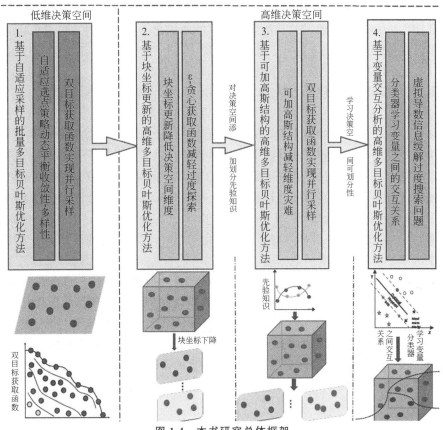

图 1.4　本书研究总体框架

了自适应候选解选择策略,以固定每个迭代中候选解的数量。该策略通过调整利用-探索适应值函数中的超参数,动态地平衡利用和探索之间的关系。此外,该方法利用 EI 推荐另一个候选解,以确保算法收敛性和鲁棒性。与其他多目标贝叶斯优化方法相比,三个多目标标准合成测试集和一个神经网络超参数调优任务上的结果验证了该方法的有效性。分析表明,对于昂贵的多目标优化问题,带有自适应推荐策略的双目标获取函数可以在批处理模式下很好地平衡利用和探索之间的关系。

第二,提出了基于块坐标更新的高维多目标贝叶斯优化方法。该方法首先将决策变量空间划分为不同的块,每个块包含一个低维子多目标优化问题。在每个算法迭代中,该方法只考虑一个块中的决策变量,不在该块中的决策变量的值通过嵌入帕累托先验知识的上下文向量近似,从而促进收敛性。为了解决高维决策空间中的边界问题,该方法从贝叶斯优化和多目标优化的角度出发,提出了 ε-贪心获取函数用于候选解推荐。ε-贪心获取函数要么从利用-探索平衡的角度推荐候选解,要么以概率 ε 从帕累托支配关系的角度推荐候选解。为了验证该方法的有效性,将其与其他多目标贝叶斯优化方法在运输系统的实际优化问题和三个多目标合成测试问题上进行了对比。实验结果表明,与其他方法相比,该方法可以以更低的计算复杂度在整个搜索空间中搜索到分布更均匀的非支配解。分析表明,块坐标更新和 ε-贪心获取函数分别能够降低计算复杂度和更好地平衡收敛性与多样性。

第三,提出了基于可加高斯结构的高维多目标贝叶斯优化方法。该方法首先将高维昂贵的多目标优化问题中的多个子目标聚合为单一目标。然后,该方法利用贝叶斯推理,在给定决策空间划分先验知识的情况下推导出最终的决策空间划分。最后,该方法利用可加高斯结构引入可加双目标获取函数,实现了决策空间降维和并行化函数评估,在高维决策空间中更好地利用了并行硬件计算资源。在两个标准多目标合成测试集上与其他三种基于 EGO 的多目标优化方法(即 ParEGO、SMS-EGO 和 MOEA/D-EGO)的对比实验结果表明,该方法在求解高维昂贵的多目标优化问题时,能以较低的计算复杂度更高效地优化高维决策空间中的获取函数。

第四,提出了基于变量交互分析的高维多目标贝叶斯优化方法。该方法利用变量交互分析模型确定决策空间是否可分,然后在决策子空间中进行局部贝叶斯优化。通过变量分析模型,该方法可以学习原多目标问题是否可分,该学习过程基于决策变量之间潜在的交互关系,不需要任何过强的假设。与其他多目标贝叶斯优化方法在标准合成测试问题上的对比实验结果表明,该方法在近似高维昂贵的多目标优化问题的帕累托前沿方面明显优于其他基线方法。

1.5　本书的结构安排

本书第 2 章具体介绍与高斯过程、贝叶斯优化和多目标优化相关的背景知识。第 3 章提供有关研究综述的全面概述,包括相关文献的回顾和对当前研究进展的概括。第 4 章介绍一种基于自适应采样的批量多目标贝叶斯优化方法。第 5 章介绍一种基于块坐标更新的高维多目标贝叶斯优化方法。第 6 章介绍基于可加高斯结构的高维多目标贝叶斯优化方法。第 7 章探讨一种基于变量交互分析的高维多目标贝叶斯优化方法。第 8 章聚焦于交通领域优化问题案例分析。第 9 章对未来研究工作进行展望。最后,对本书内容进行全面总结。

第 2 章　背 景 知 识

贝叶斯优化方法是一种优化目标函数的方法,这些目标函数需要花费很长时间(几分钟或几小时)评估。它最适合优化少于 20 个维度的连续域,并且能够容忍函数评估中的随机噪声。它通过建立一个代理模型来拟合目标函数,并使用贝叶斯机器学习技术——高斯过程回归量化代理模型中的不确定性,然后使用从该代理模型中定义的获取函数决定采样位置。本章描述了贝叶斯优化的工作原理,包括高斯过程回归和 3 种常见的获取函数,即期望改进、熵搜索和知识梯度;然后讨论了更高级的技术,包括并行运行多个函数评估、多保真度和多信息源优化、昂贵的评估限制、随机环境条件、多任务贝叶斯优化以及导数信息。其次,本章对标准多目标测试问题进行了综述,以便更好地理解不同方法的性能表现。最后,本章介绍了用于衡量多目标优化方法性能的相关评价指标。这些评价指标能够帮助我们评估贝叶斯优化方法在不同情况下的优化效果。

2.1　基 本 概 念

贝叶斯优化(Bayesian Optimization,BO)是一类基于机器学习的求解黑盒问题优化方法,即

$$\max_{x \in A} f(x) \tag{2-1}$$

通常情况下,可行集和目标函数具有以下特性。

(1) 输入变量 x 属于 $\mathbb{R}^d$,其中 d 的值不是太大。在大多数成功的贝叶斯优化应用中,通常有 $d \leqslant 20$。

(2) 可行集 A 是一个简单的集合,易于判断一个点是否属于该集合。通常 A 是一个超矩形 $\{x \in \mathbb{R}^d : a_i \leqslant x_i \leqslant b_i\}$ 或者 d 维单纯形集 $\{x \in \mathbb{R}^d : \Sigma_i x_i = 1\}$。

(3) 目标函数 f 是连续的,通常需要使用高斯过程回归建模 f。

(4) 在评估 f 时,每次评估需要花费相当长的时间(通常为数小时),而且评估次数受到限制,通常只能进行几百次。这个限制通常是由于评估过程太慢(通常需要数小时),但也可能是由于每次评估会产生一定的经济成本(例如购买云计算资源或实验室材料),或

机会成本(例如评估 f 需要向人类主体提出问题,而这些主体只能容忍有限数量的问题)。因此,说 f 在这种情况下是"费时的"。

(5)f 缺乏已知的特殊结构,如凹性或线性等,这些结构可以利用技术提高效率。我们总结为 f 是一个"黑盒子"。

(6)评估 f 时,只观察到 $f(x)$,没有一阶或二阶导数。这阻止了使用梯度下降、牛顿法或拟牛顿法等一阶和二阶方法。我们将这种属性称为"无导数"的问题。

(7)在本书的大部分内容中,将假设 $f(x)$ 在没有噪声的情况下被观察到。

(8)我们的重点是寻找全局最优解,而非局部最优解。

下面通过总结这些问题特征说明贝叶斯优化(BO)是为"无导数黑盒全局优化"而设计的。

优化昂贵的无导数黑盒函数的能力使得贝叶斯优化非常灵活,最近,它在机器学习算法中调整超参数方面变得非常流行,尤其是在深度神经网络中[100]。从更长的时间看,自20世纪60年代以来,贝叶斯优化已被广泛用于设计工程系统[37,101-102]、材料和药物设计实验[103-105]、环境模型校准[106],以及强化学习中[53,107-108]等实验中。

贝叶斯优化最初由文献[101,109-111]的工作开始,但在文献[37]提出有效全局优化(EGO)算法后,受到了更多的关注。此后,该领域的创新包括多保真度优化[112-113]、多目标优化[38,114-115]以及收敛速率的研究[116-119]。文献[100]的观察结果表明,贝叶斯优化对深度神经网络的训练非常有用,在机器学习领域引起了广泛关注,该领域的创新包括多任务优化[120-121]、专门针对深度神经网络训练的多保真度优化[122]和并行方法[123-126]。高斯过程回归,其近亲 Kriging 和贝叶斯优化也最近在仿真文献中进行了研究[127-129],用于建模和优化使用离散事件仿真模拟的系统。

除贝叶斯优化外,还有其他技术可用于优化昂贵的无导数黑盒函数。虽然这里不会详细回顾这个领域的方法,但其中许多方法都具有与贝叶斯优化方法类似的特点:它们维护一个模型目标函数的代理,用于选择评估的位置[130-133]。这个更一般的方法类别通常被称为"代理方法"。贝叶斯优化通过使用贝叶斯统计学开发的代理,以及使用这些代理的贝叶斯解释决定目标函数的评估位置,使自己区别于其他代理方法。

在2.2节中,首先介绍了贝叶斯优化方法通常采用的形式。这种形式包括两个主要组成部分:一种统计推断方法,通常是高斯过程(GP)回归;以及一个决定采样位置的获取函数,通常是期望改进。在2.3节和2.4.1节中,详细描述了这两个组成部分。然后介绍了3种替代的获取函数,即知识梯度(2.4.2节)、熵搜索和预测熵搜索(2.4.3节)。

2.2 贝叶斯优化

贝叶斯优化由两个主要部分组成:用于建模目标函数的贝叶斯统计模型,以及用于决定下一次采样位置的获取函数。在根据初始空间填充实验设计进行目标函数评估后,通常由均匀随机选择的点组成,它们被迭代地用于分配剩余的 N 个函数评估预算,如算法 2.1 所示。

算法 2.1　贝叶斯优化的基本伪代码

对 f 放置高斯过程先验

根据初始空间填充实验设计,在 n_0 个点处观察 f。将 n 设置为 n_0

while $n \leqslant N$ do

　　更新基于所有可用数据的 f 的后验概率分布

　　让 x_n 成为获取函数在 x 上的最大化器,其中获取函数使用当前后验分布计算

　　观察 $y_n = f(x_n)$

　　增加 n

end while

返回一个解:要么是具有最大 $f(x)$ 的评估点,要么是具有最大后验均值的点

统计模型,通常是高斯过程,提供了一个贝叶斯后验概率分布,描述了候选点 x 处 $f(x)$ 的潜在值。每次在一个新点观察 f 时,这个后验分布会被更新。2.3 节将详细讨论使用 GP 的贝叶斯统计建模。获取函数衡量了在当前 f 的后验分布下,在一个新点 x 评估目标函数将会产生的价值。2.4.1 节讨论了最常用的获取函数——期望改进,然后在 2.4.2 节和 2.4.3 节中讨论其他获取函数。

使用 GP 回归和期望改进的贝叶斯优化算法 1 中的一次迭代在图 2.1 中进行了说明。顶部面板显示:目标函数 f 在 3 个点处的无噪声观测值,用蓝色表示;$f(x)$ 的估计值(实线红色线);以及 $f(x)$ 的贝叶斯置信区间(类似于置信区间)(虚线红色线)。这些估计值和置信区间是使用 GP 回归获得的。贝叶斯优化选择下一个最大化获取函数的点进行采样,这里用"x"表示。顶部面板显示了目标函数的无噪声观测值,其中蓝色圆圈表示 3 个点。它还显示了 GP 回归的输出。在 2.3 节中将看到,GP 回归对每个 $f(x)$ 产生一个后验概率分布,该分布服从正态分布,均值为 $\mu_n(x)$,方差为 $\sigma_n^2(x)$。在图 2.1 中,$\mu_n(x)$ 表示为实线红色线,$f(x)$ 的 95% 贝叶斯置信区间($\mu_n(x) \pm 1.96 \times \sigma_n(x)$)表示为虚线红色线。均值可以解释为 $f(x)$ 的点估计。置信区间在先验分布下包含 $f(x)$ 的概率为 95%。均值对以前评估的点进行插值。在这些点处,置信区间的宽度为 0,并且随着远离这些点,置信区间变得越来越宽。

底部面板显示了与此后验对应的期望改进获取函数。请注意,它在先前评估过的点处取值为 0。当目标函数的评估是无噪声时,这是合理的,因为在这些点处进行评估对求解式(2-1)提供不了有用的信息。还请注意,它倾向于在具有更大的置信区间的点上取得更大的值,因为在观察到对目标函数更加不确定的点时,更容易找到较好的全局近似最优解。此外,它倾向于在具有较大后验均值的点上取得更大的值,因为这些点往往靠近较好的全局近似最优解。

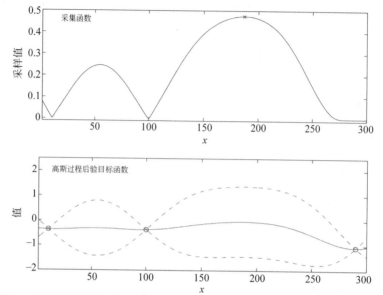

图 2.1　贝叶斯优化示意图：最大化具有一维连续输入的目标函数 f（见彩插）

2.3　高斯过程

　　高斯过程回归（Gaussian Process Regression，GP Regression）是一种用于建模函数的贝叶斯统计方法。这里首先描述 GP 回归，我们重点关注在有限个点 $x_1,x_2,\cdots,x_k\in\mathbb{R}^d$ 处 $f(x)$ 的值，这些目标值形成一个目标值向量 $[f(x_1),f(x_2),\cdots,f(x_k)]$。每当在贝叶斯统计中有一个未知量，如上述向量，我们假设它是自然界从某个先验概率分布随机抽取的。GP 回归将这个先验分布取为多维正态分布，其具有特定的均值向量和协方差矩阵。

　　通过在每个 x_i 处评估均值函数 μ_0 构造均值向量，通过在每对点 x_i,x_j 处评估协方差函数或核 Σ_0 构造协方差矩阵。核函数应该使得在输入空间中更接近的点 x_i,x_j 具有较大的正相关性，其编码了两点之间应该具有更相似的函数值、而非远离彼此的信念。核函数还应具有无论所选的点集是什么，其协方差矩阵是半正定的属性。均值函数和核函数示例将在 2.3.1 节中讨论。

　　GP 的先验分布是关于 $[f(x_1),f(x_2),\cdots,f(x_k)]$ 的分布，即

$$f(x_{1:k})\sim N(\mu_0(x_{1:k}),\Sigma_0(x_{1:k},x_{1:k}))\tag{2-2}$$

其中，$x_{1:k}$ 表示序列 $x_1,x_2,\cdots,x_k$，$f(x_{1:k})=[f(x_1),f(x_2),\cdots,f(x_k)]$，$\mu_0(x_{1:k})=[\mu_0$

$(x_1),\mu_0(x_2),\cdots,\mu_0(x_k)]$和$\Sigma_0(x_{1:k},x_{1:k})=[\Sigma_0(x_1,x_1),\cdots,\Sigma_0(x_1,x_k);\cdots;\Sigma_0(x_k,x_1),\cdots,\Sigma_0(x_k,x_k)]$。

假设在某个 n 处观察到无噪声的 $f(x_{1:k})$，并且希望推断出某个新点 x 处 $f(x)$ 的值。为此，令 $k=n+1$，并且 $x_k=x$，以便先验分布 $[f(x_{1:k}),f(x)]$ 由式(2-2)给出。然后，可以使用贝叶斯规则计算给定这些观测值的条件分布 $f(x)$ 如式(2-3)所示。

$$f(x)\mid f(x_{1:n})\sim N(\mu_n(x),\sigma_n^2(x))$$
$$\mu_n(x)=\Sigma_0(x,x_{1:n})\Sigma_0(x_{1:n},x_{1:n})^{-1}(f(x_{1:n})-\mu_0(x_{1:n}))+\mu_0(x)$$
$$\sigma_n^2(x)=\Sigma_0(x,x)-\Sigma_0(x,x_{1:n})\Sigma_0(x_{1:n},x_{1:n})^{-1}\Sigma_0(x_{1:n},x) \tag{2-3}$$

在贝叶斯统计学的术语中，这个条件分布被称为后验概率分布。其中，后验均值 $\mu_n(x)$ 是先验 $\mu_0(x)$ 和基于数据 $f(x_{1:n})$ 的估计值的加权平均，其权重取决于核函数；后验方差 $\sigma_n^2(x)$ 等于先验协方差 $\Sigma_0(x,x)$ 减去一个相应于观测到 $f(x_{1:n})$ 移除的方差的项。

通常，与其直接使用式(2-3)和矩阵求逆计算后验均值和方差，使用 Cholesky 分解并解一组线性方程通常更快速、更稳定。此外，为了改善使用此方法或直接使用式(2-3)的数值稳定性，有效的方法之一是将 10^{-6} 这样的小正数添加到 $\Sigma_0(x_{1:n},x_{1:n})$ 对角线的每个元素中，特别是当 $x_{1:n}$ 包含两个或更多接近的点时。该方法可以防止 $\Sigma_0(x_{1:n},x_{1:n})$ 的特征值过于接近 0，并且只会对无限精度计算所做的预测产生微小的变化。

虽然只在有限数量的点上对 f 进行了建模，但在对连续域 A 上的 f 进行建模时，可以使用相同的方法。严格来说，具有均值函数 μ_0 和核函数 Σ_0 的高斯过程是关于函数 f 的概率分布，其特性是对于任何给定的点集 $x_{1:k}$，$f(x_{1:k})$ 的边际概率分布由式(2-2)给出。此外，当对 f 的先验概率分布是 GP 时，证明式(2-3)的论据仍然成立。

除了计算给定 $f(x_{1:n})$ 的条件下 $f(x)$ 的条件分布外，还可以计算在多个未评估点处的 f 的条件分布。该分布是多元正态分布，其均值向量和协方差核函数取决于未评估点的位置、测量点 $x_{1:n}$ 的位置和它们的测量值 $f(x_{1:n})$。给定均值函数和核函数，均值向量和协方差矩阵的函数具有上述形式，而给定 $f(x_{1:n})$ 的条件分布是具有该均值函数和协方差核函数的 GP。

2.3.1　均值函数和核函数选择

核函数通常具有如下属性，即在输入空间中更接近的点之间具有更强的相关性，即如果对于某个范数 $\|\cdot\|$，有 $\|x-x'\|<\|x-x''\|$，则核函数 $\Sigma_0(x,x')>\Sigma_0(x,x'')$。此外，核函数要求是半正定函数。这里描述两个示例核函数及其使用方法。

一个常用且简单的核函数是幂指数核或高斯核，即

$$\Sigma_0(x,x')=\alpha_0\exp(-\|x-x'\|^2) \tag{2-4}$$

其中，$\|x-x'\|^2=\sum_{i=1}^{d}\alpha_i(x_i-x_i')^2$，$\alpha_{0:d}$ 是核函数的参数。图 2.2 展示了从具有幂指数核的高斯过程先验中随机绘制的具有 1 维输入的函数，每个图对应于参数 λ_1 的不同值，其中 λ_1 从左到右递减。改变此参数会导致对于 $f(x)$ 在 x 上的变化速度有不同的置信度。其具有不同的 α_1 值。改变这个参数会产生不同的置信度，即关于 $f(x)$ 如何随着 x 的变化速度的不同看法。

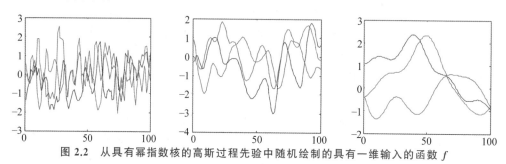

图 2.2　从具有幂指数核的高斯过程先验中随机绘制的具有一维输入的函数 f

另一个常用的核函数是 Màtern 核。

$$\Sigma_0(x,x')=\alpha_0\frac{2^{1-v}}{\Gamma(v)}(\sqrt{2v}\,\|x-x'\|)^v K_v(\sqrt{2v}\,\|x-x'\|) \tag{2-5}$$

其中，K_v 是修正贝塞尔函数，除了参数 $\alpha_{0:d}$ 外，还有一个参数 v。2.3.2 节中将讨论选择这些参数的方法。

均值函数最常见的选择可能是一个常数值，即 $\mu_0(x)=\mu$。当认为 f 具有某种趋势或特定于应用程序的参数结构时，也可以将均值函数取为

$$\mu_0(x)=\mu+\sum_{i=1}^{p}\beta_i\Psi_i(x) \tag{2-6}$$

其中，每个 Ψ_i 都是一个参数化函数，通常是 x 的低阶多项式。

2.3.2　超参数选择

均值函数和核函数包含参数，这些先验的参数通常为超参数，用向量 $\boldsymbol{\eta}$ 表示。例如，如果使用 Màtern 核和常数均值函数，则 $\boldsymbol{\eta}=(\alpha_{0:d},v,\mu)$。

超参数选择通常有三种方法。第一种方法是最大似然估计（Maximum Likelihood Estimation，MLE）。在该方法中，给定观测值 $f(x_{1:n})$，需要计算这些观测值在先验下的似然函数 $P(f(x_{1:n})|\boldsymbol{\eta})$，其中符号 $\boldsymbol{\eta}$ 代表似然函数对 $\boldsymbol{\eta}$ 的依赖关系。该似然函数是一个多元正态密度。在最大似然估计中，将 $\boldsymbol{\eta}$ 设置为最大化该似然函数的值。

$$\hat{\eta}=\underset{\boldsymbol{\eta}}{\operatorname{argmax}}\,P(f(x_{1:n})|\boldsymbol{\eta}) \tag{2-7}$$

第二种方法是最大后验概率（Maximum A Posterior，MAP）。具体而言，该方法通

过假设超参数 $\boldsymbol{\eta}$ 本身是从先验分布 $P(\boldsymbol{\eta})$ 中选择的来修正第一种方法。然后,通过 MAP 估计来估计 $\boldsymbol{\eta}^{[134]}$,即最大化后验分布的 $\boldsymbol{\eta}$ 的值。

$$\hat{\boldsymbol{\eta}} = \arg\max_{\boldsymbol{\eta}} P(\boldsymbol{\eta} \mid f(x_{1:n})) = \arg\max_{\boldsymbol{\eta}} P(f(x_{1:n}) \mid \boldsymbol{\eta}) P(\boldsymbol{\eta}) \tag{2-8}$$

从式(2-7)到式(2-8),使用了贝叶斯定理,同时忽略了归一化常数 $\int P(f(x_{1:n}) \mid \boldsymbol{\eta}') P(\boldsymbol{\eta}') \mathrm{d}\boldsymbol{\eta}'$,因为该常数不依赖于正在优化的量 $\boldsymbol{\eta}$。

如果将超参数的先验分布 $P(\boldsymbol{\eta})$ 取为在 $\boldsymbol{\eta}$ 的定义域上具有常数密度的(可能退化的)概率分布,则 MLE 是 MAP 的一个特例。但是,MLE 有时会估计出不合理的超参数值,例如对应于变化过快或过慢的函数(见图 2.2),则 MAP 非常有用。通过选择一个在某个特定问题上更合理的超参数值更有可能出现的先验分布,MAP 估计可以更好地对应于应用程序。常见的先验选择包括均匀分布(用于防止估计值超出某个预先指定的范围)、正态分布(用于建议估计值接近某个名义值而不设置硬截止值)、对数正态分布和截断正态分布(用于提供类似于正参数的建议)。

第三种方法称为完全贝叶斯方法(Fully Bayesian Approach)。在这种方法中,我们希望计算在超参数的所有可能取值上边缘化得到的 $f(x)$ 的后验分布。

$$P(f(x) = y \mid f(x_{1:n})) = \int P(f(x) = y \mid f(x_{1:n}), \boldsymbol{\eta}) P(\boldsymbol{\eta} \mid f(x_{1:n})) \mathrm{d}\boldsymbol{\eta} \tag{2-9}$$

上述积分通常难以计算,所以通过采样近似,即

$$P(f(x) = y \mid f(x_{1:n})) \approx \frac{1}{J} \sum_{j=1}^{J} P(f(x) = y \mid f(x_{1:n}), \boldsymbol{\eta} = \hat{\boldsymbol{\eta}}_j) \tag{2-10}$$

其中,$(\eta_j : j = 1, 2, \cdots, J)$ 是通过蒙特卡罗(MCMC)方法(如切片采样)从 $P(\boldsymbol{\eta} \mid f(x_{1:n}))$ 中采样得到的。MAP 估计可以看作是对完全贝叶斯推断的一种近似:如果将后验分布 $P(\boldsymbol{\eta} \mid f(x_{1:n}))$ 近似为在最大化后验密度的 $\boldsymbol{\eta}$ 处的点积分,则使用 MAP 进行推断可以恢复式(2-9)的结果。

2.4 获取函数

在回顾了高斯过程后,回到算法 2.1 并讨论其中使用的获取函数。最常用的获取函数是期望改进,我们首先在 2.4.1 节中讨论它。期望改进表现良好且易于使用。然后本章讨论知识梯度(2.4.2 节)、熵搜索和预测熵搜索(2.4.3 节)获取函数。这些替代获取函数最适用于特殊问题,其中期望改进做出的假设不再成立,即采样的主要效益不再是通过在采样点处改进实现的。

2.4.1 期望改进

期望改进(Expected Improvement,EI)获取函数是通过一个理想的实验推导出来的。假设使用算法 2.1 求解式(2-1),其中 x_n 表示在第 n 次迭代中采样的点,y_n 表示其观测值。假设只能将评估过的解作为式(2-1)的最终解返回。此外,假设没有剩余的函数评估次数,所以必须根据已经执行的评估返回解。由于观测到 f 没有噪声,因此最佳选择是已经评估的具有最大观测值的点。让 $f_n^* = \max_{m \leqslant n} f(x_m)$ 为该点的值,其中 n 是迄今为止评估函数 f 的次数。

现在假设实际上有一次额外的函数评估要进行,而且可以在任意点处进行。如果在 x 处进行评估,将观察到 $f(x)$。在执行完新的函数评估后,已经观察到的最大观测值将是 $f(x)$(如果 $f(x) \geqslant f_n^*$)或 f_n^*(如果 $f(x) \leqslant f_n^*$)。如果这个数量是正的,那么最佳观测点的值改进为 $f(x) - f_n^*$,否则为 0。我们可以更简洁地将这个改进写成 $[f(x) - f_n^*]^+$,其中 $a^+ = \max(a,0)$ 表示正部分。

虽然希望选择 x 使得这种改进很大,但在评估之前 $f(x)$ 是未知的。然而,可以对这个改进的期望值进行计算,并选择 x 使其最大化。定义期望改进为

$$\mathrm{EI}_n(x) := E_n\big[[f(x) - f_n^*]^+\big] \tag{2-11}$$

其中,$E_n[\,\cdot\,] = E_n[\,\cdot\,|x_{1:n}, y_{1:n}]$ 表示在给定 $x_1, x_2, \cdots, x_n$ 处对 f 进行评估的情况下取后验分布的期望值。这个后验分布由式(2-3)给出,即给定 $x_{1:n}$ 和 $y_{1:n}$,$f(x)$ 服从均值为 $\mu_n(x)$、方差为 $\sigma_n^2(x)$ 的正态分布。

可以使用部分积分的方法,如文献[37,135]所述,隐式地计算期望改进,即得到的表达式为

$$\mathrm{EI}_n(x) = [\Delta_n(x)]^+ + \sigma_n(x)\varphi\left(\frac{\Delta_n(x)}{\sigma_n(x)}\right) - |\Delta_n(x)|\,\Phi\left(\frac{\Delta_n(x)}{\sigma_n(x)}\right) \tag{2-12}$$

其中,$\Delta_n(x) := \mu_n(x) - f_n^*$ 是建议点 x 与之前最佳观测点之间的预期质量差异。

通过期望改进算法获得新的评估点,然后在具有最大期望改进的点处进行评估。

$$x_{n+1} = \arg\max \mathrm{EI}_n(x) \tag{2-13}$$

该算法最初是由文献[136]提出的,但是在文献[37]中的有效全局优化方法(Efficient Global Optimization,EGO)中得到普及。

针对求解式(2-13)的方法,实现方案采用多种方法解决。与原始优化问题公式(2-1)中的目标函数 f 不同,$\mathrm{EI}_n(x)$ 的评估成本较低,并且可以轻松地评估一阶和二阶导数。期望改进算法的实现可以使用连续的一阶或二阶优化方法求解式(2-13)。例如,一种有效的技术是计算一阶导数并使用拟牛顿法 L-BFGS-B[137]。

图 2.3 展示了 $\mathrm{EI}_n(x)$ 在 $\Delta_n(x)$ 和后验标准差 $\sigma_n(x)$ 方面的等高线。$\mathrm{EI}_n(x)$ 随着

$\Delta_n(x)$ 和 $\sigma_n(x)$ 的增加而增加。在具有相等 EI 的情况下，$\Delta_n(x)$ 与 $\sigma_n(x)$ 的曲线显示了 EI 如何在评估具有高预期质量（高 $\Delta_n(x)$）的点与高不确定性（高 $\sigma_n(x)$）的点之间取得平衡。在优化的背景下，评估相对于之前的最佳点具有高预期质量的点是有价值的，因为好的近似全局最优解很可能存在于这些点上。另外，评估具有高不确定性的点是有价值的，因为它可以在先验知识很少且往往远离之前测量的位置上的目标。一个比已评估点更优的点很可能位于此位置。

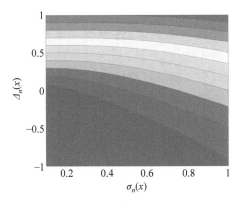

图 2.3　$\mathrm{EI}_n(x)$ 在 $\Delta_n(x)$ 和后验标准差 $\sigma_n(x)$ 的等高线（见彩插）

注：EI(x) 的等高线图，即期望改进公式(2-12)，以 $\Delta_n(x)$（建议点与之前评估的最佳点之间的预期质量差异）和后验标准差 $\sigma_n(x)$ 为参数。蓝色表示较小的值，红色表示较高的值。期望改进随着这两个量的增加而增加，在具有相等 EI 的情况下，$\Delta_n(x)$ 与 $\sigma_n(x)$ 的曲线定义了一个隐含的权衡，即在高预期质量（高 $\Delta_n(x)$）的点与高不确定性（高 $\sigma_n(x)$）的点之间进行评估。

图 2.1 中的底部面板显示了 $\mathrm{EI}_n(x)$。可以看出，这种权衡即最大的期望改进发生在后验标准差高（远离之前评估的点）且后验均值也高的地方。期望改进在已评估过的点处值最小，为 0。在此点处，后验标准差为 0，后验均值必然不大于之前评估的最佳点。期望改进将在下一个被标记为 x 的点处进行函数评估，该点是使得期望改进 EI 值最大的点。

基于高预期性能和高不确定性之间的权衡选择评估位置在其他领域中也出现过，包括多臂赌博机[138]以及强化学习[139]，通常被称为"利用与探索权衡"[140]。

2.4.2　知识梯度

知识梯度获取函数是通过重新审视 EI 的假设推导出来的，该假设只允许将之前评估过的点作为最终解返回。当评估是无噪声的且风险容忍度极低时，这种假设是合理的。但如果决策者愿意容忍一些风险，那么该方法可报告具有一定不确定性的最终解。此外，如果评估存在噪声,那么最终解必然具有不确定的价值,因为几乎无法对其进行无限次数的评估。

通过允许决策者返回任何其喜欢的解替换这种假设,即使该解以前没有被评估过。还假设风险中立[141],即根据其期望值对随机结果 X 进行评估。如果在 n 次采样后停止,会选择具有最大 $\mu_n(x)$ 值的解。此解(称其为 $\hat{x}^*$,因为它近似全局最优解 x^*)将具有值 $f(\hat{x}^*)$。在后验下,$f(\hat{x}^*)$ 是随机的,并且具有条件期望值 $\mu_n(\hat{x}^*) = \max_{x'}\mu_n(x') =: \mu_n^*$。

另外,如果在 x 处再进行一次采样,将得到一个新的后验分布,其后验均值为 $\mu_{n+1}(\cdot)$,该后验均值将通过式(2-3)计算,只不过其包括附加观测值 x_{n+1}, y_{n+1}。如果在这个样本之后报告最终解,它在新的后验分布下的期望值将是 $\mu_{n+1}^* := \max_{x'}\mu_{n+1}(x')$。因此,由于采样而导致的条件期望解的均值的增加是 $\mu_{n+1}^* - \mu_n^*$。

虽然在采样 x_{n+1} 前期值是未知的,但可以在给定已经获得 $x_1, x_2, \cdots, x_n$ 的观测值的情况下计算其期望值。我们称这个量为知识梯度(Knowledge Gradient,KG),用于衡量在 x 处进行测量。

$$\text{KG}_n(x) := E_n[\mu_{n+1}^* - \mu_n^* \mid x_{n+1} = x] \tag{2-14}$$

使用知识梯度作为获取函数,则新的采样点为能最大化 $\text{KG}_n(x)$ 的点,即 $\arg\max_x \text{KG}_n(x)$。

该算法最初由文献[142]提出,用于离散 A 上的 GP 回归。基于早期工作[143],该工作提出了相同的算法用于具有独立先验的贝叶斯排名和选择[144](贝叶斯排名和选择类似于贝叶斯优化,但是 A 是离散和有限的,观测值必然存在噪声,并且先验通常在 x 上是独立的)。

从概念而言,计算知识梯度获取函数最简单的方法是通过模拟,如算法 2.2 所示。在循环内,此算法模拟了在指定 x 处进行第 $n+1$ 次评估后观测值 y_{n+1} 的一个可能值。然后,它计算如果该 y_{n+1} 值是实际测量结果,则新的后验均值 μ_{n+1}^* 的最大值是多少。接下来,它减去 μ_n^* 以获得相应的解决方案质量的增加。以上循环是整个算法的一个循环。它迭代此循环多次(J 次),并对来自不同模拟 y_{n+1} 值的 $\mu_{n+1}^* - \mu_n^*$ 差异求均值,以估计 $\text{KG}_n(x)$ 获取函数。随着 J 的增大,该估计值会收敛到 $\text{KG}_n(x)$。

原则上,该算法可被用于在无导数模拟优化方法中评估 $\text{KG}_n(x)$ 以优化 KG 获取函数。然而,在无法获得导数的情况下,优化基于模拟的噪声函数是非常具有挑战性的。文献[142]建议对 A 进行离散化,并使用正态分布的性质精确地计算式(2-14)。这对低维问题很有效,但在高维问题中计算量变得巨大。

算法 2.2　基于模拟的知识梯度因子 $\mathrm{KG}_n(x)$ 的计算

令 $\mu_n^* = \max_{x'} \mu_n(x')$。

（在下面计算 μ_n^* 和 μ_{n+1}^* 时，请使用像 L-BFGS 这样的非线性优化方法。）

for $j = 1$ to J：**do**

　　从 $N(\mu_n(x), \sigma_n^2(x))$ 中生成 y_{n+1}。（等价地，从 $N(0,1)$ 中生成 Z，然后

　　$y_{n+1} = \mu_n(x) + \sigma_n(x)Z$。）

　　通过式(2-3)使用 (x, y_{n+1}) 作为最后一个观测值，在 x_0 处设置后验均值 $\mu_{n+1}(x_0; x, y_{n+1})$。

　　$\mu_{n+1}^* = \max_{x'} \mu_{n+1}(x'; x, y_{n+1})$。

　　$\Delta^{(j)} = \mu_{n+1}^* - \mu_n^*$。

end for

通过 $\dfrac{1}{J} \sum_{j=1}^{J} \Delta^{(j)}$ 估计 $\mathrm{KG}_n(x)$。

为了克服维度挑战，文献[126]提出了一种更高效和可扩展的方法，基于多次启动的随机梯度上升方法。随机梯度上升[145-146]是一种用于寻找函数局部最优解的算法，广泛用于机器学习中的无偏梯度估计。多次启动的随机梯度上升[147]从不同的起始点运行多个随机梯度上升实例，并选择找到的最佳局部最优解作为近似全局最优解。

在算法 2.3 中总结了最大化 KG 获取函数的方法。该算法迭代启动点（由 r 索引），并针对每个启动点维护一个迭代序列 $x_t^{(r)}$，由 t 索引，该序列收敛到 KG 获取函数的局部最优解。t 的内部循环依赖于随机梯度 G。G 是一个随机变量，其期望值等于在当前迭代 $x_{t-1}^{(r)}$ 处采样时，KG 获取函数相对于梯度的值。沿着随机梯度 G 的方向迈出一步，就能得到下一个迭代。这一步的大小由 G 的大小和递减的步长 α_t 确定。一旦每个启动点的随机梯度上升迭代 T 次后，算法 2.3 使用模拟（算法 2.2）评估对每个起始点获得的最终点的 KG 获取函数进行评估，并选择最佳点。

算法 2.3　基于多次启动的随机梯度上升方法，用于找到具有最大 $\mathrm{KG}_n(x)$ 的 x。输入参数为启动次数 R、每个随机梯度上升的迭代次数 T、用于定义步长序列的参数 a 和复制次数 J。建议的输入参数为：$R = 10, T = 10^2, a = 4, J = 10^3$。

---

for $r = 1$ to R **do**：

　　从 A 中均匀随机选择 $x_0^{(r)}$。

　　for $t = 1$ to T **do**：

　　　　从算法 2.4 得到 $\nabla \mathrm{KG}_n(x_{t-1}^{(r)})$ 的随机梯度估计 G。

　　　　令 $\alpha_t = a/(a + t)$。

　　　　$x_t^{(r)} = x_{t-1}^{(r)} + \alpha_t G$。

　　end for

　　使用算法 2.2 和 J 次复制估计 $\mathrm{KG}_n(x_T^{(r)})$。

end for

返回具有最大估计值的 $\mathrm{KG}_n(x_T^{(r)})$ 的 $x_T^{(r)}$。

算法 2.3 内循环使用的随机梯度 G 是通过算法 2.4 计算得到的。该算法基于如下思想。在足够的正则性条件下,通过交换梯度和期望值可以得到以下公式,即

$$\nabla \mathrm{KG}_n(x) = \nabla E_n[\mu_{n+1}^* - \mu_n^* \mid x_{n+1} = x] = E_n[\nabla \mu_{n+1}^* \mid x_{n+1} = x] \quad (2\text{-}15)$$

其中,μ_n^* 不依赖于 x。这种方法被称为无穷小扰动分析[148]。因此,构造随机梯度只需要采样 $\nabla \mu_{n+1}^*$ 即可。换言之,先在算法 2.2 的内循环中采样 Z,然后在计算 μ_{n+1}^* 相对于 x 的梯度时,将 Z 固定不变。要计算该梯度,可以看到 μ_{n+1}^* 是 $\mu_{n+1}(x';x,y_{n+1}) = \mu_{n+1}(x';x,\mu_n(x) + \sigma_n(x)Z)$ 关于 x' 的最大值,其中 x' 是 x 的一组函数。由包络定理[149]可知,在足够的正则性条件下,要求得与 x 相关的一组函数的最大值相对于 x 的梯度,只需首先找到这个集合中的最大值,然后对这个单一函数相对于 x 的梯度进行微分即可。在设置中,通过令 $\hat{x}^*$ 为最大化 $\mu_{n+1}(x';x,\mu_n(x) + \sigma_n(x)Z)$ 的 x',然后在保持 $\hat{x}^*$ 不变的情况下计算 $\mu_{n+1}(\hat{x}^*;x,\mu_n(x) + \sigma_n(x)Z)$ 相对于 x 的梯度。换言之,即

$$\nabla \max_{x'} \mu_{n+1}(x';x,\mu_n(x) + \sigma_n(x)Z) = \nabla \mu_{n+1}(\hat{x}^*;x,\mu_n(x) + \sigma_n(x)Z) \quad (2\text{-}16)$$

∇ 表示相对于 x 取梯度,此处和其他地方亦如此。算法 2.4 概括如下。

算法 2.4 模拟无偏随机梯度 G,使 $E[G] = \nabla \mathrm{KG}_n(x)$。然后可以在随机梯度上升中使用这个随机梯度优化 KG 获取函数。

for $j = 1$ to J **do**:

　生成 $Z \sim N(0,1)$。

　令 $y_{n+1} = \mu_n(x) + \sigma_n(x)Z$。

　计算通过 (x, y_{n+1}) 作为最后一个观测值,用式(2-3)计算出的在 x' 处的后验均值 $\mu_{n+1}(x';x,y_{n+1}) = \mu_{n+1}(x';x,\mu_n(x) + \sigma_n(x)Z)$。

　解出 $\max_{x'} \mu_{n+1}(x';x,y_{n+1})$,例如使用 L-BFGS 算法。令 $\hat{x}^*$ 为最大化的 x'。

　计算 $\mu_{n+1}(x';x,\mu_n(x) + \sigma_n(x)Z)$ 相对于 x 在保持 $\hat{x}^*$ 不变的情况下的梯度,记为 $G^{(j)}$。

end for

通过 $G = \dfrac{1}{J} \sum_{j=1}^{J} G^{(j)}$ 估计 $\mathrm{KG}_n(x)$。

与只考虑采样点后验的 EI 不同,KG 考虑了 f 整个定义域上的后验值,以及采样如何改变此后验值。即使采样点的值不比之前的最佳点更好,KG 也会对导致后验均值最大值提高的测量赋予正值。这为无噪声评估的标准贝叶斯选择问题带来了微小的性能优势[142],并在存在噪声、多保真度观测、导数观测、需要整合环境条件以及其他更奇特的问题特征中提供了显著的性能提升。在这些替代问题中,采样的价值并不是通过在采样点上的最佳解的改进实现的,而是通过改进可行解的后验均值的最大值实现的。例如,导数观测可能会显示,在采样点附近,函数沿特定方向递增。即使采样点的函数值比之前的最

佳采样点更差,这可能导致后验均值的最大值显著大于之前的最大值。当这种现象属于一阶现象时,KG 往往会明显优于 EI[121,126,150]。

2.4.3 熵搜索和预测熵搜索

熵搜索(ES)[65] 获取函数根据差分熵对已知有关全局最大值位置的信息进行估值。ES 会查找导致差分熵下降最大的点进行评估(例如文献[151]所述,连续概率分布 $p(x)$ 的微分熵为 $\int p(x)\log(p(x))\mathrm{d}x$,较小的微分熵表示较少的不确定性)。预测熵搜索(PES)[66] 寻求相同的点,但是使用基于互信息的熵减少目标的重新表述。精确计算 PES 和 ES 将会得到等效的获取函数,但通常无法进行精确计算,因此用于近似 PES 和 ES 获取函数的计算技术的差异会导致这两种方法在采样决策中产生实际差异。首先讨论 ES,然后讨论 PES。

设 x^* 为 f 的全局最优解,时间为 n 时的 f 后验分布可以推出 x^* 的概率分布。实际上,如果定义域 A 是有限的,那么可以通过向量 $(f(x):x\in A)$ 定义 f 在其定义域上的分布,而 x^* 对应于该向量中的最大元素。在时间 n 的后验分布下,该向量的分布是多元正态分布,而这个多元正态分布意味着 x^* 的分布。当 A 连续时,相同的思想适用,其中 x^* 是一个随机变量,其分布由对 f 的高斯过程后验所指示。

基于这种理解,用符号 $H(P_n(x^*))$ 表示 x^* 的时间 n 后验分布的熵。类似地,$H(P_n(x^*|x,f(x)))$ 表示如果在 x 处观察到 $f(x)$,则时间 $n+1$ 后验分布在 x^* 上的熵。这个量取决于观察到的 $f(x)$ 值。因此由于采样 x 导致的熵减少可以表示为

$$\mathrm{ES}_n(x)=H(P_n(x^*))-E_{f(x)}[H(P_n(x^*\mid f(x)))] \tag{2-17}$$

在第二项中,外部期望中的下标表示对 $f(x)$ 求期望。等价地,这可以写成 $\int \varphi(y;\mu_n(x),$ $\sigma_n^2(x))H(P_n(x^*\mid f(x)=y))\mathrm{d}y$,其中 $\varphi(y;\mu_n(x),\sigma_n^2(x))$ 是均值为 $\mu_n(x)$、方差为 $\sigma_n^2(x)$ 的正态分布的概率密度。

与 KG 一样,ES 和 PES 受测量如何改变整个定义域上的后验分布的影响,而不仅仅取决于在采样点上是否比现有解法有所改进。这对于决定在奇异问题中的采样位置非常有用,而且 ES 和 PES 在这方面比 EI 更有价值。

虽然 ES 可以近似计算和优化[65],但这样做具有挑战性,因为:①高斯过程最大化的熵无法以封闭形式获得;②必须对大量 y 的熵,以近似式(2-17)中的期望;③然后必须优化这个难以评估的函数。与 KG 不同,目前还没有已知的计算随机梯度的方法简化这一优化过程。

PES 提供了一种计算式(2-17)的替代方法。该方法指出,由于测量 $f(x)$ 而导致 x^*

熵的减少等于 $f(x)$ 和 x^* 之间的互信息,而互信息又等于由于测量 x^* 而导致 $f(x)$ 减少的熵。这一等价关系给出了下面的表达式,即

$$\mathrm{PES}_n(x) = \mathrm{ES}_n(x) = H(P_n(f(x))) - E_{x^*}\left[H(P_n(f(x) \mid x^*))\right] \quad (2\text{-}18)$$

其中,第二项期望中的下标表示期望是针对 x^* 进行的。

与 ES 不同,PES 获取函数中的第一项 $H(P_n(f(x)))$ 可以通过封闭形式计算。第二项仍然需要进行近似计算:文献[66]提供了一种从后验分布中采样 x^*,并使用期望传播近似计算 $H(P_n(f(x) \mid x^*))$ 的方法,然后可以通过模拟进行无导数优化的方法优化这种评估方法。

2.4.4 多步最优获取函数

可以将求解式(2-1)的过程视为一个顺序决策问题[124],其中依次选择 x_n,并观察 $y_n = f(x_n)$,x_n 的选择取决于所有过去的观察结果。在这些观察结束时,会获得一个奖励,这个奖励可能等于已观察到的最佳点的值 $\max_{m \leqslant N} f(x_m)$,就像在 EI 分析中那样,或者可能等于基于这些观察结果选择的某个新点 $\hat{x}^*$ 处的目标函数的值 $f(\hat{x}^*)$,如同在 KG 的分析中,或者它可能是 x^* 的后验分布的熵,就像在 ES 或 PES 中一样。

根据构造,当 $N = n+1$ 时,EI、KG、ES 和 PES 获取函数是最优的,即最大化后验下的预期收益。然而,当 $N > n+1$ 时,显然它们不再是最优的。原则上,可以通过随机动态规划[152]计算多步最优获取函数,以在一般情况下最大化预期奖励,但所谓的维度诅咒[163]使得在实践中计算这种多步最优获取函数非常具有挑战性。

然而,近年来文献开始使用近似方法计算这个解,包括文献[124,154-155]。这些方法似乎还没有达到可以广泛应用于实际问题的程度,因为近似解决随机动态规划问题所引入的误差和额外成本往往会超过考虑多步最优算法所提供的好处。然而,鉴于强化学习和近似动态规划的同时进步,贝叶斯优化是一个有前途和令人兴奋的方向。

此外,还有其他一些与贝叶斯优化最常考虑的问题设置密切相关的问题,可以计算多步最优算法。例如,文献[156-157]利用问题结构有效地计算某些贝叶斯可行性确定问题类的多步最优算法,其中我们希望高效地采样以确定每个 x 的 $f(x)$ 是否高于或低于阈值。同样,文献[158]计算了具有熵目标的一维随机寻根问题的多步最优算法。虽然这些多步最优方法只直接适用于非常特殊的环境,但它们为研究从一步最优到多步最优所可能带来的更普遍的改进提供了机会。令人惊讶的是,在这些设置中,现有的获取函数的表现几乎与多步最优算法一样好。例如,文献[156]进行的实验显示,KG 获取函数在其计算的问题中接近 98% 的最优解,而文献[158]表明,在其考虑的设置中,ES 获取函数是多步最优的。从这些结果推广,可能是一步获取函数已足够

接近最优,以至于进一步改进并无实际意义,或者可能是多步最优算法将在尚未确定的实际环境中提供更好的性能。

2.5 标准合成的多目标测试问题

多目标测试问题主要用于对比不同优化算法的优化性能。当前研究中的标准合成多目标测试问题有多种,如 DTLZ[159]、WFG[36]、ZDT[160]、MOP[161-166]、UF[167] 和 mDTLZ[168]问题等。

本书主要用到 4 个常用的多目标测试问题,即 DTLZ(包括 DTLZ1-7)[159]、WFG(包括 WFG1-7)[36]、UF(包括 UF1-7)[167] 和 mDTLZ(mDTLZ1-mDTLZ4)[168]。下面主要针对上述 4 个测试问题集进行详细介绍。这些问题的目标数和决策变量数都是可变的,而且帕累托前沿具有不同的性质,可以着重测试相关优化算法的某方面优化性能。帕累托前沿的具体性质包括:线性/凸/凹/不连接(Linear/Convex/Concave/Disconnected)、单模态/多模态(Uni-modal/Multi-modal)、退化的(Degenerate)、可分/不可分的(Separable/Non-separable)、有偏/无偏向(Bias/Non-bias)、一对一/多对一(One-to-one/Many-to-one)、平坦的(Flat)。其中单模态和多模态的帕累托前沿是指该前沿只包含一个最优解和多个局部最优解。退化的帕累托前沿是一种维度比它所嵌入的目标空间更低的前沿。可分性判定如定义 1.6 所示。有偏/无偏性是指搜索空间中均匀分布的参数向量是否映射到适应值空间中均匀分布的目标向量,例如三目标问题中的线段前沿(Line Segment Front)是退化的;相反,在一个具有三个目标的多目标问题中,二维前沿则是不退化的。一对一/多对一映射关系是指帕累托最优集与帕累托前沿的映射关系。平坦的帕累托前沿是指参数的微小扰动不会改变目标函数值[36]。本书用到的所有测试问题的帕累托前沿性质总结如表 2.1 所示。

表 2.1 多目标测试问题(DTLZ、WFG、UF、mDTLZ)的帕累托前沿性质

多目标测试问题	问 题 名 称	帕累托前沿性质
DTLZ 问题	DTLZ1	线性、可分、多模态、多对一
	DTLZ2	可分、单模态、凸、多对一
	DTLZ3	可分、多模态、退化的、凸、多对一
	DTLZ4	可分、凸、单模态、有偏、多对一
	DTLZ5	凸、单模态、有偏、多对一、退化的[a]
	DTLZ6	单模态、凸、有偏、多对一、退化的[a]
	DTLZ7	可分、多模态、不连续的

续表

多目标测试问题	问题名称	帕累托前沿性质
WFG 问题	WFG1	可分、单模态、多项式、平坦、凹、混合
	WFG2	不可分、单模态、凹、不连续的
	WFG3	不可分、多模态、线性、退化的[b]
	WFG4	不可分、单模态、凸
	WFG5	可分、凸
	WFG6	不可分、单模态、凸
	WFG7	可分、有偏、多模态、凸
	WFG8	不可分、单模态、凸
	WFG9	可分、多模态、凸
UF 问题[c]	UF1	凹、单模态
	UF2	凹、单模态
	UF3	凹、单模态
	UF4	凸、单模态
	UF5	不连续
	UF6	不连续
	UF7	单模态
mDTLZ 问题[d]	mDTLZ1	几乎不支配的边界（Hardly Dominated Boundary）
	mDTLZ2	单模态、凸
	mDTLZ3	单模态、凸
	mDTLZ4	单模态、凸

[a] 当目标个数大于 3 时，DTLZ5 和 DTLZ6 的帕累托前沿不是退化的。

[b] 当目标个数大于 2 时，WFG3 的帕累托前沿不是退化的。

[c] 原文未给出 UF 的帕累托前沿性质，此处根据原文给出的帕累托前沿观察而得。

[d] 原文未给出 mDTLZ 的帕累托前沿性质，此处根据原文总结而得。

2.6 多目标优化方法的评价指标

根据相关研究[31,169-170]，目前有多种衡量多目标优化算法性能的评价指标，主要用来评估多目标优化算法的收敛性和多样性性能。当前研究中的多目标评价指标主要包括世代距离（Generational Distance，GD）[171]、反世代距离（Inverted Generational Distance，IGD）[30,172]、超体积（Hypervolume，HV）、多样性指标（Diversity Measurement，DM）[173]、豪斯多夫距离均值（the Averaged Hausdorff Distance，Δ_p）[174]和均匀性（Spread，Δ）[12,175]、多样性对比指标（Diversity Comparison Indicator，DCI）[176]、修正的世代距离（Modified Generational Distance，GD＋）和修正的逆世代距离（Modified Inverted Generational Distance，IGD＋）[177]、平均运行时间实现函数（the average Runtime

Attainment Function，aRTA)[178]、支配关系指标(Dominance Measurement，DM)[179]等。

本书主要用到上述最常用的 6 种评价指标,即世代距离、反世代距离、超体积、多样性指标、豪斯多夫距离均值和均匀性。下面主要针对上述 6 种评价指标展开详细介绍。不同的评价指标衡量优化算法的性能侧重点不同:反世代距离和豪斯多夫距离同时衡量了优化算法的收敛性与多样性;均匀性可以衡量优化算法获得的近似帕累托前沿的均匀性,反映了优化算法的多样性性能;世代距离和多样性指标分别是优化算法的收敛性和多样性评价指标;超体积主要衡量优化算法的收敛性且具有帕累托依从性。具体而言,帕累托依从性是一种顺序质量指标,反映了由帕累托支配关系扩展到集合所施加的顺序,具体定义如下。

定义 2.1:帕累托依从性[180-181]

一个一元指标 $I:\Phi\rightarrow\mathbb{R}$ (其中 Φ 是所有近似帕累托前沿的集合)是帕累托依从的,如果满足以下条件: $A\lhd B\Rightarrow I(A)>I(B)$ 。其中, $\lhd$ 代表集合之间的优胜关系,具体见定义 2.2。不失一般性,该指标值越小,说明近似集质量越高。如果 $A\lhd B\Rightarrow I(A)\geqslant I(B)$,则称该指标是弱帕累托依从的。

定义 2.2:集合之间的优胜关系[180]

$A\lhd B$ 指 $\forall b\in B,\exists a\in A:a\leqslant b$ 且 $A\neq B$ 。不失一般性,该指标值越大、集合的质量越高。设 APF 是近似帕累托前沿、 PF^* 是当前优化问题的真实帕累托前沿,则 GD、IGD、DM、Δ_p 和 Δ 如定义 2.3 至定义 2.8 所示。

定义 2.3:世代距离

世代距离(GD)衡量了近似帕累托前沿 APF 与帕累托前沿 PF* 的平均距离,即

$$\mathrm{GD}(\mathrm{APF},\mathrm{PF}^*)=\frac{1}{|\mathrm{APF}|}\sqrt{\sum_{i=1}^{|\mathrm{APF}|}d_i^2} \tag{2-19}$$

其中, d_i 是近似帕累托前沿中的每个向量与 PF* 的欧几里得距离。GD 值越小,近似帕累托前沿 APF 距离当前优化问题的真实帕累托前沿 PF* 的平均距离越近,说明优化算法的收敛性性能越高。

定义 2.4:反世代距离

反世代距离(IGD)衡量了近似帕累托前沿 APF 与帕累托前沿 PF* 的反世代距离,即

$$\mathrm{IGD}(\mathrm{APF},\mathrm{PF}^*)=\frac{1}{|\mathrm{PF}^*|}\sqrt{\sum_{i=1}^{|\mathrm{PF}^*|}d_i^2} \tag{2-20}$$

其中, d_i 是近似帕累托前沿中的每个向量与 PF* 的欧几里得距离。IGD 值越小,近似帕累托前沿 APF 距离当前优化问题的真实帕累托前沿 PF* 平均反世代距离越近,说明优

化算法的收敛性和多样性性能越高。

定义 2.5：多样性指标

多样性指标(DM)考虑了从帕累托前沿 PF^* 到近似帕累托前沿 APF 的最小距离的点。假设当前标记点为 $x \in \mathrm{APF}$，那么对应的 $\mathrm{DM}(x, \mathrm{PF}^*)$ 为

$$\mathrm{DM}(x, \mathrm{PF}^*) = \min_{y \in \mathrm{PF}^*} d(x, y) \tag{2-21}$$

来自 PF^* 的不同标记点的总数超过 PF^* 的大小即多样性指标 DM 值。DM 值越大，近似帕累托前沿的多样性越好，从而说明当前优化算法的多样性性能越高。

定义 2.6：豪斯多夫距离均值

豪斯多夫距离均值综合了 GD_p 和 IGD_p 指标。设 $X = \{x_1, x_2, \cdots, x_n\}$ 和 $Y = \{y_1, y_2, \cdots, y_m\}$ 为有限非空集，则 $\Delta_p(X, Y)$ 为

$$\Delta_p(X, Y) = \max(\mathrm{GD}_p(X, Y), \mathrm{IGD}_p(X, Y))$$

$$= \max\left(\left(\frac{1}{N} \sum_{i=1}^{N} \mathrm{dist}(x_i, Y)^p\right)^{1/p}, \left(\frac{1}{M} \sum_{i=1}^{M} \mathrm{dist}(y_i, X)^p\right)^{1/p}\right) \tag{2-22}$$

其中，GD_p 和 IGD_p 的定义分别如式(2-23)和式(2-24)所示。这两种指标分别是改进的 GD 和 IGD 指标，取值均为非负且两者都具有帕累托依从性。

$$\mathrm{GD}_p(X, Y) = \left(\frac{1}{N} \sum_{i=1}^{N} \mathrm{dist}(x_i, Y)^p\right)^{1/p} = \frac{\| d_{XY} \|_p}{\sqrt[p]{N}} \tag{2-23}$$

$$\mathrm{IGD}_p(X, Y) = \left(\frac{1}{M} \sum_{i=1}^{M} \mathrm{dist}(y_i, X)^p\right)^{1/p} = \frac{\| d_{XY} \|_p}{M} \tag{2-24}$$

上述定义中的集合 X 和 Y 代表近似帕累托前沿。Δ_p 值越大，说明当前优化算法获得的近似帕累托前沿的收敛性、多样性越好，从而说明优化算法性能越高。

定义 2.7：均匀性

均匀性用来衡量优化算法获得的非支配解的分布程度，具体为

$$\Delta = \frac{d_f + d_l + \sum_{i=1}^{N-1} | d_i - \bar{d} |}{d_f + d_l + (N-1)\bar{d}} \tag{2-25}$$

其中，N 是当前算法获得的非支配解数；d_i 是当前算法获得的非支配解的相邻解的欧几里得距离；$\bar{d}$ 是 d_i 的均值；参数 d_f 和 d_l 分别为当前算法获得的非支配解中极值点之间和边界点之间的欧几里得距离。

但是上述定义的 Δ 只能用于双目标问题，不适用于目标个数大于或等于 3 个的多目标问题。根据相关研究[182-183]，均匀性被扩展为给定点到其最近邻域点的距离，用于目标个数大于或等于 2 的情况，具体定义如下所示。

定义 2.8：通用的均匀性[175]

$$\Delta = \frac{\sum\limits_{i=1}^{m} d(E_i,\Omega) + \sum\limits_{x \in \Omega} \mid d(X,\Omega) - \bar{d} \mid}{\sum\limits_{i=1}^{m} \mid d(E_i,\Omega) + (\mid \Omega \mid - m)\bar{d} \mid} \tag{2-26}$$

其中，$d(X,\Omega) - \bar{d}$ 为

$$d(X,\Omega) - \bar{d} = \min_{Y \in \Omega, Y \neq X} \parallel F(X) - F(Y) \parallel$$

$$\bar{d} = \frac{1}{\mid \Omega \mid} \sum_{X \in \Omega} d(X,\Omega) \tag{2-27}$$

Δ 值越小，说明算法获得的近似帕累托前沿的分布更均匀、多样性越好，进而说明优化算法的优化性能越高。

2.7　本章小结

　　本章详细探讨了贝叶斯优化的核心概念和方法。首先，深入研究了高斯过程回归，并介绍了几种常用的获取函数，如期望改进、知识梯度、熵搜索和预测熵搜索。接着，深入探讨了一系列复杂的贝叶斯优化问题，包括处理带有噪声测量的问题、并行评估、约束条件、多保真度和多信息源优化、随机环境条件以及多任务贝叶斯优化和包含导数观测的问题。其次，强调了贝叶斯优化领域的未来发展方向，包括深入理解理论基础、探索新颖统计方法的应用，以及在高维情况下开发有效优化算法的重要性。本章还总结了标准多目标测试问题的性能表现，并引入了用于评估多目标优化方法效果的相关评价指标。这些指标将有助于全面评估贝叶斯优化方法在不同场景下的实际效果。

第3章　研究综述

3.1　综述部分的总体结构

近年来,关于贝叶斯优化方法和实践方面已有一些全面综述和教程,每篇综述都专注于特定的重点。例如,文献[184]对克里格插值法在早期研究中的应用进行了回顾,并探讨了其在约束优化方面的扩展。在文献[53]中,研究者提供了一个针对贝叶斯优化的教程,特别侧重于将贝叶斯优化应用于偏好建模和主动用户交互问题。此外,文献[28]全面回顾了贝叶斯优化的基础,并详细阐述了统计建模和流行的适应性函数的应用。同时,文献[185]也探讨了贝叶斯优化领域的一些最新进展,特别关注多目标优化(MFO)和约束优化方面的发展。虽然已有多篇综述论文对贝叶斯优化进行了深入探讨,但尚未涵盖贝叶斯优化领域的所有丰富扩展。自文献[28]发表以来,贝叶斯优化领域不断取得许多新进展,这使得对这一充满活力的研究领域进行更新和全面的综述变得尤为重要。因此,对贝叶斯优化领域进行新的研究和综述将有助于深入了解当前的最新发展,使研究人员和从业者受益。

3.2　相关研究工作

本节将对最先进的贝叶斯优化算法进行简要概述,重点关注其中最重要的研究进展。随后,根据优化问题的特点对现有的研究进行分类和讨论,为当前的研究提供一个清晰的框架。通过系统梳理,可以更好地理解贝叶斯优化领域的快速发展。

3.2.1　高维优化

高维黑盒优化问题是极具挑战性的,在许多应用程序中都很常见[83,89]。值得注意的是,贝叶斯优化中的维度数可能从几十到数千个,甚至达到 10 亿[186]。虽然贝叶斯优化已成功应用于低维昂贵和黑箱优化问题,但在搜索空间的维数大于 $10\sim20$ 时,其性能明显下降[84,86]。因此,对高维问题的扩展仍然是一个关键的开放性挑战。

具体来说,高维问题的贝叶斯优化面临以下主要困难:非参数回归,如高斯过程,在本质上是困难的,因为随着维数增加,搜索空间呈指数级增长。在高维空间中使用常见的基于距离的核函数学习模型变得更加困难,因为搜索空间的增长速度比合理的抽样开销要快得多。此外,超参数的数量通常会随着输入维数的增加而增加,从而使模型的训练变得越来越困难。另外,获取函数通常是多模态的问题,具有较大的平坦表面[92],因此获取函数的优化并不是平凡的,特别是在高维问题和样本数量有限的情况下。

需要注意的是,上述问题与高斯过程的可伸缩性有所不同。为了在高维空间中构建一个可靠的高斯过程,可能需要更多的观测数据,这由于高斯过程采样复杂度是随数据大小呈指数增长,其可伸缩性面临挑战。尽管近年来对高斯过程的可伸缩性进行了广泛研究,以适应许多观测[187-188],但这些方法主要关注存在大量数据但维度仍然较小或中等的情况。此外,即使可以将高斯过程用于高维问题,仍然会面临获取函数优化的困难,因为获取函数通常是多模态的问题,需要在高维情况下进行更多的代理模型优化。因此,我们感兴趣的是用可扩展的方法处理高维问题,而不仅仅局限于构建高维的高斯过程。

目前,解决高维贝叶斯优化问题的算法大多基于两个结构假设,但也有例外:①高维目标函数具有低维有效子空间,这推动了基于变量选择和嵌入方法的发展;②原始目标函数可以是几个低维函数的和,从而产生了基于加性结构的方法。解决高维贝叶斯优化问题,尤其是涉及大量数据的情况,通常需要采用代理模型、局部建模和并行批处理选择等方法。接下来,将详细讨论处理高维优化问题的现有工作。

1. 变量选择

为了缓解高维问题的困扰,一种简单的想法是采用降维技术。其中一个重要假设是,原始目标函数只在一个低维子空间内变化,称为主动/有效子空间[189]。为了确定对感兴趣数量的贡献最大的输入变量,文献[190]利用了一些敏感性分析技术,以评估每个变量相对于感兴趣的数量的相对重要性。文献[189]提出了两种策略,即有限差分序列似然比检验和 GP 序列似然比检验,用于筛选贡献最大的变量。另一个常用的指标是自动相关性确定协方差[191]的相关长度值。其基本思想是,长度尺度值越大,对应变量的重要性就越小。

2. 线性/非线性嵌入

最近的发展通过定义一个基于线性或非线性嵌入来利用目标函数的潜在空间,而不是去除非活动变量来降低维数。例如,文献[192]指出,对于任意 $x \in \mathbb{R}^D$ 和一个随机矩阵 $A \in \mathbb{R}^{D \times d}$,当概率为 1 时,存在一个点 $y \in \mathbb{R}^d$,使得 $f(x) = f(Ay)$。这种观察结果允许我们在低维空间中执行贝叶斯优化算法优化原始的高维函数。因此,该文献提出了一种具有随机嵌入功能的贝叶斯优化算法(BO with random embedding,REMBO)。最近,一些 REMBO 的变种参见文献[78,83-84]。除了随机嵌入方法的成功应用,人们还提出许多学习内在有效子空间的算法,如基于变分自编码器(VAE)[193]的无监督学习、监督学习[81]和半监督学习[194]。

上述基于结构假设的方法大多采用线性投影将贝叶斯优化扩展到高维。近年来,一些先进的技术可以进一步研究利用非线性嵌入[195]的搜索空间结构。与线性嵌入相比,非线性嵌入技术,也被称为几何感知的贝叶斯优化[29],具有相当多的表现力和灵活性。然而,这些方法需要更多的数据来学习嵌入,并假设搜索空间不是欧几里得的,而是各种流形,如黎曼流形[196]。

3. 可加性结构

上述方法背后的低有效维度假设过度限制,因为所有的输入变量都可能对目标函数产生影响。因此,在高维贝叶斯优化的背景下,另一种显著的结构假设得到了探索,称为可加性结构。可加性结构已经被应用于可加性高斯过程[197]。在文献[86]中提出了一种名为 Add-GP-UCB 的算法,其假设目标函数 $f(\boldsymbol{x}): \mathcal{X} \rightarrow \mathbb{R}$,其中输入空间 $X = [0,1]^D$ 是由小的、不重叠的维度组合函数构成的,即

$$f(\boldsymbol{x}) = f^{(1)}(\boldsymbol{x}^{(1)}) + f^{(2)}(\boldsymbol{x}^{(2)}) + \cdots + f^{(M)}(\boldsymbol{x}^{(M)}) \tag{3-1}$$

其中,$\boldsymbol{x}^{(j)} \in X^{(j)} = [0,1]^{d_j}$ 表示输入变量的不相交子集。为了避免直接使用复杂的核函数,该方法采用随机生成一组特征空间的潜在分解,并选择具有最高 GP 边际似然值的核函数,每个核函数在输入维度的子集上操作。为了更有效地学习可加结构,该方法还引入马尔可夫链蒙特卡罗法(MCMC)[198]、Gibbs 抽样[88]和 TS[199]等技术。

关于 Add-GP-UCB 算法的另一个主要问题是对输入维度的不相交子集的限制,在随后的文献[26,91]中已经得到解决。通过引入投影可加性假设,对两种结构假设进行了泛化,即低活动假设和可加性结构假设。在文献[91,200]中,通过依赖图或稀疏因子图表示可加分解,允许变量组之间存在重叠。

4. 高维贝叶斯优化中的大规模数据

虽然已经有许多贝叶斯优化研究致力于解决大规模观测和高维输入空间的问题,但很少有人考虑到带有大量训练数据的高维问题。然而,该情况是不得不考虑的,因为在高维空间中构建代理模型需要更多的数据。一些先进的技术如贝叶斯神经网络等被提出来取代传统的高维 GPs,以获得更好的可扩展性和灵活性。采用并行的局部建模和批量选择的方法,如集成贝叶斯优化和异构集成模型,也被应用于解决大规模高维问题。同时,置信域方法用一种局部概率方法(TuRBO)处理高维空间中的大规模数据。

5. 讨论

虽然上述结构假设对于高维空间中的 GP 建模非常有利,但在现实应用中,目标函数

或搜索空间可能是不可分解的,可能不符合这些假设。因此,未来的研究方向之一是如何有效地学习低维潜在空间。近年来,高维组合优化和图结构目标函数的存在给贝叶斯优化带来了挑战,值得进一步研究。此外,尽管大多数研究工作都考虑了高维搜索空间,但对高维多输出贝叶斯优化的研究仍然相对缺乏。这些问题都值得在未来的研究中深入探讨。

3.2.2 组合优化

在现实世界的应用中,对于组合空间上的黑盒函数进行优化是一个普遍存在但具有挑战性的任务,比如涉及整数、集合、序列、分类或图结构等输入变量的情况。假设昂贵的黑盒目标函数 $f:\mathcal{H}\rightarrow\mathbb{R}$,组合优化的目标是

$$\boldsymbol{h}^{*}=\operatorname{argmax} f(\boldsymbol{h}) \tag{3-2}$$

其中,$\mathcal{H}$ 为搜索空间。对于混合搜索空间上的问题,$\mathcal{H}=[\mathcal{C},\mathcal{X}]$,$\mathcal{C}$ 和 $\mathcal{X}$ 分别表示离散搜索空间和连续搜索空间。具体地说,离散变量可以根据给定变量的可能值之间的顺序关系,分为顺序和名义(或定量和定性)变量。例如,分类变量指的是一个无序的集。贝叶斯优化已经成为处理昂贵的评估黑盒问题的典型成熟范例。然而,大多数基于高斯过程的贝叶斯优化方法明确假设连续空间,导致在组合型域中扩展性较差。这主要归因于难以在组合空间上定义内核和距离度量来解释变量之间复杂的相互作用。请注意,基于梯度的优化获取函数的方法并不直接适用于离散变量的存在。此外,贝叶斯优化严重面临候选解的数量随着组合域的参数呈指数增长(称为组合爆炸)的问题。因此,组合贝叶斯优化面临两个主要挑战。一是在组合空间上建立有效的代理模型,二是在组合域上有效地搜索下一个结构。一种简单的方法是通过将离散变量视为连续变量,构造高斯代理模型并优化获取函数,然后通过独热编码策略[201]识别出的具有实值的下一个样本点的最接近整数。显然,这种方法忽略了搜索空间的性质,可能会重复选择相同的新样本,从而降低贝叶斯优化的效率。另外,许多研究借用了变分自编码器的优雅性,将高维的、离散的输入映射到一个低维的连续空间[202]上。在贝叶斯优化的背景下,通过引入组合空间的代理模型,人们投入了很多工作处理昂贵的组合优化问题。

1. 固有离散模型

为了避免在基于 GP 的贝叶斯优化中遇到的困难,我们采用了一些固有的离散模型(如神经网络[203]和随机森林)作为代理模型,其中基于树的模型是应用较广泛的模型。例如,随机森林已被应用于文献[204]中的组合贝叶斯优化。然而,这种方法需要执行不可取的外推效果。因此,通常使用树结构的 Parzen 估计模型替代文献[205]中的 GP,但该方法需要大量的训练数据。另一种想法是使用连续的代理模型保证整数值最优,这激

发了一种称为IDONE[206]的使用分段线性代理模型的方法。

为了提高获取函数在组合优化中的搜索效率,搜索控制知识被引入到分支-定界搜索[207]中。此外,BOCS算法用来缓解组合空间[208]的组合爆炸问题。

2. 具有离散距离度量的核函数

组合贝叶斯优化的另一种常用方法是修改GP核计算中的距离度量,从而可以正确地捕获组合空间中的相似性。例如,汉明距离被广泛用于度量离散变量之间的相似度,通常采用进化算法对获取函数[204]进行优化。最近,组合空间的图表示出现在了最前沿,为GP中的图内核做出了贡献。文献[209]提出了COMBO,它在组合搜索空间上构造了一个组合图,其中图中两个顶点之间的最短路径相当于汉明距离。随后,该方法利用图的傅里叶变换推导出图上的扩散核。为了规避COMBO的计算瓶颈,该方法进一步研究了图表示的结构,并提取了一小部分特征[210]。需要注意的是,基于图的组合贝叶斯优化已被广泛应用于神经架构搜索[211-212]。

3. 混合搜索空间下的贝叶斯优化

很少有研究考虑混合变量组合问题,其中输入变量包括连续变量和离散变量,如整数和分类输入。在离散空间上具有新距离度量的内核为解决组合优化问题提供了启示。因此,有人尝试用类似的方法解决组合贝叶斯优化问题,即把定义在不同输入变量上的核结合起来[213]。有趣的是,文献[214]使用了定义在不同域上的内核的乘积解决受限的混合变量问题。接着,类似的核函数被定义用于解决包含不同大小搜索空间的混合变量问题[215]。在混合变量设置[206]中,将每个变量视为一个多臂赌博机是指将每个变量视为一个独立的决策问题,通过这种方法将多臂赌博机的方法与贝叶斯优化结合起来。对于混合变量优化问题,这种方法可以在搜索空间中寻找更优解。

4. 讨论

虽然大多数组合贝叶斯优化方法侧重于代理模型的构建,但组合爆炸问题仍然具有挑战性。计算瓶颈和可伸缩性的挑战值得进一步研究。此外,由于组合优化中涉及约束,选择满足约束的新解也非常具有研究价值。

3.2.3 噪声和鲁棒优化

为了构造贝叶斯优化[216]中的GP,需要对数据中的噪声进行两个假设。首先,假设输入点的测量是无噪声的。其次,假设观测中的噪声服从一个恒定方差的正态分布,称为同方差高斯白噪声。然而,这两种假设在实践中都不成立,导致优化性能较差。因此,考虑噪声观测、异常值和输入相关噪声的贝叶斯优化方法已经得到深入研究。

1. 贝叶斯优化用于输出噪声

对于有噪声输出的优化问题,目标函数可以用 $f:X \rightarrow \mathbb{R}$ 描述,由噪声观测 $y = f(x) + \varepsilon$ 产生,其中 ε 是可加/输出噪声。大多数针对存在输出噪声问题的贝叶斯优化方法都采用标准 GP 作为代理模型,并专注于设计新的获取函数[217]。首先,无噪声 EI 对噪声观测的扩展得到了广泛的研究。一个主要的问题是,目前的最佳目标值 $f(x^*)$ 并不完全可知。一种直接的方法是用一些合理的值替换 $f(x^*)$,这被称为使用"插件"[217]的期望改进。文献[218]通过替换当前的最佳目标值,提出一个增强的 EI,并随后在标准 EI 中增加了一个惩罚项。此外,该方法用 GP 代理给出的 β 分位数作为参考。该方法进一步定义了基于 β 分位数最低值减少的改进,产生了能够解释异构噪声的预期分位数改进(EQI)。与 EQI 类似,改进由 KG 策略定义,并引入近似知识梯度(Aproximate KG,AKG)[219]。从根本上说,AKG 是一种基于知识改进的 EI;然而,AKG 的评估是计算密集型的。另一类自然处理输出噪声的获取函数是基于信息的 AFs(用于单目标优化的获取函数),如 PES[66]和 TS 算法[220]。此外,处理输出噪声[221]的方法利用噪声观测构造克里格回归;并利用克里格提供的预测采样点建立插值克里格插值即再插值,使标准 EI 能够选择新的样本。

2. 异常值的贝叶斯优化

除上述测量/输出噪声外,在实际实验中,由于不规则和孤立的干扰、仪器故障或潜在的人为误差,观测结果经常被异常值/极端观测结果污染。正如在文献[222]中所指出的那样,采用高斯分布作为先验值和似然值的标准 GP 模型对极端观测都很敏感。另一个原因是 GP 是非参数的和插值的。

通常,贝叶斯优化采用对异常值的存在不敏感的稳健 GP 解释异常值。从数学上讲,鲁棒 GP 模型背后的主要思想是,使用一个适当的尾部较重的噪声模型而非假设正常噪声解释离群数据[223]。最常用的噪声模型是 t 分布[224-225]。然而,使用 t 似然不允许后验分布的封闭推理形式,因此,通常需要一些近似推理的技术,如拉普拉斯近似[225]。最近,文献[224]提出了一种离群值处理算法,通过将鲁棒 GP 与 t 似然与离群值检测相结合,将数据点分类为离群值或奇异值。该方法可以去除异常值,因此可建立标准的 GP,从而产生一个更有效的、具有更好收敛性的鲁棒性方法。

3. 受损输入的贝叶斯优化

该类方法在建模 GP[226]时首先考虑了输入依赖的噪声,通过允许噪声方差是输入的函数而不是常数,引入了异速噪声。因此,噪声方差被视为一个随机变量,并使用一个独立的 GP 建模噪声水平的对数。异方差 GP 回归中的推理具有挑战性,因为与同方差情况不同,预测密度和边际似然不再具有可分析性。可以使用 MCMC 方法近似后验噪声方差,但这种方法非常耗时。建议使用其他近似方法,包括变分推理[227]、拉普拉斯近似[225]和期望传播[223]。

上述方法通过将输入测量值保持为确定值,并改变相应的输出方差进行补偿,处理带有输入噪声的数据集。文献[216]指出,输入噪声的影响与输入到输出函数的梯度有关。因此,提出一个噪声输入 GP(NIGP),根据后验的一阶泰勒展开将输入噪声转移到输出。具体来说,NIGP 采用函数的局部线性化,并利用它将不确定性从输入传播到 GP[216] 的输出。

以上思想的直观想法是将输入噪声传播到输出空间,然而这可能导致不必要的探索。文献[228]通过在有效改进方法中考虑输入噪声解决这个问题,这样输入噪声可以通过所有模型和函数查询进行传播。更确切地说,他们使用无损变换(UT)定义了无损期望改进和无损最优继任者。UT 首先从原始分布确定性地选择一组样本。然后,对每个样本应用非线性函数以生成转换点。因此,变换后分布的均值和协方差可以根据变换点的加权组合形成。

输入/查询不确定性[229]是与输入相关的噪声密切相关的术语。这意味着对实际查询位置的估计也受环境变量[230]或受噪声等不确定性的影响。当将贝叶斯优化扩展到具有输入不确定性的问题时,采用了两种经典的问题公式,即概率鲁棒优化和最坏情况鲁棒优化,分别从概率和确定性的角度考虑。在概率鲁棒优化中,假设输入或环境变量的分布是未知的。因此,为了考虑定位噪声,在输入空间上设置一个先验,并通过某些鲁棒性测量的期望值评估性能。文献[229]在贝叶斯优化框架内引入了受噪声干扰的输入,即不确定性。在这种情况下,通过对输入分布的未知函数进行积分,鲁棒优化问题被表述为一个约束问题。因此,噪声因素可以被整合,并引入类似于受约束 EI 的获取函数,在决策空间中完全选择新的查询。

相较而言,最坏情况鲁棒目标的目的是寻找一个对不确定参数的最坏实现具有鲁棒性的解,它被表述为一个最小最大优化问题,即

$$\max_x \min_{c \in U} f(\boldsymbol{x}, \boldsymbol{c}) \tag{3-3}$$

其中,$\boldsymbol{x}$ 为决策向量,$\boldsymbol{c} \in U$ 为不确定性,其中 U 为不确定性集合。文献[230]使用一个松弛程序探索如何将 EGO 用于最坏情况下的鲁棒优化,从而对设计变量和不确定性变量进行迭代优化。然而,这种策略效率不高,因为之前的观测结果无法重复使用。文献[231]提出了一种使用新的期望改进的修正 EI。

4. 讨论

新的 AFs 是针对可加输出噪声而设计的,而基于 t 分布的 GP 则是为了适应异常值而开发的。最近,现实场景中对鲁棒性有新要求的更复杂问题设置引起越来越多的关注。

例如,如何应对对抗性破坏[232]是一个很有前景的研究方向。此外,批量优化[232]中的鲁棒性也至关重要。

3.2.4　昂贵的约束优化

许多优化问题受到各种类型的约束,对目标函数和约束的评估都可以是计算密集型的,也可以是代价高昂的。这类问题称为昂贵的约束优化问题(ECOPs)。通常 ECOP 可以表述为

$$\min_x f(\boldsymbol{x}) = (f_1(\boldsymbol{x}), f_2(\boldsymbol{x}), \cdots, f_m(\boldsymbol{x}))$$
$$\text{s.t.}\quad c_j(\boldsymbol{x}) \geqslant a_j, j = 1, 2, \cdots, q$$
$$h_i(\boldsymbol{x}) = b_i, i = 1, 2, \cdots, r \tag{3-4}$$
$$\boldsymbol{x} \in X$$

其中,$\boldsymbol{x} = (x_1, x_2, \cdots, x_d)$是具有 d 个决策变量的决策向量,X 表示决策空间,$c_j(\boldsymbol{x})$ 和 $h_i(\boldsymbol{x})$ 分别表示不等式和等式约束。由于同时考虑单目标和多目标问题,目标向量 f 由 m 个目标($m = 1, 2, \cdots, N$)组成。

基于约束优化问题的贝叶斯优化可以大致分为两类:①在利用高斯过程的情况下,提出新的获取函数考虑贝叶斯优化框架内的约束问题,这被称为受限制的贝叶斯优化(CBO)。最近,CBO 变得流行起来,尤其是在求解单目标约束问题的情况下。根据 CBO 中不同的获取函数,将各种 CBO 算法分为 3 个子类别,即基于可行性概率的方法、基于期望体积减小的方法和多步骤前瞻方法。②为了规避 ECOP 中遇到的计算负担,现有的约束处理方法(通常是进化算法)采用了贝叶斯优化。将这些称为代理辅助约束处理方法。下面进行介绍和讨论。

1. 可行性概率

现有获取函数与约束可行性指标(如可行性概率)的结合,为约束优化提供了原则性方法。最具代表性的工作是对完善的 EI 的扩展,称为带约束的 EI(EI with Constraints,EIC)[8]。以前的 EIC 方法之一称为约束 EI(constrainted EI,cEI)或约束加权 EI,旨在最大化当前最佳可行观察点的期望可行改进。通常,cEI 是 EI 乘以约束满足概率,公式如下,即

$$\text{cEI}(\boldsymbol{x}) = \text{EI}(\boldsymbol{x}) \prod_{j=1}^{q} Pr(\hat{c}_j(\boldsymbol{x}) \leqslant a_j) \tag{3-5}$$

其中每个约束被假定为独立的,所有评估成本昂贵的函数都由独立的 GP 近似,并且 $\hat{c}_j$ 表示对第 j 个约束的模型预测。有趣的是,类似的想法也在文献[234]中讨论过,而在文献[235]中也进行了重新审视。如式(3-5)所示,cEI 面临几个问题。首先,需要目前的最

佳观测值,这在一些应用中是站不住脚的,如噪声实验。因此,文献[236]最近的一项工作通过贪婪搜索批量优化直接将cEI扩展到噪声观测。其次,对于高维约束的问题,cEI可能很脆弱,因为可行性概率的乘积在最优值所在的可行性边界附近趋于零,导致在有趣的区域[233]内的cEI值非常小。

2. 期望体积减小

另一类获取函数是通过减少基于观察的感兴趣数量的特定类型的不确定性度量适应约束的,这被称为逐步不确定性减少[237]。正如在之前的研究[237]中所建议的,根据不同类型的不确定性度量,可以导出许多获取函数推断任何感兴趣的数量。在文献[238]中,定义了一个基于PI的不确定性测度,其中通过结合可行性概率进一步解释约束。使用同样的原理,文献[239]中的集成期望条件改进定义了在约束满足概率下EI的期望减少,允许不可行的区域提供信息。另一个流行的不确定性度量是受信息论启发的熵,文献[66,240]对此进行了探索。文献[67]通过引入条件预测分布,假设目标和约束具有独立的GP先验,将PES扩展到未知的约束问题。后续文献[241]进一步研究了在解耦约束存在下PES的使用,其中目标函数和约束函数的子集可以独立评估。然而,PES因为计算困难,促使在最近的一项工作[240]中使用MES处理约束问题。

3. 多步预测方法

大多数获取函数是短视的,称为一步前瞻方法,因为它们贪婪地选择下一个真实评估的位置,忽略了当前选择对未来步骤的影响。相比之下,很少有非短视的获取函数被提出,这些函数通过最大化长期回报选择样本。例如,文献[154]将前瞻贝叶斯优化表述为一个动态规划(DP)问题,并通过一种称为rollout的近似DP方法解决。随后,这项工作随后通过将阶段奖励重新定义为满足约束条件的目标函数的减少而扩展到CBO[242]。由于rollout导致了计算负担,文献[243]提出了一种称为2-OPT-C的受限两步前瞻获取函数。

4. 辅助替代约束处理方法

上述提到的约束处理技术主要关注贝叶斯优化框架内的获取函数,其中高斯过程模型通常作为全局模型。在进化计算社区中,针对受约束的昂贵问题,已经尝试将两者结合。其中一种方法是使用多目标进化算法(Multi-Objective Evolutionary Algorithms,MOEAs)同时优化目标和约束。例如,可以将EI和可行性概率的乘积替换为两个目标,并通过MOEA进行优化,然后从得到的帕累托最优候选集中随机选择一组新样本[244]。

5. 讨论

大多数约束处理的贝叶斯优化方法是通过引入新的获取函数(AFs)实现的,也有少数尝试采用增广 Lagrange 松弛法将受约束的优化问题转化为简单的无约束问题[245]。对于高度约束的问题,由于可行样本有限或甚至不可用,很难在整个搜索空间上构建具有良好质量的代理模型。一种有前途的方法是首先搜索可行区域,然后逐步逼近最佳可行解。例如,进行局部和全局搜索以加速对可行点的搜索[85]非常有前景,但需要进一步的研究。在许多应用中,评估成本、用户偏好和公平性等因素可被定义为约束条件[246],这是未来一个有趣的研究方向。

3.2.5 多目标优化

许多现实世界的优化问题都有多个可能相互冲突的目标需要同时进行优化,这类问题统称为多目标优化问题(Multi-objective Optimization Problems,MOPs)[247]。在数学上,一个 MOP 可以被表述为

$$\min_x \boldsymbol{f}(\boldsymbol{x}) = (f_1(\boldsymbol{x}), f_2(\boldsymbol{x}), \cdots, f_m(\boldsymbol{x}))$$
$$\text{s.t.} \quad \boldsymbol{x} \in \mathcal{X} \tag{3-6}$$

其中,$\boldsymbol{x} = (x_1, x_2, \cdots, x_d)$是具有 d 个决策变量的决策向量,$\mathcal{X}$表示决策空间,目标向量 $\boldsymbol{f}$ 由 $m(m \geqslant 2)$ 个子目标组成。请注意,对于许多目标问题(Many-objective Optimization Problems,MaOPs)[248],目标问题的数量大于 3。这里的目标是找到一组最优解,在不同的目标之间进行权衡,被称为帕累托最优解。决策空间中的整个帕累托最优解集称为帕累托集(Pareto Set,PS),目标空间中的映射称为帕累托前沿(Pareto Front,PF)。多目标优化的目的是找到 PF 的一个代表性子集,而 MOEAs 已被证明能够成功地求解 MOPs[247]。

MOP 中的目标函数可能是非常耗时或评估代价昂贵的。因此,只有少量的适应性评估是负担得起的,这使得普通的 MOEAs 几乎不实用。回想一下,贝叶斯优化中的 GP 和 AFs 是为单目标黑盒问题设计的,因此当贝叶斯优化扩展到 MOP 时,出现新的挑战,其中需要确定多个目标函数的采样,并且必须考虑所获得的解集的准确性和多样性。为了应对这些挑战,多目标贝叶斯优化得到广泛研究,即将贝叶斯优化嵌入 MOEAs 或将 MOP 转化为单目标问题。多目标贝叶斯优化主要可分为 3 类:贝叶斯优化与 MOEAs 的组合、基于性能指标的 AFs 和基于信息论的 AFs。请注意,其中一些可能会重叠,因此不能完全分离。

1. 贝叶斯优化与 MOEAs 的组合

由于多目标进化算法(MOEAs)在求解多目标优化问题(MOPs)方面取得了成功,所以将贝叶斯优化与 MOEAs 结合是一种直接的方法。这样,高斯过程(GPs)和现有的用于单目标优化的获取函数可以直接应用于 MOPs 中的每个目标函数。根据贝叶斯优化和进化算法协同工作的方式,这些组合可以进一步分为两类,即进化贝叶斯优化

（Evolutionary Bayesian Optimization，EBO）和贝叶斯进化优化（Bayesian Evolutionary Optimization，BEO）[249]，如图 3.1 所示。在 EBO 中（见图 3.1(a)），贝叶斯优化是基本框架，其中使用进化算法优化获取函数。相比之下，在 BEO 中（见图 3.1(b)），以进化算法为基本框架，采用 AF 作为选择后代个体进行采样的标准。然而，MOEA 环境选择的目标函数可能与 AF 不同。这些方法的区别在于采用的 MOEA 和选择新样本的策略。通常，基于分解的 MOEAs 使用标量化函数（如切比雪夫标量化函数或加权和）生成一组单目标问题。ParEGO[38]是这类 EBO 的一个早期例子：采用增广的切比雪夫函数和一组随机生成的权重向量构建多个单目标优化问题，传统的 AFs 可以直接应用于采样。相比之下，MOP 可以分解为多个单目标子问题，如同在基于分解的多目标进化算法（MOEA/D）[15]和参考向量引导的进化算法（RVEA）[250]中那样。然后，就可以用贝叶斯优化解决这些子问题。例如，一种 EBO 方法，即 MOEA/D-EGO[251]，使用 Tchebycheff 标量化函数将 MOP 分解为一组单目标子问题，并通过优化 EI 从种群中选择一组新样本。另一种 BEO 方法，即 Kriging 辅助的 RVEA（K-RVEA）[50]，使用参考向量将 MOP 分解为多个子问题。然后，如果需要促进整体种群的多样性，则为每个子问题选择最不确定的解进行采样；否则，根据预测的目标值选择具有最佳惩罚角距离的解进行采样。在文献[252]中，RVEA 也被用作优化器求解昂贵的 MOPs，其中预测的目标值和不确定性被加权组合成为一个获取函数，并且调整以平衡利用和探索。

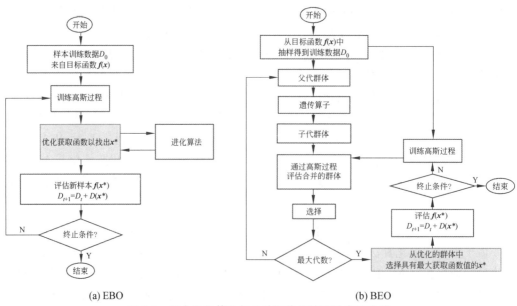

图 3.1 结合进化算法与贝叶斯优化的两种主要方法

非支配排序是 MOEAs 中广泛采用的另一种方法。例如，Shinkyu 等提出一种基于非支配排序的多目标进化优化方法（Multi-EGO），将其作为拓展的高斯过程优化的一部分。Multi-EGO 同时最大化所有目标的期望改进，因此采用非支配排序选择新样本。在最近的研究中，非支配排序也被用于基于代理模型选择一个代价相对较低的帕累托前沿[253-254]。同样，在某些研究中，非支配排序也与贝叶斯优化结合在一起，如多目标粒子群优化[255-256]。

2. 基于性能指标的获取函数

性能指标最初是为了评估和比较不同算法得到的解集合的质量（而不是单个解）。已经提出的各种质量指标包括反世代距离（Inverted Generational Distance）[257] 和超体积（Hypervolume，HV）[258]。HV 是由一组非支配解 P 支配并由参考点 r 限定的目标空间的体积，即

$$\text{HV}(P) = \text{VOL}(\textstyle\bigcup_{y \in P}[y, r]) \tag{3-7}$$

其中，VOL(·) 表示常用的勒贝格测度，$[y, r]$ 表示以 y 和 r 为边界的超矩形。因此，获得更大的 HV 值的算法会更好。

有趣的是，性能指标可以以不同方式融入 MOEAs 中。它们可以被采用作为环境选择中的优化准则，因为它们提供了将多目标问题缩减为单目标问题的替代方法。因此，人们开发了各种具有基于性能指标的 AF（获取函数）的多目标贝叶斯方法，其中 HV 是最常用的性能指标。早期的工作之一是基于 S 度量或 HV 度量的选择性多目标高效全局优化（SMS-EGO）[39]。SMS-EGO 为每个目标构建一个 Kriging 模型，然后优化 HV 以选择新样本，其采用 LCB 计算适应度值。类似地，TSEMO[55] 使用 GP 后验上的 TS 作为AF，使用 NSGA-Ⅱ 优化多个目标，然后通过最大化 HV 选择下一批样本。

实际上，EI 和 HV 的组合被称为期望超体积改进（EHVI），在昂贵多目标优化问题中更为常见。给定当前 PF（帕累托前沿）的近似集 P，非支配解 (x, y) 对 HV 的贡献可以用下述公式计算，即

$$I(y, P) = \text{HV}(P \textstyle\bigcup \{y\}) - \text{HV}(P) \tag{3-8}$$

EHVI 用于量化非支配区域上的超体积的期望。因此，EHVI 的一般形式可以表示为

$$\text{EHVI}(x) = \int_{\mathbf{R}^m} I(y, P) \prod_{i=1}^{m} \frac{1}{\sigma_i(x)} \phi\left(\frac{y_i(x) - \mu_i(x)}{\sigma_i(x)}\right) \mathrm{d}y_i(x) \tag{3-9}$$

EHVI 最初在文献[54]中引入，用于提供对预筛选解的改进的标量度量，并且后来在处理昂贵的多目标优化问题中变得流行[57,260]。文献[261]研究了用于多目标优化问题的不同 AFs，表明 EHVI 具有理想的理论性质。EHVI 与其他准则（如 EI 和目标值估计[262]）的比较表明，EHVI 在保持代理模型精度和优化探索之间保持良好平衡。尽管性

能良好,EHVI 本身的计算由于涉及积分而计算量很大,限制了其在 MOP/MaOP 中的应用。为了提高 EHVI 的计算效率,人们进行了各种研究。在文献[54]中,采用蒙特卡罗积分近似 EHVI。文献[263]引入了一种直接计算 EHVI 的方法,该方法将积分区域划分为一组区间盒。然而,区间盒的数量至少随着帕累托解和目标数量呈指数增长。在后续工作中,文献[264]通过减少区间盒的数量引入一种高效的方法。

另一个常用的指标是基于距离的,尤其是欧几里得距离。预期欧几里得距离改进(EEuI)[114]定义了概率改进函数和基于欧几里得距离的改进函数的乘积,用于表示双目标优化问题的闭合形式表达式。文献[264]使用"行鱼群"算法提出了 EEuI 的快速计算方法。另外,在文献[265]中采用最大最小距离改进作为改进函数。

3. 基于信息论的获取函数

鉴于信息论方法在单目标优化中的广泛使用,许多基于信息的获取函数用于求解昂贵的多目标优化问题。例如,已采用 PES 求解多目标优化问题,称为 PESMO[266]。然而,优化 PESMO 并非易事,需要进行一系列的近似计算,因此 PESMO 的准确性和效率可能会降低。随后,输出空间熵为基础的适应度函数在多目标优化中进行了扩展,称为 MESMO[72]。实证结果表明,MESMO 比 PESMO 更高效。然而,正如在文献[73]中指出的,MESMO 无法捕捉 MOP 目标之间的权衡关系,其中 PF 中没有点接近每个目标的最大值。为了解决这个问题,文献[73]提出一个考虑整个帕累托前沿的前沿熵(Pareto-frontier ES),其中信息增益的表达式为

$$I(\mathcal{F}^*;\boldsymbol{y}\mid D_n) \approx H[p(\boldsymbol{y}\mid \mathcal{D}_n)] - \mathbb{E}_{\mathcal{F}^*}[H[p(\boldsymbol{y}\mid \mathcal{D}_n,\boldsymbol{y}\leqslant \mathcal{F}^*)]] \quad (3\text{-}10)$$

其中,$\mathcal{F}^*$ 是帕累托前沿,$\boldsymbol{y}\leqslant \mathcal{F}^*$ 表示 $\boldsymbol{y}$ 被 F^* 中至少一个点所支配或与至少一个点相等。

4. 讨论

用于昂贵 MOP 的贝叶斯优化方法主要集中在 AF 的设计上,由于 GP 的可扩展性问题和一些 AF 的高计算复杂度,它们的应用通常仅限于低维 MOP。因此,可能的未来研究方向包括寻求高维多目标优化问题的高效代理模型和有效的 AFs。此外,由于多目标问题中存在参数空间和帕累托前沿,在选择新样本时需要更多的努力平衡两者之间的关系。

3.2.6　多任务优化

许多黑盒优化问题不是一次性任务。相反,可以同时解决几个相关的任务实例,被称为多任务优化(Multi-task Optimization,MTO)。假设有 K 个优化任务,$i=\{1,2,\cdots,K\}$,需要完成。具体而言,将 T_i 表示为第 i 个要优化的任务,X_i 表示 T_i 的搜索空间。不失一般性,假设每个任务都是最小化问题,MTO 的目标是找到一组解 $\{x\}$,满足以下条件,即

$$\boldsymbol{x}_i^* = \underset{\boldsymbol{x} \in X_i}{\arg\min} \, T_i(\boldsymbol{x}), i = 1, 2, \cdots, K \tag{3-11}$$

 MTO 和其他一些术语之间存在一些概念上的相似性和重叠,例如多目标优化、多保真度优化(MFO)和迁移/元学习。这些相似性和差异如图 3.2 所示。这 4 种情况下的目标优化任务(用红色矩形表示)各不相同:多目标优化和 MTO 旨在有效且同时地优化多个问题,而 MFO 和迁移/元学习旨在通过利用从低保真模拟或类似源优化任务获得的有用知识(用蓝色矩形表示)加速目标优化任务。在 MTO 中,所有任务都同等重要,并且知识传递发生在任何相关任务之间。最后,多目标优化与 MTO 的区别在于前者处理同一任务的冲突目标,而后者的每个任务可以是单目标或多目标问题。而多功能优化和迁移/元学习专注于目标任务(称为非对称依赖结构),MTO 则将所有任务视为平等,并且在任何相关任务之间进行知识传递(称为对称依赖结构)[267]。

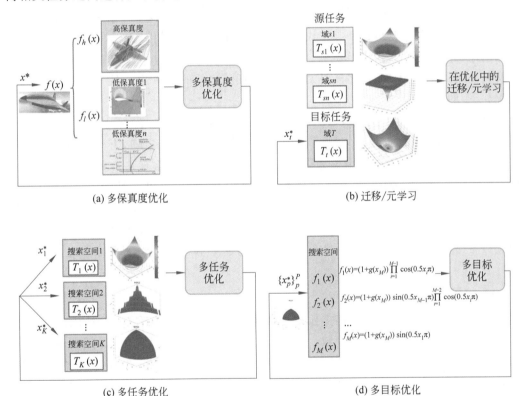

图 3.2　多保真度优化、迁移/元学习、多任务优化和多目标优化之间的相似性和差异(见彩插)

 多任务贝叶斯优化旨在同时优化一组相关任务,从而通过利用任务之间的共同信息加速优化过程。为了实现这一目标,需要满足两个要求。首先,需要构建可以学习任务之间可传递知识的代理模型。其次,获取函数(AF)应该考虑任务之间的相关性,以便通过在相关任务之间传递知识进一步提高优化的数据效率。接下来介绍构建多任务 GP 模型和为 MTO 设计特定 AF 的贝叶斯优化方法。

1. 多任务 GP

假设不同任务之间存在一定程度的关联,那么 MTO 就能从不同任务间的知识转移中获益。在统计学领域,共核相关线性模型(Linear Model of Coregionalization,LMC)将输出表示为 Q 个独立随机函数的线性组合,即

$$T_i(\boldsymbol{x}) = \sum_{q=1}^{Q} a_{i,q} u_q(x) \tag{3-12}$$

其中,假设潜在函数 $u_q(x)$ 是一个均值为零的高斯过程,其协方差为 $k_q(x,x')$,其中 $a_{i,q}$ 是 $u_q(x)$ 的系数。在机器学习领域,许多贝叶斯多任务模型可以看作是 LMC 的变体,只是参数和约束条件不同而已。其中代表性的工作是多任务高斯过程(Multi-task GP),它使用了内在的共核相关模型核函数。除输入上的协方差函数 $k_X(x,x')$ 外,其还引入任务协方差矩阵 $k_T(t,t')$ 作为共核相关度量模拟任务之间的相似性。因此,乘积核的推导过程如下,即

$$k((x,t),(x',t')) = k_X(x,x') \otimes k_T(t,t') \tag{3-13}$$

其中,$\otimes$ 表示 Kronecker 乘积,$t,t' \in \mathcal{T}$,$k_T(t,t')$ 是一个半正定矩阵,由 Cholesky 分解保证。多任务高斯过程的计算复杂度为 $O(K^3 n^3)$。为了解决多任务高斯过程的可扩展性,文献[268]使用 Matheron 规则利用协方差矩阵中的 Kronecker 结构,以实现更快的预测计算。在 LMC 模型中,相关过程通过一组独立过程的线性组合表示。这种方法局限于一个输出过程是另一个输出过程的模糊版本的情况。相反,文献[269]使用卷积过程考虑输出之间的相关性,每个输出可以通过平滑核函数和潜在函数之间的卷积积分表示。

2. MTO 中的 AF

虽然已经有很多人尝试提出多任务模型,但直到提出一些多任务贝叶斯优化算法,尤其是在机器学习的超参数优化领域。文献[120]将多任务高斯过程扩展到用于调整超参数的知识迁移的贝叶斯优化中,其中提出一种基于效用和成本考虑的新型获取函数。类似的思路,在文献[270]中采用多任务高斯过程或设计新的 AF,在信息增益和成本最小化之间引入权衡。文献[271]考虑了具有不同数据集特征的深度信念网络的超参数优化,并提出几个问题的协同调整。上下文策略搜索(CPS)学习了上下文-参数空间上的联合高斯过程模型,使得从一个上下文获得的知识可以推广到类似的上下文。最近,通过从后验中采样识别下一个任务和动作,将 TS 扩展到 MTO[272]在理论上是有保证的。

3. 讨论

关于 MTO 的代理建模,常用的 LMC 模型因其计算复杂性而受到批评。虽然一些简单的模型被提出来缓解这个问题,但它们的预测质量可能会受到影响。因此,开发有效的多任务代理模型是一个有前途的方向。事实上,已经有一些尝试通过定义新的 AF 来解决多任务优化问题,其中大多数都考虑一个目标任务。在未来,同时为所有任务选择新的样本将是非常有益的。

3.2.7　多保真度优化

贝叶斯优化通常假设只有目标昂贵的目标函数可用,这称为单保真度优化。然而,在许多实际问题中,目标函数 $f(x)$ 的评估通常可以在具有不同成本的多个保真度级别上运行,表示为 $f_1(x), f_2(x), \cdots, f_M(x)$,其中保真度 $m \in \{1, 2, \cdots, M\}$ 越高,评估将更准确,但成本更高。这被称为多保真度优化(MFO),其可以看作是多任务学习的一个子类,其中相关函数组可以按其与目标函数的相似性进行有意义的排序。

多保真度优化旨在通过从所有保真度模型中共同学习最大量的信息加速目标的优化并降低优化成本。为了实现这一目标,贝叶斯优化进行了两项改变来利用多保真度数据,即多保真度建模和新的样本选择,下面将详细讨论。

1. 多保真度模型

通常,多保真度贝叶斯优化通过学习独立的高低保真度 GP 模型,或者联合建模多保真度数据以捕捉不同保真度数据之间的相关性,如多输出 GP 和深度神经网络。其中,最流行的多保真度模型之一是共克里金(Co-Kriging)模型。文献[273]提出一个自回归模型来近似昂贵的高保真度模拟 $\hat{y}_H(\boldsymbol{x})$,其中 $\hat{y}_L(\boldsymbol{x})$ 是低保真度 Kriging 模型,$\hat{\delta}(x)$ 是离差模型,公式为

$$\hat{y}_H(\boldsymbol{x}) = \rho \hat{y}_L(x) + \hat{\delta}(x) \tag{3-14}$$

其中,ρ 表示缩放因子,使 $\rho \hat{y}_L(x)$ 与公共采样点处的高保真模型之间的差异最小化。因此,可以通过从低保真廉价数据获取信息增强高保真模型。随后,在文献[274]中开发了一个贝叶斯层次 GP 模型,以解释从低保真度到高保真度的复杂尺度变化。为了提高计算效率,在文献[275]中提出一种 Co-Kriging 的递归形式,假设 $\hat{y}_H(\boldsymbol{x})$ 和 $\hat{y}_L(\boldsymbol{x})$ 的训练数据集具有嵌套结构,即更高保真度级别的训练数据是较低保真度级别的子集。因此,在式(3-14)中,GP 先验 $\hat{y}_L(\boldsymbol{x})$ 被替换为相应的 GP 后验,从而提高超参数估计的效率。根据这个思想,通过用非线性映射函数替换缩放因子 ρ,式(3-14)给出的自回归多保真度模型[276]得到推广。另外,多保真度深度 GP 模型使用神经网络学习非线性转换[277],并进一步在参数化形式和维度上进行了扩展,以适用于不同的输入空间[278]。

2. 多保真度优化的获取函数（AFs）

基于多任务模型[273,275]，在多保真度优化的设置中，设计复杂的 AFs 来选择输入位置和保真度引起了广泛的研究兴趣。早期的多保真度 AFs 主要集中在 EI 的调整上。文献[112]提出了一个增强的 EI 函数，以考虑填充点的不同保真度水平。具体而言，所提出的 EI 是期望项、低保真度和高保真度模型之间的相关性、添加新复制后验标准差减少的比率以及不同保真度模型的评估成本之间的比率的乘积。为了提高增强 EI 的探索能力，文献[279]提出一种样本密度函数，用于量化输入之间的距离以避免样本聚集。

UCB 在多保真度优化中得到广泛应用，尤其在老虎机问题中。一个早期基于 UCB 的多保真度优化算法是 MF-GP-UCB[280]。MF-GP-UCB 算法首先为每个保真度设定一个上界，其中最小的上界被最大化用于选择新样本。在选择新点之后，引入一个阈值决定要查询的保真度。在后续的工作中[281]，MF-GP-UCB 被扩展到连续保真度空间。文献[282]开发了一种基于分层树状划分的算法，并采用 MF-GP-UCB 选择叶子节点。该方法的动机是在较低保真度下探索更粗粒度的分区，并在不确定性缩小时以较高保真度进行较精细的划分。在此思想的指导下，文献[283]采用 MF-GP-UCB 以较低保真度探索搜索空间，然后在相继较小的区域中利用高保真度。

最近，信息论方法在多保真度优化中变得流行。例如，文献[284]中采用带有 Co-Kriging 模型的 ES 解决双保真度优化问题。在文献[285]中，具有不同保真度的未知函数被联合建模为卷积 GP[269]，然后引入多输出随机特征近似计算 PES。由于计算基于 ES/PES 的多保真度 AFs 非常复杂，MES 因其高计算效率而被推广到 MFO 中[68]。

3. 讨论

多保真模型通常需要强大的假设：低保真度和高保真度始终线性相关，并且搜索空间相同。这些假设在实际应用中可能不成立，例如不同保真度的搜索空间维度可能不同。所以应该更加努力探索代理模型。在多保真度优化中的获取函数中，缺乏对连续保真度设置的研究。此外，现有的多保真度优化技术主要处理老虎机问题和单目标问题，因此将它们进一步扩展到多目标问题和鲁棒优化是很有意义的。

3.2.8 迁移学习/元学习

尽管贝叶斯优化为全局黑盒优化问题提供了强大的数据高效方法，但它单独考虑每个任务，并且通常从头开始搜索，这需要足够数量的昂贵评估才能获得高性能解。为了解决这种"冷启动"问题，贝叶斯优化中的迁移/元学习近年来引起人们浓厚的兴趣。给定一组辅助/源域 D_S 和优化任务 T_S，目标域 DT 和优化任务 T_T，贝叶斯优化中的迁移/元学习旨在利用先前相关任务 T_S 的知识来加速目标任务 T_T 的优化。其中一个研究充分的例子是在新数据集(目标)上对机器学习算法进行超参数优化,并在其他数据集(源/元数据)上观察到超参数性能。超参数优化中先前相关任务的元数据的可用性促使元初始化根据类似数据集的最佳超参数配置初始化超参数搜索。在贝叶斯优化的上下文中,通常将迁移/元学习这两个术语互换使用。值得注意的是,在贝叶斯优化研究领域中,对知识传递也进行了多方面的研究,包括多任务学习和多保真度优化,这些研究可能与广义的迁移学习领域有所重叠。根据捕捉相似性的方法,我们将与转移学习技术相结合的贝叶斯优化算法分为以下 3 种。

1. 层次模型

在整个数据集上学习的分层模型成为利用相关源领域知识的一种自然解。例如,文献[271]指出,不同数据集上的损失值可能在尺度上有所不同,因此提出一个排序代理,将所有运行的观测映射到相同的尺度。然而,这种方法的缺点是排序算法导致计算复杂度很高。为了解决这个问题,文献[286]建议通过减去每个数据集的均值并通过标准差进行缩放来重构响应值,而文献[287]则提出了一种高效的分层高斯过程模型,使用源后验均值作为目标的先验均值。

2. 多任务 GP

由于多任务 GP 模型对于捕获源任务和目标任务之间的相似性非常有用,文献[120]采用了一个直接的多任务 GP 进行知识转移。同时,多任务 GP 中的正半定矩阵(见式(3-13))已被修改以提高计算效率[286,288]。另外,文献[289]假设源数据是目标任务的带噪观测值,因此源数据和目标数据之间的差异可以通过噪声方差建模。在此基础上,文献[290]通过使用多臂赌博机算法识别最优源,进一步提高了知识转移的效率。

3. GP 加权组合

贝叶斯优化中的知识转移也可以通过 GP 的加权组合实现。文献[291]建议不在大型训练数据集(即历史数据)上训练单个代理模型,而是使用多个 GP 的乘积来提高学习性能。具体而言,在每个不同的数据集上学习一个单独的 GP。这样,由这些单独 GP 组合得到的对目标数据的预测是各个均值的加权和,权重是根据 GP 的不确定性进行调整的。人们提出不同的策略来调整组合中的权重[292]。在多目标优化中,文献[293]建议通过优化样本外预测的平方误差确定权重。

在一个互补的方向上,一些尝试致力于在 AF 中利用元数据,类似于加权组合 GP。其中一个代表性工作称为迁移 AF[294],它由目标数据集和源数据集上的期望改进的加权平均值定义。最近,文献[295]利用强化学习实现了这一目标。

4. 讨论

直观上,如果学习到的知识降低了性能,目标任务的优化可能会受到负迁移的影响。

因此,捕捉目标任务和辅助任务之间相似性的代理模型以及如何缓解负迁移的代理模型仍然是活跃的研究领域。通常,隐含假设是源域和目标域共享相同的搜索空间,这极大地限制了它们的应用。未来,应该研究异构搜索空间。此外,在知识转移过程中保护数据隐私也是一个有趣的研究方向。

3.2.9 并行/批次贝叶斯优化

标准的贝叶斯优化本质上是一个顺序搜索过程,因为每次迭代中只采样一个新数据点,这在许多可以并行采样多个数据点的应用中可能效率较低[296]。顺序贝叶斯优化的优点是,由于立即更新的 GP,使用最大可用信息选择新数据点,因此同时搜索多个查询点更具挑战性。随着并行计算的日益普及,越来越多的研究涉及批量贝叶斯优化,可以大致分为两类:一种是将现有的自适应采样准则扩展到批量选择,另一种是问题重构。

1. 对现有 AFs 的扩展

一种开创性的多点自适应采样准则是 EI 的并行版本,称为 q 点 EI(q-EI)[123-124]。q-EI 直接定义为 q 点超出当前最佳观察值的期望改进。然而,q-EI 的精确计算取决于 q 维高斯密度的积分,因此随着 q 的增加,计算变得棘手和复杂。因此,文献[123]通过使用 Kriging Believer 或 Constant Liar 策略顺序地识别 q 个点,以替换最后选定点的未知输出,从而便于基于 q-EI 的批量选择。文献[124-125]对 q-EI 棘手计算的处理方法进行了研究。此外,文献[297]中提出了 q-EI 的异步版本。

并行扩展的 GP-UCB 因其理论保证,即累积遗憾的次线性增长而得到广泛研究。文献[311]提出了一个扩展的 GP-UCB 方法,其利用更新的方差促进更多的探索[311]。类似地,在文献[299]中提出了一个纯探索的 GP-UCB 方法,该方法通过 GP-UCB 确定第一个查询点,而其余的点则通过最大化更新的方差选择。由于多目标进化算法可以提供一组非支配解作为推荐,因此它们非常适合通过同时优化预测均值和方差确定剩余的点。通过行列式点过程(DPPs)[88]中采样,可以探索更多样化的批量采样点。

随着对批量贝叶斯优化的研究兴趣迅速增长,更多的 AF 已经扩展到并行设置。例如,并行 PES[300] 和 KG[126] 共同识别下一次迭代中要探测的一批点,但是在批量大小上的可扩展性较差。有趣的是,可信最大化 ES 算法通过引入可信最大化器简化信息度量,其利用基于信息的 AF,可以很好地扩展到批量采样的情况。TS 还可以通过采样 q 函数扩展到并行设置。最近,TS 引起了人们的广泛关注,因为 TS 的固有随机性自动实现了开发和探索之间的平衡。需要注意的是,TS 的性能不一定比传统的 AF(如 EI 和 UCB)更好。

2. 问题重构

在并行贝叶斯优化中,许多工作致力于通过重新定义 AF 的优化问题开发新的批处理方法。一个有趣的方向是,开发新的批处理 AF 来选择与顺序方法的预期推荐非常接近的输入批次。例如,在文献[301]中定义了一个批量目标函数,用于最小化顺序选择与批量之间的损失,它对应于加权 k 均值聚类问题。鉴于顺序选择的输入彼此之间足够不同,通过向 AF 添加局部惩罚引入最大化惩罚策略[302]。文献[303]应用多次启动策略和基于梯度的优化器来优化 AF,旨在识别 AF 的局部最大值。此外,多目标优化器是一种很有前途的查找一批查询点的方法,特别适用于求解昂贵的多目标优化问题[252]。类似地,顺序优化多个 AF 可以生成批量查询点[304]。同理,为了更好地平衡利用和探索,可以组合不同的选择指标[305]。

3. 讨论

在批量选择中设计新的 AF 的主要挑战是需要在最大化信息增益的同时避免冗余。此外,批处理大小的可扩展性也值得进一步研究。由于批量贝叶斯优化可以应用于许多实际应用中,因此考虑更实际的问题设置(如高维搜索空间和异步并行设置)也是很有意义的。

3.3 本 章 小 结

本节对贝叶斯优化进行了系统的文献综述,重点研究了构建 GP 模型的新技术,并设计了新的 AF,旨在将贝叶斯优化应用于各种优化场景。根据优化中的挑战将这些场景分为几类,包括高维决策和目标空间、不连续搜索空间、噪声、约束和高计算复杂度,以及提高贝叶斯优化效率的技术,如 MTO、MFO、知识迁移和并行化。对于每个类别,提出了在构建代理模型和获取函数的适应方面的主要进展。希望通过上述介绍能够帮助读者清楚地了解贝叶斯优化的研究,包括其动机、优势和局限性,以及未来值得进一步研究的发展方向。

第4章　基于自适应采样的批量多目标贝叶斯优化方法

4.1　引　　言

　　基于现实世界中并行的、可获得的硬件计算资源数量非常有限,而且数量相对固定,本章主要从如何更合理地利用并行计算资源的角度出发,考虑实现多目标贝叶斯优化的并行函数评估;同时确保最终获得的近似帕累托前沿中的解的个数是有限的、固定的,且最终解能很好地平衡贝叶斯优化中的利用和探索之间的关系,进而更好地平衡解的收敛性与多样性。

　　具体而言,本书从最经典的序列多目标贝叶斯优化方法(Sequential MOBO)ParEGO[38]出发,提出了基于自适应采样的批量 ParEGO 方法(Adaptive Batch-ParEGO),实现了以批处理的函数评估方式求解昂贵的多目标优化问题。Adaptive Batch-ParEGO 引入了双目标获取函数(Bi-Objective AF),将利用和探索作为获取函数的两个独立子目标,然后用经典的多目标进化算法优化该获取函数得到其近似帕累托最优集,从而得到多个候选解。关于获取函数中利用与探索之间平衡关系的研究[306-308]指出,即使获取函数中仅利用贪心探索(Greedy Exploration)也可以在高维单目标贝叶斯优化中获得高质量的候选解。在此基础上,提出了一种自适应选点策略(An Adaptive Selection Strategy),通过调整利用-探索适应值中的超参数,在搜索过程中动态地平衡利用和探索之间的关系,进而从双目标获取函数的整个近似帕累托最优集中选择固定数量的、最能平衡利用和探索之间关系的、最有希望是全局最优解的候选解进行评估。此外,该方法还使用 EI[37] 选择另一个候选解以确保收敛性,增强算法的鲁棒性。本章的主要贡献概括如下。

　　(1)提出了适用于昂贵多目标问题的 Adaptive Batch-ParEGO,它利用多目标进化算法求解新提出的双目标获取函数,以批处理的方式评估最有希望的候选解,这使得该算法可以适用于并行计算环境。

　　(2)引入了一种新的自适应候选解选择策略,用于选择一定数量的候选解进行评估。候选解的选择是通过调整利用-探索适应度计算中的超参数、动态地平衡利用-探索之间关系实现的。因此,选择策略在搜索早期更加强调利用,以确保快速收敛;在搜索后期同时考虑利用和探索，以促进解的多样性。

（3）在 3 个广泛使用的多目标测试问题和神经网络超参数调优任务上，对比经典的多目标贝叶斯优化方法，验证了 Adaptive Batch-ParEGO 的有效性。

本章剩余部分组织如下。4.2 节对相关算法 ParEGOA 进行了具体介绍和局限性分析。4.3 节阐述基于自适应采样的批量多目标贝叶斯优化方法框架和算法的具体细节。4.4 节展示了实验设置和对比结果与分析。4.5 节以神经网络超参调优任务为例，对基于 EGO 的多目标贝叶斯优化方法进行对比分析，旨在进一步验证 Adaptive Batch-ParEGO 在求解实际昂贵的多目标优化问题时的有效性。最后，4.6 节对本章内容做了总结概括。

4.2　ParEGO 简介与局限性分析

ParEGO 是一种有效全局多目标贝叶斯优化方法。它从帕累托意义上将单目标全局有效优化（Efficient Global Optimization，EGO）[37]算法扩展到多目标的情况，用于求解式（1-1）中的昂贵的多目标优化问题（Expensive MOPs）。ParEGO 的主要思想是使用初始化的权重向量 $\boldsymbol{\Lambda}$ 和增广切比雪夫函数（Augmented Tchebycheff Function），对多目标优化问题中的 M 个子目标进行聚合，将其转换为单目标优化问题。通过单目标优化问题评估候选解得到的函数值称为标量代价值。给定用拉丁超立方采样（Latin Hypercube Sampling，LHS[309]）的已知观察点（即已经评估的候选解）和其对应的标量代价值，ParEGO 将原多目标问题用高斯代理模型（Gaussian Process Surrogate）进行近似。接下来，类似于 EGO 算法，ParEGO 利用期望改进作为获取函数，然后最大化该获取函数获得下一个候选解，进行真实函数评估。真实函数评估即将获得的解带回原多目标问题，求得其对应的真实目标函数值。具体而言，ParEGO 中均匀分布的权重向量 $\boldsymbol{\Lambda}$ 为

$$\boldsymbol{\Lambda} = \left\{ \lambda = (\lambda_1, \lambda_2, \cdots, \lambda_M) \ \middle| \ \sum_{j=1}^{M} \lambda_j = 1 \ \wedge \ \forall j, \lambda_j = \frac{l}{s}, l \in \{0, 1, \cdots, s\} \right\} \quad (4\text{-}1)$$

其中，$|\boldsymbol{\Lambda}| = \binom{s+k-1}{k-1}$；$s$ 是向量总数；M 是式（1-1）中多目标优化问题的子目标个数。为了获得原多目标问题的整个近似帕累托前沿，在每个算法迭代中，ParEGO 选择不同的权重向量对多个目标函数进行聚合。增广切比雪夫函数和期望改进的定义分别如式（4-2）和式（4-3）所示。

$$f_\lambda(x) = \max_{i=1}^{M}(\lambda_i \cdot f_i(x)) + 0.05 \sum_{i=1}^{M} \lambda_i \cdot f_i(x) \quad (4\text{-}2)$$

$$E[I(x)] = (f_{\min} - \hat{y})\Phi\left(\frac{f_{\min} - \hat{y}}{s}\right) + s\phi\left(\frac{f_{\min} - \hat{y}}{s}\right) \quad (4\text{-}3)$$

在式(4-3)中,$\hat{y}$ 和 s 分别是 DACE 预测器(DACE Predictor)[37]和其在点 x 处的标准差;$\phi(\cdot)$ 和 $\Phi(\cdot)$ 是标准正态分布的概率密度函数和分布函数。ParEGO 整体框架如算法 4.1 所示。

算法 4.1　ParEGO 整体框架

输入：昂贵多目标问题 MOP;初始观察点个数 N_{ini};最大函数评估次数 MaxEvals

输出：近似帕累托最优集 P^*、近似帕累托最优前沿 PF^*

　　//初始化//

1：用 LSH[309]初始化 K 个观察值点：$\boldsymbol{X_0} \leftarrow \{x_0, x_1, \cdots, x_{N_{ini}}\}$

2：初始化权重向量 $\boldsymbol{\Lambda}$

3：Eval←0,t←0

　　//真实函数评估//

4：用原 MOP 评估初始解集 $\boldsymbol{X_0}$ 得到其目标值 $Y_0 \leftarrow \{y_0, y_1, \cdots, y_{N_{ini}}\} | y_i = f(x_i), i = \{1, 2, \cdots, N_{ini}\}$

5：Eval←Eval+N_{ini}

　　//目标函数聚合//

6：用式(4-2)对目标值 Y_0 聚合获得标量代价 $f_\lambda^0(x)$

7：**while** Eval≤MaxEvals do

8：　　构建数据集：$D_t \leftarrow \{X_t, f_\lambda^t\}$

　　　　//构建高斯模型//

9：　　构建 D_t 上的高斯代理模型 $\mathcal{GP}(\boldsymbol{\mu(x)}, \boldsymbol{K(x)})$

10：　根据式(4-3)构建 EI 获取函数 $a_t(x | x_{1:t}, \boldsymbol{f}_{1:t})$

11：　最大化获取函数得到下一个候选解：$x_{t+1} \leftarrow \underset{x}{\arg\max} a_t(x | x_{1:t}, f_{1:t})$

12：　对候选解进行真实函数评估：$y_{t+1} \leftarrow f(x_{t+1})$

13：　根据式(4-2)对目标值进行聚合：$f_\lambda^t(x)$

14：　更新观察点集：$D_{t+1} \leftarrow D_t \bigcup \{(x_{t+1}^i, y_{t+1}^i) | i = 1, 2, \cdots, n_t\}$

15：　$t \leftarrow t+1$,Eval←Eval+1

16：**end while**

17：$P^*, PF^* \leftarrow D_{t+1}$

虽然 ParEGO 在优化昂贵多目标问题时表现出较好的性能,但它在每个算法迭代中,通过获取函数最大化只能得到一个候选解用于真实函数评估,是一种序列多目标贝叶斯优化方法,即它对解的评估是串行的。如此评估方式导致该方法不能很好地利用现实世界中的并行硬件计算资源,而且使得算法收敛速度减缓。

4.3　基于自适应采样的批量多目标贝叶斯优化的研究方法

本节主要介绍基于自适应采样的批量多目标贝叶斯优化的研究方法(Adaptive Batch-ParEGO)的算法框架和细节。

4.3.1 算法框架

Adaptive Batch-ParEGO 旨在通过引入双目标获取函数和候选解自适应选择策略，以批处理的函数评估方式有效地求解昂贵的多目标优化问题。如算法 4.2 所示，Adaptive Batch-ParEGO 首先使用拉丁超方采样（LHS）[309]初始化 N_{ini} 个初始解（步骤 1）。其中 $N_{ini}=11D-1, D$ 是决策空间维度。然后，该方法对这些初始解进行真实函数评估（步骤 5），并构建高斯模型从而得到双目标和 EI 获取函数（步骤 9~10）。接下来，Adaptive Batch-ParEGO 利用自适应选点策略推荐最能平衡利用和探索之间关系的候选解（步骤 13）。最后，Adaptive Batch-ParEGO 利用这些新的候选解对高斯模型进行更新（步骤 15~16）。上述过程不断迭代，直至满足算法终止条件。下面将对 Adaptive Batch-ParEGO 算法中的细节展开详细介绍。

算法 4.2　Adaptive Batch-ParEGO 算法框架

输入：昂贵的多目标问题 MOP；最大真实函数评估次数 MaxEvals；批处理大小即每个迭代函数评估次数 B；初始观察点个数 N_{ini}

输出：近似帕累托最优集 P^*、近似帕累托最优前沿 PF^*

　　//初始化//

1：用 LHS 生成 N_{ini} 个初始解：xpop$\leftarrow\{x_1^1, x_1^2, \cdots, x_1^{N_{ini}}\}$

2：初始化权重向量 Λ

3：Eval$\leftarrow 0, t\leftarrow 0$

4：while Eval$<$MaxEvals do

5：　　用原 MOP 评估初始解集 xpop 得到其目标值 $F(x_t^i)\leftarrow\{y_0, y_1, \cdots, y_{N_{ini}}\}|y_i=f(x_i), i=\{1, 2, \cdots, N_{ini}\}$

6：　　Eval$\leftarrow$Eval$+N_{ini}$　　//目标函数聚合//

7：　　用式(4-2)和权重向量 λ 对目标值 $F(x_1^i)$ 聚合获得标量成本 $f_\lambda^i(x)$

8：　　选取 xpop 中前 N_{res} 个标量代价值 $f_\lambda^i(x)$ 最小的解 xpop$_{sub}$　　//建立高斯模型//

9：　　根据 xpop$_{sub}$ 和 $F(x_1^i)_{sub}$ 建立高斯代理模型

10：　　根据高斯模型获得双目标获取函数 mop(x) 和 EI 获取函数 mop$_t(x)$

　　　　//候选解推荐//

11：　　用 NSGA-II 优化双目标获取函数 mop$_t(x)$ 得到其近似帕累托最优集 P_{mop}^*

12：　　用遗传算法最大化 EI 获取函数 $a_t(x)$ 得到一个候选解 xpop$_a$

13：　　利用自适应选择策略选择 $B-1$ 个利用-探索适应值最高的解 xpop p_{mop}

14：　　$t\leftarrow t+1$,Eval$\leftarrow$Eval$+B$

15：　　x xop$\leftarrow x$ xop $\bigcup x$ new 然后跳转至步骤 5

16：**end while**

17：$P^*\leftarrow$xpop,$PF^*\leftarrow F$(xpop)

4.3.2 初始化

类似于 ParEGO，Adaptive Batch-ParEGO 首先初始化如式（4-1）所示的权重向量，其中权重向量是均匀分布的；然后采用 LHS 采样生成 N_{ini} 个初始点 xpop，作为初始观察点。此外，当前迭代次数 t、当前函数评估次数 Eval 和最大真实函数评估次数 MaxEvals 也被初始化。具体初始化过程如算法 4.2 中步骤 1～3 所示。

4.3.3 函数评估与目标函数聚合

为了评估已知观察点 xpop，Adaptive Batch-ParEGO 首先根据原昂贵的多目标优化问题计算其对应的真实目标函数值，即

$$F_t(x) = (f_t^1(x), f_t^2(x), \cdots, f_t^M(x))^{\mathrm{T}} \tag{4-4}$$

然后再根据其目标函数值，利用切比雪夫函数和 M 维初始权重向量对目标函数值 $F_t(x)$ 进行聚合，得到其标量代价值 $y_t = f_\lambda^t(x)$。切比雪夫函数如式（4-5）所示，即

$$f_\lambda^t(x) = \max_{1 \leqslant i \leqslant M} \{\lambda_i(f_i(x) - z_i^*)\} \tag{4-5}$$

其中，$\lambda = \{\lambda_1, \lambda_2, \cdots, \lambda_M\}$ 是式（4-1）中定义的权重向量；$z^* = (z_1^*, z_2^*, \cdots, z_M^*)$ 是目标空间中的理想点[40]，即

$$z_i^* = \min_{x \in \prod_{i=1}^{n} [a_i, b_i]} f_i(x), i = 1, 2, \cdots, M \tag{4-6}$$

之所以在 Adaptive Batch-ParEGO 中选择切比雪夫函数而非增广切比雪夫函数，是因为在某些温和条件下，对于每一个帕累托最优解 x^*，存在一个权重向量 λ，使得 x^* 是式（4-5）的最优解；而式（4-5）的每一个最优解都是昂贵的多目标优化问题的帕累托最优解[40]。

对于现实世界中的昂贵的多目标优化问题，理论上所有已评估的候选解都应该用于每次算法迭代中的高斯模型更新。但是，由于高斯过程的计算复杂度随着输入的决策变量空间中的数据点数呈指数增长，导致其在现实世界问题中计算代价非常昂贵，甚至难以接受。因此，在实际问题中一般只选择部分已评估解来更新高斯模型。与 ParEGO 类似，Adaptive Batch-ParEGO 选择已知观察点 xpop 中的 N_{res} 个解用来更新高斯模型。具体而言，如果 xpop 中解的个数大于 $N_{\text{res}} = 11t + 24$，则只保留标量代价值较小的 N_{res} 个解；否则，xpop 中的所有解都将用于更新高斯模型，其中 t 为算法当前迭代次数。

4.3.4 获取函数

Adaptive Batch-ParEGO 采用两种获取函数即双目标获取函数 $\text{mop}_t(x)$ 和单目标 EI 获取函数 $\sigma_t(x)$ 推荐候选解。其中，$\text{mop}_t(x)$ 用于以批处理的方式推荐多个可以动态

平衡利用和探索之间关系的候选解；而 EI 用于进一步促进算法收敛性、增强算法鲁棒性，其具体定义如式(4-3)所示。

具体而言，在 Adaptive Batch-ParEGO 中，假设目标函数值对应的标量代价值 $y_t = f^t_\lambda(x)$ 上的高斯代理模型为

$$\boldsymbol{y}_{1:t} \sim N(\boldsymbol{\mu}(\boldsymbol{x}), \boldsymbol{\sigma}^2(\boldsymbol{x})) \tag{4-7}$$

在贝叶斯优化方法中，均值函数 $\boldsymbol{\mu}(\boldsymbol{x})$ 根据目前收集的知识利用评估函数可能达到峰值的位置；$\boldsymbol{\sigma}(\boldsymbol{x})$ 用来评估当前近似函数的不确定性(探索)。为了找到最小化问题的全局最优值，优化算法应该最大限度地利用已知信息(最小化 $\boldsymbol{\mu}(\boldsymbol{x})$)以确保收敛，并尽可能多地搜索未知区域(最大化 $\sigma(\boldsymbol{x})$)以促进解的多样性。

ParEGO 利用 EI[37] 平衡利用和探索之间的关系。每个算法迭代它只考虑一个权重向量和一次函数聚合，并序列化评估候选解，即在每次迭代中只推荐一个候选解进行真实函数评估。另一个比较经典有效的获取函数是在 GP-UCB[87] 中提出的高斯上置信界 (Upper Confidence Bound，UCB)，它被定义为

$$a^{\text{ucb}}_t(x) = \boldsymbol{\mu}_{t-1}(\boldsymbol{x}) + \beta^{1/2}_t \sigma_{t-1}(\boldsymbol{x}) \tag{4-8}$$

其中，β_t 是预设的合适的常数值来平衡，利用 $\boldsymbol{\mu}_{t-1}(\boldsymbol{x})$ 和探索 $\sigma_{t-1}(\boldsymbol{x})$ 之间的关系。在使用 EI 和 UCB 获取函数的情况下，贝叶斯优化方法通过最大化 EI 和 UCB 串行地获得下一个候选解，并且每次只对一个候选解评估(串行评估)。而在一些昂贵多目标问题环境设置中和在硬件并行资源可获得的情况下，函数评估以批处理的方式进行，不仅可以充分地、合理地利用已有计算资源，而且能加快收敛速度。此外，β_t 值的确定是一个巨大的挑战，因而不少学者对其进行了相关研究[52,86-88,91,310-312]，该类研究旨在分析在一定的 β_t 取值条件下，贝叶斯优化方法可以求得原优化问题的最优解。然而，从多目标优化角度而言，利用和探索可以看作两个独立的目标，如此可避免 UCB 中通过确定合适的权重参数 $\beta^{1/2}_t$ 实现两者的平衡。

受 UCB 和多目标优化的启发，为了并行化 ParEGO，本书从多目标优化角度出发，考虑将"充分利用先验知识"即最大化高斯过程的均值函数 $\boldsymbol{\mu}(\boldsymbol{x})$ 和"充分探索未知区域"即最大化高斯过程的方差函数 $\boldsymbol{\sigma}(\boldsymbol{x})$，作为两个独立的优化子目标，进而提出 Adaptive Batch-ParEGO 中的双目标获取函数 $\text{mop}_t(x)$。具体而言，双目标获取函数为

$$\text{mop}_t(x) = (\boldsymbol{\mu}_{t-1}(\boldsymbol{x}), \sigma_{t-1}(\boldsymbol{x}))^{\text{T}} \tag{4-9}$$

此处用了高斯过程的标准差函数而非方差函数，是因为在高斯过程中，$\boldsymbol{\sigma}^2(\boldsymbol{x})$ 取非负值，即使开方，也不影响最优值的位置。

与 UCB 相比，$\text{mop}_t(x)$ 有两个明显的优势：首先，获取函数 $\text{mop}_t(x)$ 更加直观、直接，不偏向于利用或探索两者中的任何一个，也不需要人为地确定权重参数 $\beta^{1/2}_t$。其次，更重要的是，使用多目标算法在帕累托意义上求解双目标获取函数 $\text{mop}_t(x)$，可以得到一个近似帕累

托最优集,其中包含一组候选解,从而进一步实现了候选解并行推荐和函数评估。图 4.1(a) 和图 4.1(b)中分别展示了带加权的单目标获取函数 $a_t(x)$(如 EI、UCB 等)和双目标获取函数 $\text{mop}_t(x)$ 之间推荐候选解的区别。具体而言,图 4.1(a)中的单目标获取函数 $a_t(x)$ 一次只推荐一个候选解,而图 4.1(b)中的双目标获取函数 $\text{mop}_t(x)$ 可以搜索到包含一组候选解的近似帕累托前沿。除了双目标获取函数外,Adaptive Batch-ParEGO 中还使用 EI 获取函数 $a_t(x)$,因为其有效性已在 ParEGO 中得到了充分验证。这里采用 EI 进一步保证 Adaptive Batch-ParEGO 的收敛性,使其更具鲁棒性。为了使 $\text{mop}_t(x)$ 中的两个目标在同一优化方向,即同时最小化二者,本书重新定义双目标获取函数为

$$\text{mop}_t(x) = (\boldsymbol{\mu}_{t-1}(\boldsymbol{x}), -\sigma_{t-1}(\boldsymbol{x}))^{\text{T}} \tag{4-10}$$

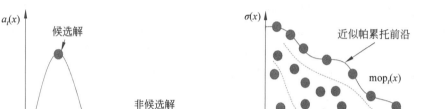

(a) 单目标获取函数 (b) 双目标获取函数

图 4.1 单目标和双目标获取函数候选解推荐区别示意图

4.3.5 自适应批量采样

自适应批量采样即通过自适应选择策略以批处理的方式选择候选解,在每个算法迭代过程中同时推荐多个候选解用于真实函数评估,整个推荐过程如算法 4.3 所示。

算法 4.3　自适应候选解推荐策略

输入: 双目标获取函数 $\text{mop}_t(x)$ 和单目标获取函数 $a_t(x)$;批处理大小 B
输出: 用于真实函数评估的候选解集 xnew
1: 初始化:xnew$\leftarrow\phi$
　　//双目标获取函数//
2: 用 NSGA-Ⅱ优化 $\text{mop}_t(x)$ 获得近似帕累托解集 P^*
3: 根据式(4-11)计算每个利用-探索对的适应值 fit^i
4: 从 P^* 中选择 $B-1$ 个最优候选解获得 xnew$_{\text{mop}}$
5: xnew$\leftarrow$xnew$\bigcup$xnew$_{\text{mop}}$　　//单目标获取函数//
6: 最大化单目标获取函数 $a_t(x)$ 获得另一个候选解 xnew$_{\text{EI}}$
7: xnew$\leftarrow$xnew$\bigcup$xnew$_{\text{EI}}$

在每次算法迭代中，Adaptive Batch-ParEGO 选择 B 个候选解进行评估，并使用它们更新高斯代理模型。为了并行地进行函数评估，Adaptive Batch-ParEGO 使用多目标进化算法 NSGA-Ⅱ优化双目标获取函数 $mop_t(x)$。具体而言，首先使用 NSGA-Ⅱ获得 $mop_t(x)$ 的近似帕累托最优集 P_t^*，然后通过新提出的自适应选择策略从 P_t^* 中选择最有希望是全局最优解、最能平衡利用和探索之间关系的 $B-1$ 个候选解。图 4.2 展示了在一个最小化两个目标的多目标问题中，用 NSGA-Ⅱ求解 $mop_t(x)$ 得到的近似帕累托最优集。此处探索取值为负，原因是为了统一优化方向为最小化方向，对双目标获取函数的第二个优化目标（探索）进行了取反，使其与第一个目标（利用）的方向统一。此外，Adaptive Batch-ParEGO 通过最大化 $a_t(x)$ 推荐另一个候选解，以进一步确保全局收敛。其他多目标贝叶斯优化方法也可以以批处理的方式进行函数评估，如 MOEA/D-EGO[40] 同时评估 5 个候选解。Adaptive Batch-ParEGO 与 MOEA/D-EGO 的并行化函数评估的主要区别在于，Adaptive Batch-ParEGO 通过平衡利用和探索之间关系的获取函数实现函数评估并行化；而 MOEA/D-EGO 利用 MOEA/D[15] 通过将原多目标优化问题分解得到多个子问题实现并行函数评估。

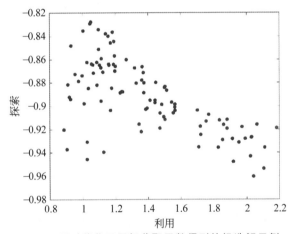

图 4.2　通过优化双目标获取函数得到的候选解示例

双目标获取函数的近似帕累托最优解集 P_t^* 包含一组候选解，而现实中通常只有特定数量的硬件资源可用于并行函数评估。因此基于现实考虑，设实际可用的并行计算资源数为 B，那么需要从 P_t^* 中选择最有希望是昂贵的多目标问题最优解的 $B-1$ 个候选解。而如何选取这些解使其能很好地平衡收敛性和多样性是非常具有挑战性的。为此，我们提出一种新的基于贪心思想[306-308] 的自适应选点策略，该策略嵌入双目标获取函数 $mop_t(x)$ 中。其主要思想是通过调整利用和探索适应值计算过程中的超参数，以在整个搜索过程中动态地平衡利用和探索之间的关系。其中,自适应选点策略在搜索前期强调利用多于探索,在搜索后期综合考虑利用和探索。之所以如此是因为在高斯代理模型中,贪心探索是一种非常具有竞争性的选择策略,特别是对于相对高维($D \geqslant 5$,D 是决策变量维度)的昂贵多目标问题而言。具体而言,给定 $cop_t(x)$ 的近似帕累托最优集 P_t^*(如图 4.2 所示),受神经网络[313]中衰减函数(Decay Function)的启发,Adaptive Batch-ParEGO 首先计算每个利用-探索对的适应值 fit_t^i,即

$$fit_t^i = \epsilon_t \widetilde{\boldsymbol{\mu}}_t^i + (1-\epsilon_t)\widetilde{\boldsymbol{\sigma}}_t^i, i \in [1, B-1] \tag{4-11}$$

其中,$\widetilde{\boldsymbol{\mu}}_t^i$ 和 $\widetilde{\boldsymbol{\sigma}}_t^i$ 分别是高斯过程均值函数 $\boldsymbol{\mu}_t^i$ 和方差函数 $\boldsymbol{\sigma}_t^i$ 的归一化形式;ϵ 是指数衰减(Exponential Decay),具体定义为

$$\epsilon_t = \gamma^{t-1} \tag{4-12}$$

$\gamma \in [0,1]$ 的取值依赖于搜索算法的期望收敛速度。其他衰减函数如线性衰减(Linear Decay)或逆 Sigmoid 衰减(Inverse Sigmoid Decay)[313]也可以用于本算法搜索。图 4.3 展示了各种不同的衰减函数之间的区别。

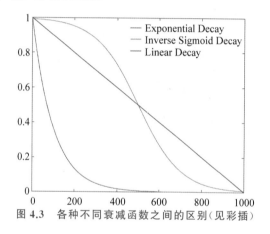

图 4.3　各种不同衰减函数之间的区别(见彩插)

　　然后,将利用-探索对的适应值从小到大排序,并从 P_t^* 中选择 $B-1$ 个具有最小适应值的且标量代价值低的解用于真实函数评估和高斯代理模型更新。因此,Adaptive Batch-ParEGO 在搜索的早期阶段更加注重利用(贪心的利用方式),并且可以显式地、有效地控制整个优化过程中的利用比重。如研究[306-308]所示,对于相对高维的昂贵多目标问题,应该将初始指数衰减值设置得更高;而对于相对低维的昂贵多目标问题,低初始指数衰减值更有效。

4.3.6　高斯模型及更新

　　在算法搜索过程中,高斯模型不断更新,对原优化问题的近似越来越精确。具体而

言,4.3.3 节中,Adaptive Batch-ParEGO 选取了 N_{res} 个初始点,用于建立高斯模型,这些初始点对应的标量代价为由式(4-5)计算得到的 $f_\lambda^t(x)$。因此,用于建立高斯模型的已知观察点集为

$$D_{1:t} = \{x_t, y_t \mid y_t = f_{\lambda^t(x_t)}\}, t = \{1, 2, \cdots, T\}, T = \left| \frac{\text{MaxEvals}}{B} \right| \qquad (4\text{-}13)$$

其中,$\boldsymbol{x}_t = \{x_t^1, x_t^2, \cdots, x_t^{N_{res}}\}$。建立在已知观察点上的标量代价 $[y_1, y_2, \cdots, y_t]$ 对应的高斯模型为

$$y_{1:t} \sim N(\boldsymbol{\mu}(\boldsymbol{x}), \sigma^2(x)) \qquad (4\text{-}14)$$

其中,高斯代理模型的均值函数和方差函数为 $\mu(x)$ 和 $\sigma^2(x)$。由此可得,下一个候选解的标量代价值的预测值服从高斯后验分布,即

$$P(y_{t+1} \mid D_{1:t}, x_{t+1}) = N(\mu_t(x_{t+1}), \sigma_t^2(x_{t+1})) \qquad (4\text{-}15)$$

根据 4.3.4～4.3.5 节内容,Adaptive Batch-ParEGO 建立获取函数(算法 4.2 中步骤 10)并通过优化获取函数获得 B 个候选解(算法 4.2 中步骤 11～13)。

接下来,Adaptive Batch-ParEGO 将 B 个候选解代入原昂贵的多目标优化问题进行真实函数评估,获取其对应的目标值(算法 4.2 中步骤 5),然后再选择不同于上一代的、均匀分布的权重向量进行目标函数聚合,得到对应的标量代价值。同时,并对用于建立高斯模型的已知观察点进行更新,即将 B 个新候选解添加到 $D_{1:t}$ 中得到 $D_{1:t+1}$,进一步用于构建新的高斯代理模型。4.3.2～4.3.5 节中的初始化、函数评估、目标函数聚合、建立高斯模型和候选解推荐过程反复迭代执行至满足算法终止条件,最终得到原昂贵多目标问题的帕累托最优解和帕累托前沿。

4.4　实　　验

本节主要介绍用于验证 Adaptive Batch-ParEGO 有效性的实验设置和结果分析。具体而言,4.4.1 节介绍了具体的实验设置,4.4.2 节介绍标准多目标测试集上的对比实验结果和分析,4.4.3 节分析了自适应采样选择策略对 Adaptive Batch-ParEGO 优化性能的影响。

4.4.1　实验设置

为了验证 Adaptive Batch-ParEGO 的有效性,将其与其他 6 种多目标贝叶斯优化方法在 3 个标准多目标测试问题上进行了对比分析实验。

具体而言,6 种基线方法包括 ParEGO[38]、MOEA/D-EGO[40]、ReMO[97]、Multi-LineBO、SparseEA[314] 和 MOEA/PSL[315]。其中,Multi-LineBO 是单目标算法 LineBO[80] 扩展到多目

标情况的变体算法。3 个标准多目标测试问题包括 2.5 节介绍中的 DTLZ 中的 6 个三目标问题(除 DTLZ4 外)、UF 的 7 个双目标问题 UF1-7 和 WFG 的 9 个三目标问题 WFG1-9。多目标测试问题的具体设置如表 4.1 所示。

表 4.1　多目标测试问题的具体设置

测试问题	M	D	问 题 描 述
DTLZ[a]	3	10	DTLZ1，DTLZ2，DTLZ3，DTLZ5，DTLZ6，DTLZ7
WFG	3	10	WFG1-9
UF	2	10	UF1-7
超参调优任务	2	5	2 个优化目标是准确率和预测时间；5 个决策变量是隐藏层数、每层神经单元数、学习率、衰减率、L2 正则化权重惩罚

M 为目标个数。

D 为决策空间维度。

[a] 此处未考虑 DTLZ4 的原因是在所有的优化平台版本中，优化 DTLZ4 时会报错。

所有相关实验均采用 PlatEMO[316] 优化平台。在多目标测试问题上，将所有相关基线方法的最大函数评估值设为 MaxEvals = 300，且针对每个问题每个算法独立运行 30 次，然后记录 30 次运行结果的均值作为最终结果。与 MOEA/D-EGO[40] 类似，Adaptive Batch-ParEGO 的批处理大小为 $B = 5$。此外，初始衰减率为 $\gamma = 0.99$。Adaptive Batch-ParEGO 中用到的其他相关参数与 ParEGO[38] 算法中相同。为了对所有相关算法的优化性能进行对比，使用第 2.6 节中介绍的 IGD[172]、HV[47]、GD[171] 和 DM[173] 4 种评价指标对实验结果进行了分析。此外，CPU 计算时间(CPU Time)也用于评价所有相关算法的性能。为了进行公正对比，所有的实验均使用同一台计算机，即具有八核处理器的 AMD Ryzen 7 2700X；操作系统是 Ubuntu 16.04 LTS(64 位)。相关实验的所有参数设置如表 4.2 所示。

表 4.2　Adaptive Batch-ParEGO 实验中的具体参数设置

参 数	取 值 范 围
最大函数评估次数 MaxEvals	在超参调优任务中，MaxEvals = 120；在多目标测试中，MaxEvals = 300
算法运行总次数	30
批处理大小 B	5
初始衰减率 γ	0.99
秩和检验显著性水平 α	5%

续表

参　　数	取 值 范 围
用于计算 HV 的参考点	1.1 倍的每个函数值维度的最大值
初始点个数 N_{ini}	在超参调优任务中，$N_{ini}=20$；在多目标测试中，$N_{ini}=11D-1$

D 为决策空间维度

4.4.2　标准合成测试集上的对比结果

本小节将从 IGD、GD、DM 和算法 CPU 计算时间四方面，将 Adaptive Batch-ParEGO 与 ParEGO、MOEA/D-EGO、ReMO、Multi-LineBO、SparseEA 和 MOEA/PSL 进行详细的性能对比分析。表 4.3、表 4.4、表 4.5 和表 4.6 分别展示了算法运行 30 次的 IGD、GD、DM 和 CPU 计算时间的均值和标准误差，其中最好的结果用粗体进行了加黑、突出显示。由于 SMS-EGO[39] 使用所有观察点构建高斯代理模型，因此即使在仅包含 10 个变量的多目标测试问题上，进行 200 次甚至更多次函数评估时，于它而言是非常具有挑战性的。例如，在 DTLZ 和 UF 问题上，算法运行一次，进行 200 次函数评估大约需要 3 个小时。借鉴研究 MOEA/D-EGO[40]，在接下来的分析中，主要关注与相关基线方法的对比分析，不再考虑 SMS-EGO。

从表 4.3～表 4.6 中可以看出，Adaptive Batch-ParEGO 相对于 ParEGO、MOEA/D-EGO、ReMO、Multi-LineBO、SparseEA 和 MOEA/PSL 具有明显的优势。实验结果表明，与序列化多目标贝叶斯优化方法相比，具有双目标获取函数和自适应采样策略的 Adaptive Batch-ParEGO 算法能更好地平衡收敛性和多样性。同时，表中的实验结果还验证了并行化函数评估对加快收敛速度的有效性。下面给出了 Adaptive Batch-ParEGO 与其他相关基线方法的详细对比结果与分析。

1. Adaptive Batch-ParEGO 和 ParEGO 的性能对比分析

从表 4.3～4.6 可以看出，Adaptive Batch-ParEGO 的优化性能总体上优于 ParEGO，特别是在并行化函数评估方面。具体而言，对于表 4.3 中的 IGD 结果而言，ParEGO 与 Adaptive Batch-ParEGO 相比，可以在 7/5/5 个问题上获得更好的、更差的和相近的 IGD 结果，略微优于 Adaptive Batch-ParEGO。如表 4.4 中的 GD 结果所示，尽管 Adaptive Batch-ParEGO 以批处理的方式对候选解进行评估，但它和 ParEGO 获得了相近的优化结果。该现象的可能原因是，Adaptive Batch-ParEGO 结合了贪心的思想，在优化这些 10 维的昂贵多目标问题时，整个搜索过程更加强调利用。该解释可以从表 4.5 中的 DM 结果得到验证。对于 DM 结果而言，ParEGO 的性能明显比 Adaptive Batch-ParEGO 差。对于表 4.6 中的 CPU 计算时间而言，ParEGO 在 DTLZ、UF 和 WFG 问题上的算法运行时间分别约为 Adaptive Batch-ParEGO 的 4 倍、4 倍和 5 倍，帕累托最优解的搜索时间明显比 Adaptive Batch-ParEGO 要长得多,这证明了 Adaptive Batch-ParEGO 中以批处理方式进行函数评估的有效性。从 IGD、GD 和 DM 的结果中发现,对于 DTLZ7 而言,ParEGO 算法的结果比 Adaptive Batch-ParEGO 的结果更好。原因可能是 DTLZ7 的帕累托前沿是不连接的。当优化目标数超过两个、具有不连接帕累托前沿的多目标问题时,Adaptive Batch-ParEGO 很难很好地平衡利用和探索两者之间的关系。

为了进一步更清晰地说明原因,将由 ParEGO 和 Adaptive Batch-ParEGO 获得的最终非支配解(the obtained solutions)在图 4.4(b)和图 4.4(d)中分别进行了可视化。从图 4.4 中可以看出,相较于 ParEGO 而言,Adaptive Batch-ParEGO 在搜索 DTLZ7 不连接的帕累托前沿时面临更大的挑战,而 ParEGO 更容易搜索到靠近帕累托前沿的解。另一种可能的解释是,批处理模式(多个函数并行化)导致 Adaptive Batch-ParEGO 在 DTLZ7 上的优化性能相对弱于 ParEGO,即贪心思想对改进不连接的 DTLZ7 的优化结果贡献很小。

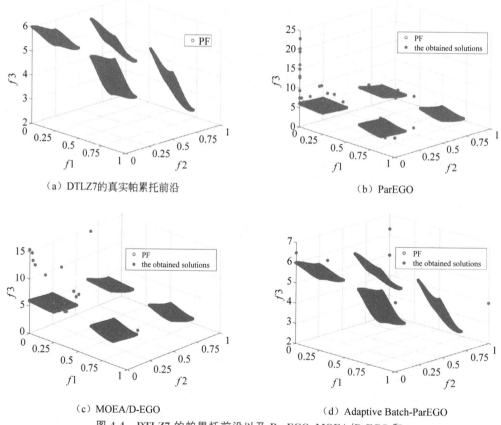

（a）DTLZ7的真实帕累托前沿

（b）ParEGO

（c）MOEA/D-EGO

（d）Adaptive Batch-ParEGO

图 4.4 DTLZ7 的帕累托前沿以及 ParEGO、MOEA/D-EGO 和 Adaptive Batch-ParEGO 在 DTLZ7 上得到的非支配解

2. Adaptive Batch-ParEGO 和 MOEA/D-EGO 的性能对比分析

Adaptive Batch-ParEGO 和 MOEA/D-EGO 都实现了并行化函数评估,根本区别在于 Adaptive Batch-ParEGO 通过获取函数实现了以批处理方式进行函数评估。而 MOEA/D-EGO 则是借助于 MOEA/D 中分解的思想,先将原多目标问题分解为多个单目标子问题,然后为每个子问题建立高斯代理,从而形成多个子问题对应的多个 EI 获取函数,然后利用 MOEA/D 对这些 EI 进行求解,从而实现并行化函数评估。从表 4.3~表 4.6 中的 IGD、GD、DM 和 CPU 计算时间结果可知,两种算法的优化性能相近。从表 4.5 中可以看出,Adaptive Batch-ParEGO 相较于 MOEA/D-EGO 显示出更明显的优势。可能的原因是,自适应选点策略倾向于选择多样性更强的候选解集。对于 IGD、GD 和 DM 而言,Adaptive Batch-ParEGO 在 DTLZ 和 WFG 问题上的性能明显优于 MOEA/D-EGO。然而,MOEA/D-EGO 在 UF 问题上的结果明显优于 Adaptive Batch-ParEGO,这可能是由于 MOEA/D-EGO 分解的有效性。为了进一步解释该现象,分别在图 4.5(a)、图 4.5(c)、图 4.5(e)和图 4.5(b)、图 4.5(d)、图 4.5(f)中可视化了由 ParEGO、MOEA/D-EGO 和 Adaptive Batch-ParEGO 在 UF6 和 UF7 上获得的非支配解,其中非支配解取自算法运行 30 次的评价指标中值对应的算法运行结果。图中蓝色线条代表问题的真实帕累托前沿,而红点则表示优化算法获得的最终非支配解。从图 4.5 可以看出,ParEGO、MOEA/D-EGO 和 Adaptive Batch-ParEGO 都不能接近 UF6 和 UF7 的真实帕累托前沿。对于 DTLZ 问题而言,MOEA/D-EGO 比 Adaptive Batch-ParEGO 获得了更好的 IGD、GD 和 DM 结果,因此也将 MOEA/D-EGO 获得的非支配解可视化在图 4.4(c)中。从图 4.4 可以看到,MOEA/D-EGO 和 ParEGO 更容易搜索到靠近帕累托前沿的解,

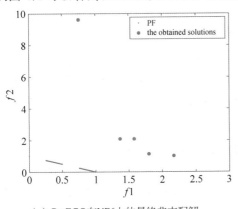

（a）ParEGO在UF6上的最终非支配解

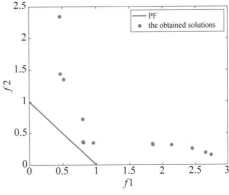

（b）ParEGO在UF7上的最终非支配解

图 4.5　ParEGO、MOEA/D-EGO 和 Adaptive Batch-ParEGO
在 UF6 和 UF7 上得到的最终非支配解（见彩插）

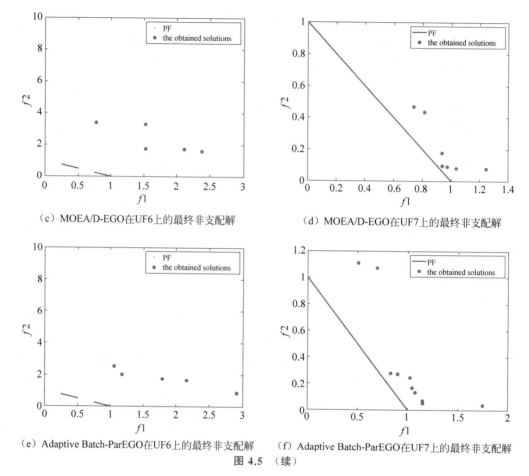

（c）MOEA/D-EGO在UF6上的最终非支配解　　（d）MOEA/D-EGO在UF7上的最终非支配解

（e）Adaptive Batch-ParEGO在UF6上的最终非支配解　（f）Adaptive Batch-ParEGO在UF7上的最终非支配解

图 4.5　（续）

而 Adaptive Batch-ParEGO 很难逼近 DTLZ7 的不连接的帕累托前沿。由于 MOEA/D-EGO 和 Adaptive Batch-ParEGO 一次评估 5 个候选解，且 MOEA/D-EGO 在表 4.6 中的运行时间与 Adaptive Batch-ParEGO 非常相似，从而更进一步验证了 Adaptive Batch-ParEGO 的性能略优于 MOEA/D-EGO。

3. Adaptive Batch-ParEGO 和 ReMO 的性能对比分析

Adaptive Batch-ParEGO 的性能明显优于基于随机嵌入的多目标贝叶斯优化方法 ReMO。对于 IGD、GD、DM 和 CPU 计算时间而言，ReMO 分别比 Adaptive Batch-ParEGO 取得的更好的/更差的/相似的结果分别为 2/12/3、3/14/0、4/6/7 和 0/17/0。在收敛性-多样性平衡方面，ReMO 算法仅在 DTLZ6 和 UF3 上优于 Adaptive Batch-ParEGO 算法。而对于表 4.4 中的收敛性能，除具有不连接帕累托前沿的 DTLZ7、UF2

和 UF3 外,Adaptive Batch-ParEGO 在大多数测试问题上的优化性能都优于 ReMO。对于表 4.5 中的 DM 结果而言,除 DTLZ2 和 UF4 外,ReMO 的性能明显低于 Adaptive Batch-ParEGO,造成这种现象的具体原因还有待进一步研究。值得注意的是,ReMO 将原始决策空间嵌入低维空间中,需要比 Adaptive Batch-ParEGO 更长的帕累托前沿搜索时间,该结论可以由表 4.6 中所有 DTLZ、UF 和 WFG 问题更长的运行时间得到验证。

4. Adaptive Batch-ParEGO 和 Multi-LineBO 的性能对比分析

对于 IGD、GD 和 DM 而言,Adaptive Batch-ParEGO 显著优于 Multi-LineBO。具体而言,如表 4.3 所示,Multi-LineBO 在所有测试问题上的 IGD 性能明显不如 Adaptive Batch-ParEGO。而对于表 4.4 中的 GD 而言,Multi-LineBO 在 DTLZ2 和有偏的 DTLZ6 上的性能优于 Adaptive Batch-ParEGO;在 DTLZ5、UF1、UF7、WFG3 和 WFG4 上的性能与 Adaptive Batch-ParEGO 相似。表 4.5 显示,Adaptive Batch-ParEGO 在除了不连接的 DTLZ7 之外的几乎所有问题上的 DM 结果都优于 Multi-LineBO,原因是,如同上文指出的结论,DTLZ7 对 Adaptive Batch-ParEGO 而言非常具有挑战性。Multi-LineBO 在 IGD、GD 和 DM 方面表现明显不如 Adaptive Batch-ParEGO 的原因可能是,它将昂贵的多目标问题嵌入一维决策子空间中进行优化,这也就很好地解释了表 4.6 中运行时间为何这么短。相比之下,Adaptive Batch-ParEGO 通过并行化函数评估加速了收敛过程。

5. Adaptive Batch-ParEGO 和 SparseEA 的性能对比分析

Adaptive Batch-ParEGO 在收敛性-多样性平衡、收敛性和多样性方面明显优于 SparseEA 算法,但 CPU 计算时间明显比 SparseEA 算法要长。具体而言,如表 4.3 所示,SparseEA 仅在 DTLZ1、DTLZ3、DTLZ6 和 UF2 上的 IGD 结果优于 Adaptive Batch-ParEGO,而在所有 WFG 问题上收敛性-多样性平衡性能都较差。对于收敛性而言,SparseEA 显然无法与 Adaptive Batch-ParEGO 抗衡,具体表现为其在大多数 DTLZ 和 UF 以及所有 WFG 测试问题上的 GD 值更高。对于表 4.5 中的多样性度量 DM 值,SparseEA 的表现更差,在 17 个问题中的仅 2 个问题上,优化结果优于 Adaptive Batch-ParEGO。然而,SparseEA 的运行时间比 Adaptive Batch-ParEGO 短得多。一个可能的原因是 SparseEA 是一种用于求解大规模多目标问题的进化算法,因此它需要更多的函数评估次数和更短的运行时间搜索帕累托前沿。而在本章的所有测试中,都将最大函数评估次数限制为 MaxEvals=300。另一个可能的原因是 WFG1-4 的帕累托前沿性质比 DTLZ 和 UF 问题的帕累托前沿性质更复杂。具体而言,WFG1 具有分离的、多项式的、平坦的和混合的帕累托前沿;WFG2、WFG3 和 WFG4 分别具有不可分的、退化的和凹的帕累托前沿,而 Adaptive Batch-ParEGO 更容易在 300 次函数评估内搜索到这些问题的帕累托前沿。

表 4.3　DTLZ、UF 和 WFG 测试问题上算法运行 30 次的 IGD 均值

测试问题	ParEGO	MOEA/D-EGO	ReMO	Multi-LineBO	SparseEA	MOEA/PSL	ABParEGO
DTLZ1	63.7(6.2) +	88.7(21.7) ≈	85.5(8.5) ≈	119(25) −	**53.6(4.5)** +	58.5(4.5) +	79.6(12)
DTLZ2	0.378(0.04) −	0.327(0.02) −	0.400(0.03) −	0.405(0.03) −	0.728(0.01) −	0.675(0.01) −	**0.230(0.04)**
DTLZ3	174(9.5) +	201(31.5) −	189.6(12) ≈	337(65) −	**163(13)** +	167(12) +	185(11)
DTLZ5	0.266(0.04) −	0.253(0.02) −	0.308(0.03) −	0.324(0.03) −	0.657(0.12) −	0.639(0.10) −	**0.084(0.05)**
DTLZ6	1.09(0.35) ≈	2.03(0.66) −	0.809(0.21) +	6.43(0.22) −	**0.034(0.01)** +	0.225(0.19) +	1.14(0.27)
DTLZ7	**0.167(0.02)** +	0.237(0.11) +	1.17(0.11) −	6.37(1.1) −	0.218(0.04) +	0.477(0.19) −	0.260(0.03)
UF1	**0.248(0.10)** +	0.249(0.08) +	0.668(0.14) −	0.642(0.16) −	0.714(0.01) −	0.687(0.11) −	0.316(0.10)
UF2	0.274(0.09) ≈	0.198(0.04) −	0.230(0.04) ≈	0.386(0.07) −	**0.119(0.00)** +	0.132(0.02) +	0.237(0.01)
UF3	1.11(0.19) ≈	0.974(0.17) +	**0.769(0.07)** +	1.576(0.16) −	0.840(0.00) −	0.84(0.00) +	1.16(0.15)
UF4	**0.09(0.01)** +	0.111(0.01) ≈	0.168(0.01) −	0.157(0.01) −	0.186(0.01) −	0.175(0.00) −	0.130(0.01)
UF5	2.22(0.58) ≈	2.63(0.61) ≈	3.73(0.43) −	3.39(0.58) −	3.27(0.29) −	3.19(0.33) −	2.41(0.72)
UF6	**1.72(0.89)** +	1.83(0.54) ≈	4.28(0.69) −	3.49(0.80) −	4.00(0.44) −	3.59(0.49) −	2.07(0.59)
UF7	0.398(0.15) ≈	**0.323(0.11)** +	0.783(0.14) −	0.682(0.17) −	0.780(0.11) −	0.694(0.10) −	0.42(0.11)
WFG1	**1.68(0.04)** +	2.19(0.10) +	2.06(0.09) −	2.28(0.01) −	2.45(0.06) −	2.37(0.06) −	1.74(0.06)
WFG2	0.871(0.04) −	0.714(0.04) −	1.01(0.07) −	0.872(0.01) −	1.22(0.14) −	1.33(0.2) −	**0.691(0.06)**
WFG3	0.668(0.04) −	0.639(0.03) −	0.681(0.03) −	0.672(0.00) −	0.987(0.04) −	0.968(0.05) −	**0.537(0.05)**
WFG4	0.646(0.03) −	0.585(0.03) −	0.708(0.03) −	0.626(0.01) −	0.857(0.05) −	0.839(0.08) −	**0.524(0.03)**
+/-/≈	7/5/5	6/8/3	2/12/3	0/17/0	6/11/0	5/12/0	−/−/−

ABParEGO 是我们提出的算法 Adaptive Batch-ParEGO 的缩写,为了节省表格占用空间,此处对其进行了缩写。

+ 表示所对比的基线算法性能优于 Adaptive Batch-ParEGO。

− 表示所对比的基线算法性能劣于 Adaptive Batch-ParEGO。

≈ 表示所对比的基线算法性能与 Adaptive Batch-ParEGO 的结果在统计意义上相似。

表 4.4　DTLZ、UF 和 WFG 测试问题上算法运行 30 次的 GD 均值

测试问题	ParEGO	MOEAD	ReMO	LineBO	SparseEA	MOEA/PSL	ABParEGO
DTLZ1	20.5(3.1)+	47.7(8.2)−	65.6(10)−	48.0(5.2)−	**14.3(2.1)**+	23.4(6.9)+	37.0(9.6)
DTLZ2	0.132(0.02)−	**0.07(0.01)**+	0.106(0.01)−	0.009(0.00)+	0.181(0.01)−	0.168(0.03)−	0.096(0.02)
DTLZ3	48.0(8.8)+	126(23)−	1.57(24)−	125(17)−	**36.7(4.8)**+	62.6(16)+	82.8(22)
DTLZ5	0.175(0.03)−	**0.089(0.01)**≈	0.148(0.02)−	0.104(0.01)−	0.211(0.02)−	0.185(0.02)−	0.099(0.03)
DTLZ6	0.748(0.27)−	1.33(0.29)−	1.57(0.33)−	0.669(0.06)+	**0.067(0.07)**+	0.245(0.2)+	0.793(0.17)
DTLZ7	0.212(0.19)+	0.185(0.11)+	0.021(0.01)+	2.26(0.28)−	**0.011(0.00)**+	0.028(0.02)+	0.537(0.33)
UF1	0.299(0.19)≈	**0.137(0.08)**+	0.4655(0.14)−	0.346(0.16)≈	0.334(0.09)−	0.311(0.05)≈	0.301(0.11)
UF2	0.189(0.07)−	0.093(0.04)+	0.030(0.01)−	0.182(0.05)−	**0.028(0.01)**+	0.035(0.01)+	0.140(0.06)
UF3	0.713(0.27)≈	0.447(0.09)+	0.399(0.50)+	0.751(0.14)−	**0.00(0.00)**+	0.038(0.21)+	0.588(0.15)
UF4	**0.018(0.00)**+	0.024(0.00)+	0.038(0.00)−	0.031(0.00)−	0.041(0.00)−	0.036(0.00)−	0.030(0.00)
UF5	1.37(0.29)≈	**1.36(0.33)**≈	1.91(0.48)−	1.72(0.42)−	1.67(0.27)−	1.56(0.32)≈	1.49(0.39)
UF6	**1.38(0.63)**+	1.42(0.64)+	2.83(0.59)−	2.38(0.78)−	2.14(0.42)−	1.98(0.36)≈	1.99(1.0)
UF7	0.342(0.18)≈	**0.131(0.07)**+	0.439(0.08)−	0.345(0.13)≈	0.313(0.03)≈	0.302(0.05)≈	0.349(0.2)
WFG1	**0.135(0.01)**+	0.218(0.03)−	0.193(0.01)−	0.271(0.06)−	0.288(0.02)−	0.247(0.03)−	0.166(0.01)
WFG2	0.109(0.01)−	0.104(0.01)−	0.148(0.01)−	0.117(0.02)−	0.160(0.01)−	0.177(0.03)−	**0.093(0.01)**
WFG3	0.124(0.00)−	0.117(0.00)≈	0.135(0.01)−	0.107(0.01)−	0.146(0.00)−	0.159(0.01)−	**0.105(0.01)**
WFG4	0.067(0.01)−	0.053(0.00)−	0.080(0.00)−	0.047(0.00)−	0.116(0.01)−	0.101(0.02)−	**0.044(0.00)**
+/−/≈	6/6/5	8/7/2	3/14/0	2/10/5	6/9/2	6/7/4	—/—/—

ABParEGO 是我们提出的算法 Adaptive Batch-ParEGO 的缩写，为了节省表格占用空间，此处对其进行了缩写。
+ 表示所对比的基线算法性能优于 Adaptive Batch-ParEGO。
− 表示所对比的基线算法性能劣于 Adaptive Batch-ParEGO。
≈ 表示所对比的基线算法性能与 Adaptive Batch-ParEGO 的结果在统计意义上相似。

多目标贝叶斯优化——面向大模型的超参调优理论

表 4.5 DTLZ,UF 和 WFG 测试问题上算法运行 30 次的 DM 均值

测试问题	ParEGO	MOEAD	ReMO	LineBO	SparseEA	MOEA/PSL	ABParEGO
DTLZ1	0.092(0.03)−	**0.171(0.09)**≈	0.127(0.04)≈	0.136(0.04)≈	0.057(0.02)−	0.098(0.05)−	0.129(0.03)
DTLZ2	0.402(0.06)−	0.463(0.06)−	**0.559(0.04)**+	0.506(0.06)≈	0.443(0.06)−	0.448(0.07)−	0.490(0.05)
DTLZ3	0.105(0.03)−	**0.180(0.01)**+	0.141(0.06)≈	0.134(0.06)≈	0.088(0.04)−	0.140(0.08)≈	0.132(0.03)
DTLZ5	0.323(0.07)−	0.248(0.06)−	0.359(0.07)−	0.345(0.07)−	0.303(0.08)−	0.360(0.09)−	**0.515(0.10)**
DTLZ6	0.159(0.05)−	0.222(0.08)≈	0.498(0.12)+	0.135(0.05)−	**0.595(0.062)**+	0.455(0.18)+	0.226(0.07)
DTLZ7	0.680(0.04)+	**0.735(0.06)**+	0.555(0.09)≈	0.690(0.10)+	0.638(0.05)≈	0.428(0.16)−	0.618(0.06)
UF1	0.571(0.11)≈	0.558(0.11)≈	**0.627(0.13)**≈	0.551(0.13)≈	0.559(0.11)≈	0.622(0.09)≈	0.592(0.10)
UF2	0.600(0.08)≈	0.571(0.08)−	0.382(0.05)−	0.614(0.10)≈	0.629(0.08)≈	0.598(0.10)≈	**0.639(0.07)**
UF3	0.359(0.13)≈	0.473(0.16)+	0.682(0.17)+	0.223(0.11)−	**1.00(0.00)**+	0.985(0.08)+	0.313(0.15)
UF4	0.608(0.06)≈	0.610(0.06)≈	**0.667(0.04)**+	0.617(0.06)≈	0.575(0.06)−	0.592(0.05)≈	0.608(0.06)
UF5	0.198(0.10)≈	0.203(0.15)≈	0.171(0.09)≈	0.160(0.07)≈	0.171(0.06)≈	0.161(0.08)≈	**0.24(0.17)**
UF6	**0.295(0.12)**≈	0.269(0.11)≈	0.262(0.10)≈	0.230(0.08)≈	0.285(0.12)≈	0.253(0.09)≈	0.286(0.1)
UF7	**0.542(0.12)**≈	0.462(0.15)≈	0.358(0.11)−	0.372(0.16)−	0.478(0.11)−	0.532(0.12)≈	0.482(0.12)
WFG1	**0.223(0.03)**+	0.821(0.02)≈	0.066(0.01)−	0.073(0.02)−	0.093(0.01)−	0.078(0.02)−	0.175(0.03)
WFG2	0.608(0.03)≈	**0.618(0.04)**≈	0.597(0.04)−	0.556(0.05)−	0.545(0.04)−	0.557(0.05)−	0.614(0.03)
WFG3	0.380(0.02)≈	0.388(0.03)−	0.465(0.03)−	0.409(0.05)−	0.371(0.03)−	0.384(0.04)−	**0.466(0.04)**
WFG4	0.603(0.03)≈	**0.676(0.026)**+	0.636(0.02)−	0.624(0.04)−	0.611(0.03)−	0.615(0.03)−	0.659(0.02)
+/−/≈	2/6/9	4/5/8	4/6/7	1/9/7	2/9/6	2/8/7	−/−/−

ABParEGO 是我们提出的算法 Adaptive Batch-ParEGO 的缩写,为了节省表格占用空间,此处对其进行了缩写。

+ 表示所对比的基线算法性能优于 Adaptive Batch-ParEGO。

− 表示所对比的基线算法性能劣于 Adaptive Batch-ParEGO。

≈ 表示所对比的基线算法性能与 Adaptive Batch-ParEGO 的结果在统计意义上相似。

表 4.6 DTLZ、UF 和 WFG 测试问题上算法运行 30 次的 CPU 计算时间(秒)均值

测试问题	ParEGO	MOEAD	ReMO	LineBO	SparseEA	MOEA/PSL	ABParEGO
DTLZ1	227(4.7)−	93.3(1.4)−	233(81)−	24.3(9.0)+	0.039(0.04)+	0.092(0.05)+	65.8(6.8)
DTLZ2	240(3.1)−	91.3(2.5)−	233(81)−	22.7(1.7)+	0.033(0.00)+	0.095(0.01)+	67.1(7.2)
DTLZ3	227(5.0)−	93.2(1.0)−	232(81)−	22.6(1.5)+	0.033(0.00)+	0.087(0.01)+	65.8(6.9)
DTLZ5	241(3.7)−	90.8(2.7)−	234(82)−	22.9(2.0)+	0.032(0.00)+	0.092(0.01)+	66.4(7.2)
DTLZ6	238(4.0)−	92.2(2.1)−	227(88)−	23.0(2.0)+	0.033(0.00)+	0.088(0.01)+	65.8(7.2)
DTLZ7	242(3.9)−	86.9(1.1)−	268(3.9)−	24.9(11)+	0.034(0.00)+	0.091(0.01)+	65.9(6.6)
UF1	262(19)−	73.0(3.5)+	248(28)−	26.2(2.7)+	0.029(0.00)+	0.098(0.02)+	77.2(1.3)
UF2	265(19)−	72.3(3.4)+	248(29)−	26.0(2.7)+	0.032(0.00)+	0.116(0.02)+	77.6(1.5)
UF3	264(18)−	72.1(3.9)+	246(29)−	26.0(2.7)+	0.034(0.00)+	0.117(0.01)+	77.7(1.2)
UF4	261(18)−	72.5(3.5)+	248(28)−	26.1(2.8)+	0.032(0.00)+	0.117(0.01)+	77.6(1.0)
UF5	259(16)−	69.7(3.6)+	247(28)−	26.2(2.8)+	0.033(0.00)+	0.108(0.01)+	77.2(1.0)
UF6	260(17)−	72.4(4.2)+	247(26)−	26.2(2.8)+	0.033(0.00)+	0.107(0.01)+	77.5(1.0)
UF7	259(17)−	73.1(3.6)+	249(27)−	26.1(2.8)+	0.032(0.00)+	0.106(0.01)+	77.3(1.2)
WFG1	284(3.2)−	93.2(5.3)−	218(11)−	23.2(3.8)+	0.028(0.00)+	0.108(0.02)+	66.9(4.2)
WFG2	284(2.4)−	103(1.2)−	221(13)−	22.5(1.5)+	0.029(0.00)+	0.094(0.01)+	68.0(5.0)
WFG3	284(3.0)−	102(1.3)−	230(18)−	30.0(9.8)+	0.034(0.00)+	0.109(0.01)+	68.1(3.5)
WFG4	289(26)−	101(1.3)−	230(12)−	31.2(10)+	0.034(0.00)+	0.105(0.02)+	67.8(3.4)
+/−/≈	0/17/0	7/10/0	0/17/0	17/0/0	17/0/0	17/0/0	−/−/−

ABParEGO 是我们提出的算法 Adaptive Batch-ParEGO 的缩写,为了节省表格占用空间,此处对其进行了缩写。

+ 表示所对比的基线算法性能优于 Adaptive Batch-ParEGO。

− 表示所对比的基线算法性能劣于 Adaptive Batch-ParEGO。

≈ 表示所对比的基线算法性能与 Adaptive Batch-ParEGO 的结果在统计意义上相似。

6. Adaptive Batch-ParEGO 和 MOEA/PSL 的性能对比分析

Adaptive Batch-ParEGO 的性能明显优于 MOEA/PSL。具体而言,Adaptive Batch-ParEGO 的 IGD 和 DM 结果都优于 MOEA/PSL,而 GD 结果与 MOEA/PSL 相近;而就 CPU 计算时间而言,Adaptive Batch-ParEGO 需要更长的计算时间。具体而言,如表 4.3 所示,两种方法在 DTLZ 问题上获得的 IGD 结果相似,但 MOEA/PSL 在 UF 和 WFG 问题上获得的 IGD 值明显更高。这些结果表明,Adaptive Batch-ParEGO 算法比 MOEA/ PSL 算法能更好地平衡收敛性和多样性。对于表 4.4 中的 GD 结果而言,两种算法的性能旗鼓相当,但 Adaptive Batch-ParEGO 略具优势,从而侧面验证了本章提出的自适应批量采样策略对促进收敛性的有效性。从表 4.5 中可以看出,Adaptive Batch-ParEGO 获得了更具多样性的帕累托最优集,这可以从在大多数多目标测试问题上都得到较高的 DM 值得到验证。然而,如表 4.6 所示,与 MOEA/PSL 相比,Adaptive Batch-ParEGO 需要更长的 CPU 计算时间,原因是 MOEA/PSL 通过无监督神经网络求解具有稀疏最优解的大规模多目标问题,从而节省大量运行时间。

4.4.3 采样策略对算法性能的影响

为了验证本章提出的自适应候选解选择策略的有效性,将其与其他选择策略在双目标获取函数框架下进行了比较,包括非支配排序(Non-dominate Sorting,NS)[12] 和参考向量(Reference Vector,RV)策略[51]。在非支配排序策略中,首先对双目标获取函数 $mop_t(x)$ 的目标向量进行非支配排序,并将目标向量划分为不同的非支配前沿面 $PF_1, PF_2, \cdots, PF_{max}$,然后依次从 $PF_1, PF_2, \cdots, PF_{max}$ 中选择候选解,直到候选解的数量达到 $B-1$。该策略主要有两种思想,从 $PF_1, PF_2, \cdots, PF_{max}$ 中按升序(NS with Ascend Order,NSA)选择候选解,或从 $PF_{max}, \cdots, PF_2, PF_1$ 中按降序(NS with Descent Order,NSD)选择候选解。此处参考向量策略中使用的参数与 RVEA[51] 中参考向量的参数设置相同。

为了进行详细比较,我们在 WFG 和 UF 问题上对上述所有选择策略进行了实验。所有选择策略都在双目标获取函数的框架下执行,每种策略在每个测试问题上运行 30 次,进行 MaxEvals=300 次函数评估,然后记录均值和误差。除了选择策略外,其他所有设置都与原始的 Adaptive Batch-ParEGO 相同。表 4.7 和表 4.8 分别展示了 4 种选择策略关于 UF 和 WFG 测试问题的 IGD 和 HV 均值。

如表 4.7 所示,自适应选点策略在 IGD 指标上明显优于其他选择策略,除 UF2、WFG3 和 WFG7 外,几乎所有测试问题的 IGD 值都是最低的。对于 UF2、WFG3 和 WFG7,NSD 的效果最好。NSD 和自适应选择策略在 WFG7 上获得了相似的 IGD 值。

表 4.7　选择策略在 DTLZ 和 WFG 问题上运行 30 次的 IGD 均值

测试问题	NSA	NSD	RV	Adaptive
UF1	3.3160E−1(3.86E−2) −	3.5490−1(3.69E−2) −	3.2410E−1(5.04E−2) −	2.3670E−1(3.86E−2)
UF2	3.0190E−1(4.15E−2) +	2.9650E−1(4.03E−2) +	3.3630E−1(3.89E−2) −	3.1320E−1(3.33E−2)
UF3	1.5806E+0(2.07E−1) −	1.6212E+0(8.24E−2) −	1.5040E+0(2.67E−1) −	1.2275E+0(1.89E−1)
UF4	3.7530E−1(1.52E−2) −	3.8670E+0(1.90E−2) −	3.7250E−1(1.64E−2) −	3.6160E−1(2.00E−2)
UF5	2.6323E+0(2.19E−1) −	2.6564E+0(1.71E−1) −	2.5559E+0(3.91E−1) −	2.1746E+0(4.02E−1)
UF6	2.2217E+0(2.44E+0) −	2.2873E+0(2.76E−1) −	2.2043E+0(2.57E−1) −	1.7121E+0(2.50E−1)
UF7	4.1900E−1(3.82E−2) −	4.2900E−1(3.98E−2) −	4.1350E−1(5.00E−2) −	3.1620E−1(6.87E−2)
WFG1	2.2381E+0(1.54E−1) −	2.3014E+0(1.30E−1) −	2.3031E+0(1.34E−1) −	1.9288E+0(7.00E−2)
WFG2	1.6088E+0(4.77E−1) −	1.8318E+0(4.73E−1) −	1.4862E+0(3.31E−1) −	1.0607E+0(1.14E−1)
WFG3	1.0146E+0(1.27E−1) −	8.9770E−1(1.35E−1) +	1.0129E+0(1.40E−1) −	9.2460E−1(3.34E−2)
WFG4	1.3282E+0(6.62E−2) −	1.2016E+0(1.89E−1) −	1.2893E+0(2.56E−1) −	8.2520E−1(4.67E−2)
WFG5	5.4870E−1(6.62E−2) −	6.0790E−1(4.84E−2) −	5.6700E−1(5.44E−2) −	4.9800E−1(2.70E−2)
WFG6	1.4811E+0(4.01E−1) −	1.3820E+0(3.25E−1) −	1.3903E+0(3.21E−1) −	1.0078E+0(2.50E−1)
WFG7	1.2326E+0(1.76E−1) −	1.1335E+0(1.40E−1) ≈	1.1960E+0(1.46E−1) −	1.1374E+0(1.65E−1)
WFG8	1.4564E+0(2.97E−1) −	1.4736E+0(3.56E−1) −	1.4390E+0(2.78E−1) −	9.0860E−1(3.33E−2)
WFG9	1.7316E+0(3.30E−1) −	1.6249E+0(3.89E−1) −	1.7760E+0(3.04E−1) −	9.9370E−17(7.94E−2)
+/−/≈	1/15/0	1/14/1	0/16/0	−/−/−

Adaptive 是我们提出的自适应选择策略的缩写，为了节省表格占用空间，此处对其进行了缩写。
+ 表示所对比的选择策略性能优于自适应选择策略。
− 表示所对比的选择策略性能劣于自适应选择策略。
≈ 表示所对比的选择策略与自适应选择策略的结果在统计意义上相似。

表 4.8　选择策略在 DTLZ 和 WFG 问题上运行 30 次的 HV 均值

测试问题	NSA	NSD	RV	Adaptive
UF1	2.6460E−1(3.58E−2) −	2.4850E−1(3.85E−2) −	2.8190E−1(4.99E−2) −	**3.8620E−1(4.11E−2)**
UF2	3.0790E−1(3.92E−2) ≈	**3.1450E−1(3.76E−2)** +	2.7610E−1(3.40E−2) −	3.0740E−1(3.86E−2)
UF3	2.5000E−3(1.39E−2) ≈	0.0000E+0(0.00E+0) ≈	1.0000E−3(5.70E−3) ≈	**3.0000E−3(1.62E−2)**
UF4	2.3520E−1(9.80E−3) −	2.2870E−1(1.29E−2) ≈	2.3670E−1(1.08E−2) ≈	**2.3690E−1(1.98E−2)**
UF5	0.0000E+0(0.00E+0) ≈	0.0000E+0(0.00E+0) ≈	0.0000E+0(0.00E+0) ≈	0.0000E+0(0.00E+0)
UF6	0.0000E+0(0.00E+0) ≈	0.0000E+0(0.00E+0) ≈	0.0000E+0(0.00E+0) ≈	0.0000E+0(0.00E+0)
UF7	8.5000E−2(4.16E−2) −	8.3600E−2(3.68E−2) −	1.1970E−1(3.89E−2) −	**1.9780E−1(6.28E−2)**
WFG1	1.3100E−2(2.60E−2) −	3.6000E−3(1.10E−2) −	3.2000E−3(7.90E−3) −	**6.5800E−2(2.78E−2)**
WFG2	3.8360E−1(6.48E−2) −	3.6690E−1(5.20E−2) −	4.0000E−1(5.18E−2) −	**4.7240E−1(2.70E−2)**
WFG3	8.6600E−2(1.33E−2) −	**1.1470E−1(1.33E−2)** +	8.8100E−2(9.10E−3) −	6.1600E−2(3.00E−3)
WFG4	1.9390E−1(1.59E−2) −	2.0880E−1(1.93E−2) ≈	2.0040E−1(1.93E−2) −	**2.3090E−1(1.23E−2)**
WFG5	3.7070E−1(8.30E−3) ≈	3.6270E−1(5.60E−3) −	3.6830E−1(7.50E−3) −	**3.7650E−1(4.60E−3)**
WFG6	1.7390E−1(1.89E−2) −	1.6930E−1(1.58E−2) −	1.8170E−1(1.87E−2) −	**2.1470E−1(1.65E−2)**
WFG7	1.2870E−1(2.16E−2) +	**1.6010E−1(2.12E−2)** +	1.3070E−1(1.86E−2) +	1.0350E−1(2.69E−2)
WFG8	1.9690E−1(1.29E−2) ≈	1.9450E−1(1.53E−2) ≈	1.9930E−1(1.49E−2) ≈	**2.0650E−1(8.50E−3)**
WFG9	1.4750E−1(1.65E−2) −	1.4440E−1(1.86E−2) −	1.4580E−1(1.22E−2) −	**1.9200E−1(6.70E−3)**
+/−/≈	1/9/6	3/9/4	1/10/5	

Adaptive 是我们提出的自适应选择策略的缩写,为了节省表格占用空间,此处对其进行了缩写。

+表示所对比的选择策略性能优于自适应选择策略。

−表示所对比的选择策略性能劣于自适应选择策略。

≈表示所对比的选择策略与自适应选择策略的结果在统计意义上相似。

在所有的测试问题中,NSA 只在 16 个问题中的一个问题上取得了最好的性能,而参考向量 RV 与其他 3 种选择策略相比,优化性能最差。上述所有结果表明,在双目标获取函数下,自适应选择策略可以更好地平衡利用和探索之间的关系。

从表 4.8 可以得出与表 4.7 非常相似的结论。总体而言,表 4.8 中的 HV 指标结果表明,自适应选点策略相较 NSA、NSD 和 RV 而言取得了显著的改进。所有选择策略在 UF5 和 UF6 上的 HV 值均为零,造成这种情况的可能原因是函数评估次数相对较少或参考点的选取不合适。对于其他测试问题而言,除 UF2、WFG3 和 WFG7 之外,自适应选择策略取得了最好的优化效果。具体而言,NSA 在 UF2、UF3、UF5、UF6、WFG5 和 WFG8 上的性能与自适应选择策略非常相近,而在 WFG7 上的性能优于选点策略。NSD 在 16 个测试问题中的 3 个问题上获得了最高的 HV 值,并在 WFG8 上获得了与选择策略相近的结果,整体性能优于 NSA。与自适应选择策略相比,RV 在大多数测试问题上的优化结果较差。综上,自适应选点策略有助于双目标获取函数在有限的函数评估次数下,搜索到很好地平衡收敛性和多样性的候选解。

4.5　神经网络超参调优任务案例分析

机器学习算法很少是无需参数的,通常需要指定控制学习速度或底层模型容量的参数。一种解是将这些参数的优化视为自动化过程。具体而言,可以将此类参数的调整视为优化未知黑盒函数,并通过贝叶斯优化方法实现该类参数的自动化调整[3]。对于连续函数,贝叶斯优化通常假设未知函数是从高斯过程采样得到的。为了选择下一次实验的超参数,贝叶斯优化方法对获取函数进行优化得到相关超参数。关于该类问题的相关研究[3,318]围绕协方差函数及其相关超参数的确定和利用多核并行技术加快调优进程等问题进行了阐述。DNGO[100] 在 CIFAR-10 和 CIFAR-100 数据集上对卷积神经网络的超参数用贝叶斯优化进行了自动调优,并在测试集上分别取得 6.37% 和 27.4% 的错误率。Successive Halving 算法[319] 将超参数调优任务作为非随机性的最佳手臂(Best-Arm)识别问题,并对手臂的收敛性不做任何假设。Hyperband 算法[320] 是上述算法的改进,其将超参数优化表述为一个纯探索性的非随机轮盘赌问题,不仅提供了理论支撑,而且取得了比其他贝叶斯优化方法更好的效果。在自然语言处理领域的预训练模型中,Ethan Perez 等人[321] 将贝叶斯优化用于模型选择策略以搜索最优模型。

为了进一步验证 Adaptive Batch-ParEGO 方法的有效性,本节以神经网络超参调优任务(Hyper-parameter Tuning of Neural Networks)为例,将其与 4.4.1 节中介绍的其他基于 EGO 的多目标贝叶斯优化方法 ParEGO 和 MOEA/D-EGO 进行了对比实验。所有算法的优化目标是通过优化相关超参数,寻找一个准确率高(即误差低)和预测时间短的神经网络。

4.5.1 问题描述

在超参调优任务中,我们的优化目标是寻找准确率高(误差低)、预测时间短的神经网络,本书使用 MNIST 数据集[322]进行相关实验。神经网络的超参数包括隐藏层数(the Number of Hidden Layers),取值范围为[1,3];每个隐藏层的神经元数(the Number of Neurons per Hidden Layer),取值范围为[50,500];学习率(Log Learning Rate),取值范围为[−10,0];丢失率(Log Dropout Rate),取值范围为[−10,0]和 L2 正则化权重惩罚(Log L2 Regularization Weight Penalties),取值范围为[−10,0]。在训练神经网络时,60 000 个实例被用作训练集,10 000 个实例作为验证集进行验证。由于高斯过程处理的变量都是连续的,所以在所有相关算法的优化过程中,所有相关超参数的取值范围都被假设为连续的。然后为了计算方便,将得到的隐藏层数和每个隐藏层的神经元数再进一步四舍五入为整数,用于模型训练和预测。

在超参调优任务中,对于所有的基线方法,用于建立高斯模型的初始点个数为 $N_{ini}=20$;最大评价数为 MaxEvals=120;神经网络训练 50 个 Epoch 用来评估验证集上的超参数值对应的模型性能。其他实验设置与第 4.4.1 节中的实验设置相同。超参调优任务的具体设置如表 4.1 所示。

4.5.2 实验结果与分析

表 4.9 展示了 ParEGO、MOEA/D-EGO 和 Adaptive Batch-ParEGO 通过优化神经网络超参数得到的非支配解。从表中可以看出,Adaptive Batch-ParEGO 的优化性能总体上优于 ParEGO 和 MOEA/D-EGO,即神经网络的平均准确率更高、预测时间更短。具体而言,ParEGO 可以在较短预测时间内搜索到具有相对准确率高的神经网络模型。然而,同时它也求得了相当糟糕的结果,即误差为 0.8865,这对于超参数调优任务而言是不可接受的。尽管 MOEA/D-EGO 获得了最多的非支配解,但总体上它比 Adaptive Batch-ParEGO 使用了更长的预测时间(大于 100s)。另外,MOEA/D-EGO 得到的非支配解(0.4931,0.8545)和(0.5492,0.7649)对于神经网络而言也是不可容忍的。Adaptive Batch-ParEGO 可以得到预测时间相对较短、错误率较低的非支配解,其搜索到的误差最大为 0.1190,与 ParEGO 和 MOEA/D-EGO 分别得到的 0.8865 和 0.5492 相比,明显更容易被接受。从图 4.6 和图 4.7 可以看出,AdaptiveBatch-ParEGO 在神经网络超参数任务上获得了不错的优化结果。

表 4.9　ParEGO、MOEA/D-EGO 和 Adaptive Batch-ParEGO 在神经网络超参调优任务上获得的最终非支配解

序号	ParEGO	MOEA/D-EGO	Adaptive Batch-ParEGO
	（错误率，预测时间）	（错误率，预测时间）	（错误率，预测时间）
1	(0.0267,468.19)	(0.0579,103.78)	(0.0409,96.45)
2	(0.0340,74.32)	(0.0548,107.38)	(0.0837,76.06)
3	(0.0342,73.16)	(0.0612,98.62)	(0.0763,76.77)
4	(0.8865,72.56)	(0.4931,85.45)	(0.0850,75.27)
5	—	(0.5492,76.49)	(0.0634,83.35)
6	—	(0.0455,125.94)	(0.1190,74.33)
7	—	(0.0349,127.96)	(0.0577,89.33)
8	—	(0.0705,89.42)	(0.0576,89.44)
9	—	(0.0290,198.66)	—
均值	(0.2454,172.06)	(0.1551,112.63)	(0.0730,82.63)

预测时间单位为 s(秒)。

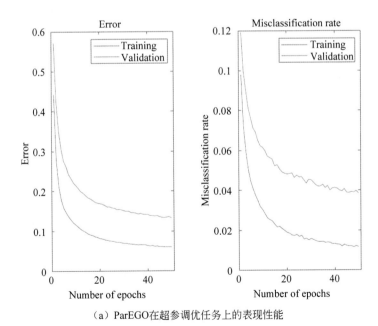

（a）ParEGO在超参调优任务上的表现性能

图 4.6　ParEGO 和 MOEA/D-EGO 在超参调优任务上的表现性能（见彩插）

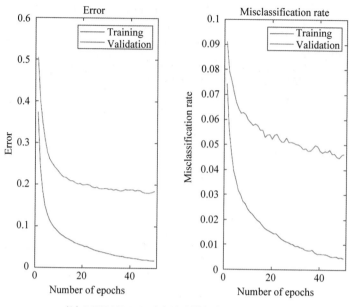

（b）MOEA/D-EGO在超参调优任务上的表现性能

图 4.6　（续）

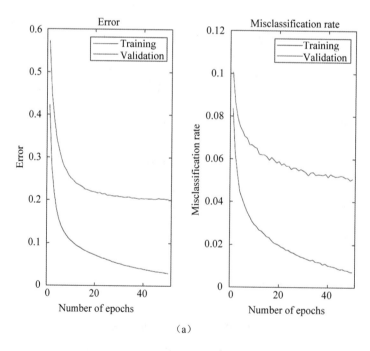

（a）

图 4.7　Adaptive Batch-ParEGO 在超参调优任务上的表现性能（见彩插）

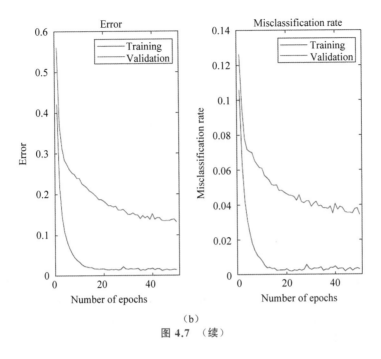

（b）

图 4.7　（续）

4.6　本章小结

　　本章提出了一种基于自适应采样的批量多目标贝叶斯优化方法（Adaptive Batch-ParEGO），以批处理的函数评估方式求解昂贵的多目标优化问题，旨在更合理地充分利用现实世界中的并行硬件计算资源。Adaptive Batch-ParEGO 将贝叶斯优化中的利用和探索当作两个子目标，提出了双目标获取函数，并利用多目标进化算法求解该双目标获取函数，实现了并行化函数评估。此外，在双目标获取函数优化过程中，我们提出了一种新的基于贪心思想的自适应选点策略，用来选择一定数量的、能更好地平衡利用和探索之间关系的解。在 DTLZ、UF 和 WFG 三个标准合成的多目标测试集和神经网络超参调优任务上，对比了现有的经典多目标贝叶斯优化方法，验证了 Adaptive Batch-ParEGO 的有效性。分析表明，在批处理的函数评估方式下，双目标获取函数和自适应选点策略可以更好地平衡利用和探索之间的关系，这也是 Adaptive Batch-ParEGO 有效性的主要来源。在未来，我们将进一步关注昂贵的多目标优化问题中的利用和探索之间的平衡关系，尤其是在高维情况下两者之间的平衡关系。

第 5 章 基于块坐标更新的高维多目标贝叶斯优化方法

5.1 引　言

第 4 章主要考虑了如何能更充分合理地利用现实世界中的并行计算资源,以加快优化算法的收敛性;同时考虑了在批处理函数评估方式下,如何能更好地平衡贝叶斯优化中利用和探索之间的关系,进而提出具有双目标获取函数和自适应采样策略的 Adaptive Batch-ParEGO 算法。虽然该算法在实现并行化函数评估的同时,能够很好地平衡解的收敛性与多样性,但是该方法主要聚焦于低维决策空间中的昂贵的多目标优化问题。在高维决策空间中,由于维度灾难(Curse of Dimensionality)[21] 和边界问题(Boundary Issue)[29],Adaptive Batch-ParEGO 的优化性能明显下降,导致优化效果很差。上述两个问题也是其他多目标贝叶斯优化方法面临的巨大挑战,包括基于 EGO、基于 HV 和基于预测熵的大多数多目标贝叶斯优化方法。此外,当前聚焦于高维多目标贝叶斯优化方法的相关研究较少。该类研究或对决策空间或目标空间的假设性过强,或没有解决因决策空间维度过高带来的维度灾难问题。所以,本章主要从上述两大挑战入手,对高维多目标贝叶斯优化方法展开研究,旨在缓解高维决策空间中的维度灾难和边界问题,有效地求解高维昂贵的多目标优化问题。

具体而言,受块坐标下降(Block Coordinate Descent,BCD)[323] 的启发,本章提出了一种有效的、泛化的基于块坐标更新的高维多目标贝叶斯优化方法(Multi-objective Bayesian Optimization with Block Coordinate Updates,Block-MOBO)。Block-MOBO 首先将高维决策变量空间划分为不同的块,并依次对这些块进行优化;不同算法迭代中块内的决策变量不同,每次迭代只考虑一个块用于构建高斯代理模型。在当前迭代中,未在块内的决策变量值与上下文向量生成策略近似。上下文向量通过从当前帕累托最优集中复制相应决策维度的值嵌入帕累托先验知识。然后,Block-MOBO 通过优化以贝叶斯和多目标方式构建的ϵ-贪心获取函数推荐下一个候选解,以解决边界问题。因此,候选解要么由具有平衡利用和探索之间关系的获取函数获得,要么以概率ϵ由嵌入帕累托支配关系即θ-支配等级(θ-Dominance Rank)的获取函数得到。本章的主要贡献可概括如下。

（1）提出了适用于高维昂贵多目标问题的 Block-MOBO,它采用块坐标更新降低决策空间的维度,每次算法迭代只考虑部分决策变量,其余变量值采用融入帕累托前沿知识的上下文向量生成。采用块坐标更新方法可以避免对高维决策空间和目标空间的过强假设,从而有效地缓解维度灾难。

（2）引入了ϵ-贪心获取函数,其从贝叶斯和多目标优化角度推荐下一个候选解;并且通过θ-支配等级融入帕累托支配关系,实现利用和探索两者之间的平衡,进而缓解边界问题导致的解质量低的问题。

（3）在三个标准合成的多目标测试问题上,对比了其他多目标贝叶斯优化方法,验证了 Block-MOBO 的有效性。

本章剩余部分组织如下。5.2 节阐述提出的基于块坐标更新的高维多目标贝叶斯优化方法框架和算法具体细节。5.3 节展示了实验设置和对比结果与分析。最后,第 5.4 节对本章内容做了总结。

5.2　基于块坐标更新的高维多目标贝叶斯优化的研究方法

本节主要详细介绍基于块坐标更新的高维多目标贝叶斯优化方法（Block-MOBO）的算法框架和具体细节。

5.2.1　算法框架

Block-MOBO 整体框架如算法 5.1 所示。具体而言,Block-MOBO 首先初始化种群 X_0、权重向量 Λ、理想点 z^* 和最差点 z^{nad} 等（步骤 1~4）。然后,该方法用原昂贵的多目标优化问题评估 X_0 得到其真实目标函数值 $F(X_0)$,并更新相关参数（步骤 5~8）。接下来,Block-MOBO 从 D 维决策变量维度中随机选择 d 维子决策变量维度进行优化（步骤 10）。然后,通过增广切比雪夫函数和 θ-支配等级（θ-Dominance Rank）计算到目前为止的已评估解的标量代价值,用于构建高斯模型和ϵ-贪心获取函数 $a_t(x)$（步骤 11~14）。接下来,Block-MOBO 通过最大化 d 维获取函数 $a_t(x)$ 推荐下一个候选解（步骤 15）,而其余的 $D-d$ 维决策变量用上下文向量进行赋值,并将子决策空间重组为 D 维决策空间（步骤 16~17）。最后,Block-MOBO 对新的候选解进行评估,并更新高斯模型和相关参数（步骤 18~21）。在 Block-MOBO 中,步骤 10~21 不断迭代,直到满足算法终止条件 Eval>MaxEvals 为止。

算法 5.1　Block-MOBO 整体框架

输入：昂贵多目标问题 MOP；最大真实函数评估次数 MaxEvals；块大小 d；初始观察点个数 N_{ini}
输出：近似帕累托最优集 P^*、近似帕累托前沿 PF^*

　　//初始化//

1：用 LHS[112] 生成 N_{ini} 个初始解：$X_0 \leftarrow \{x_1^1, x_1^2, \cdots, x_1^{N_{ini}}\}$

2：初始化权重向量 $\boldsymbol{\Lambda}$、聚合值选择概率 $Prob_s$、理想点 z^* 和最差点 z^{nad}

3：$Eval \leftarrow 0, t \leftarrow 0$

4：$P^* \leftarrow X_0, PF^* \leftarrow \varnothing$

　　//真实函数评估//

5：用原 MOP 评估初始解集 X_0 得到初始 F-值：$F(X_0) \leftarrow \{y_0, y_1, \cdots, y_{N_{ini}}\} | y_i = f(x_i), i = \{1, 2, \cdots, N_{ini}\}$

6：更新理想点 z^* 和最差点 z^{nad}

7：$PF^* \leftarrow F(X_0)$

8：$Eval \leftarrow Eval + N_{ini}$

9：**while** Eval < MaxEvals **do**

10：　　块划分得到待优化块 Cor_t^d 和非优化块 Cor_t^{D-d}：$\{Cor_t^d, Cor_t^{D-d}\} \leftarrow BlockPartition^{D-D})$

　　　　//目标函数聚合//

11：　　用算法 5.2 对目标值 $F(X_0)$ 进行聚合获得标量代价值 $S_{\lambda_t}^d$

　　　　//高斯模型//

12：　　构建用于建立高斯模型的数据集：$D_t \leftarrow \{X_t, S_{\lambda_t}^d\}$

13：　　在 D_t 上构建高斯模型：$S_{\lambda_t}^d \sim \mathcal{GP}(\boldsymbol{\mu}_t(x^d), \boldsymbol{\sigma}_t^2(x^d))$

14：　　构建ϵ-贪心获取函数 $a_t(x)$

　　　　//候选解推荐//

15：　　优化获取函数得到下一个候选解：$x_{t+1}^d \leftarrow argmax_{x^d}$

16：　　上下文向量生成：$x_{t+1}^{D-d} \leftarrow GenerateContextVector(D-d)$

17：　　$x_{t+1} \leftarrow [x_{t+1}^d, x_{t+1}^{D-d}]$

　　　　//候选解评估及更新//

18：　　用原 MOP 对 x_{t+1} 进行评估获得其 F-值：$y_{t+1} \leftarrow F(x_{t+1})$

19：　　$Eval \leftarrow Eval + 1, t \leftarrow t + 1$

20：　　$P^* \leftarrow P^* \bigcup x_{t+1}, PF^* \leftarrow PF^* \bigcup F(x_{t+1})$

21：　　更新理想点 z^* 和最差点 z^{nad}

22：**end while**

5.2.2　初始化

　　类似于其他基于 EGO 的多目标贝叶斯优化方法，Block-MOBO 首先利用拉丁超立方采样 (LHS)[309] 初始化含有 N_{ini} 个个体的解集 $X_0 = \{x_1, x_2, \cdots, x_{N_{ini}}\}$，其中 $x_i = (x_i^1, x_i^2, \cdots, x_i^D)$，$i \in [1, 2, \cdots, N_{ini}]$；同时初始化帕累托最优集 $P^* = X_0$。此外，类似 MOEA/D[15] 和 NSGA-Ⅲ[16]，Block-MOBO 还初始化如式 (4-1) 所示的一组均匀分布的权重向量 $\boldsymbol{\Lambda} =$

$\{\lambda_1, \lambda_2, \cdots, \lambda_N\}$。对于一个含有 M 个子目标的多目标优化问题，λ_j 是一个 M 维向量，即

$$\boldsymbol{\lambda}_j = (\lambda_{j,1}, \lambda_{j,2}, \cdots, \lambda_{j,M})^{\mathrm{T}}, j \in [1, 2, \cdots, N] \tag{5-1}$$

其中，$\lambda_{j,k} \geqslant 0, k \in [1, 2, \cdots, M]$，并且 $\sum_{k=1}^{M} \lambda_{j,k} = 1$。除此，理想点 z^* 和最低点 z^{nad} 分别用 X_0 的目标值 $f_j, j \in [1, 2, \cdots, M]$ 的最小值和最大值近似。在整个搜索过程中，两者的值不断被更新为截至当前目标值 $f_j, j \in [1, 2, \cdots, M]$ 的最小值和最大值。

5.2.3　函数评估与目标函数聚合

为了评估已知观察点 X_t，Block-MOBO 首先根据原昂贵的多目标优化问题计算其对应的真实目标函数值，即

$$F_t(X_t) = (f_t^1(x), f_t^2(x), \cdots, f_t^M(x))^{\mathrm{T}} \tag{5-2}$$

类似于 ParEGO，在获得目标函数值后，Block-MOBO 通过如式(4-1)所示的初始化权重向量对 M 个不同的目标值进行聚合，得到对应的标量代价值 $S_{\lambda_t}^d$（算法 5.1 中步骤 11）。不同于 ParEGO，我们针对高维决策空间中的目标聚合做了两方面调整。一方面，只在 d 维而非 D 维决策空间内对目标函数进行聚合。另一方面，提出了 ϵ-贪心聚合（ϵ-Greedy Scalarization）函数，其包含两个不同的聚合函数：增广切比雪夫函数和如定义 5.1 所示的 θ-支配等级。使用增广切比雪夫函数的目的是确保帕累托最优性；θ-支配等级则是为了在高维决策空间中寻找非支配解，并通过融入目标向量之间的 θ-支配关系[19]缓解边界问题。因此，将目标空间中的 θ-支配关系引入贝叶斯优化过程中，显式地平衡了利用和探索之间的关系，从而促进解收敛性和多样性的平衡关系。下文首先对 θ-支配等级进行定义，然后再介绍 ϵ-贪心目标聚合的详细过程。

1. θ-支配等级

θ-支配等级将多目标优化中衡量多个目标向量之间的支配关系引入多目标贝叶斯优化中，旨在显式地平衡搜索过程中利用和探索之间的关系。其具体定义如下。

定义 5.1：θ-支配等级

设 $P_t^* = X_t$ 是 d 维决策空间中当前得到的近似帕累托最优集，则 P_t^* 中的任意一个解 x_t' 至多能被其他 $|P_t^*| - 1$ 个解 θ-支配。具体而言，θ-支配等级为

$$G(x_t, P_t^*) = 1 - \frac{|\{x_t' \mid x_t' <_\theta x_t \wedge x_t \neq x_t', \forall x_t, x_t' \in P_t^*\}|}{|P_t^*| - 1} \tag{5-3}$$

其中，θ 是定义 1.4 中的 θ-支配关系。

根据上述定义，对于 P_t^* 中的解 x_t，当 P_t^* 中没有其他解 θ-支配 x_t 时，其具有最大等级值 $G(x_t, P_t^*) = 1$。相反，当其被 P_t^* 中的所有其他解 θ-支配时，$G(x_t, P_t^*) = 0$。如此，θ-支配等级保留了目标空间[20]中的 θ-支配关系。换言之，Block-MOBO 将多个目标

值之间的支配关系融入多目标贝叶斯优化方法中。θ-支配等级是在归一化目标空间 $\hat{F}(x)=(\hat{F}_1(x),\hat{F}_2(x),\cdots,\hat{F}_M(x))$ 中计算的(算法 5.2 中步骤 1),即

$$\hat{F}_i(x)=\frac{f_i(x)-z_i^*}{z_i^{\mathrm{nad}}-z_i^*},i\in[1,M] \tag{5-4}$$

其中,z^* 和 z^{nad} 分别是理想点和最差点。

如图 5.1 所示,Block-MOBO 在计算 θ-支配等级标量代价 S_{λ_t} 时,用初始化的 N 个 M 维均匀分布的权重向量 $\boldsymbol{\lambda}$,根据式(1-3)中的距离 $d_{j,2}(x)$,将当前帕累托最优集 P_t^* 划分为 N 个簇 $\boldsymbol{C}=\{C_1,C_2,\cdots,C_N\}$。每个簇中都有与之相联系的一个或多个解。图 5.1 中,距离 $d_{j,1}(x)$ 和 $d_{j,2}(x)$ 分别如式(1-2)和式(1-3)。

对于 P_t^* 中的每个解 x_t,其 $G(x_t,P_t^*)$ 的计算仅限于当前簇内,而非整个帕累托最优集 P_t^* 中。具体而言,如果一个解 $x_t\in P_t^*$ 与第 i 个簇 $C_i,i\in[1,N]$ 相关联,则 x_t 只与 C_i 中的解而非 P_t^* 中的所有解进行比较,然后确定它是否被当前簇内的其他解 θ-支配或者 θ-支配其他解。例

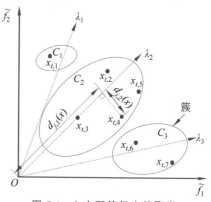

图 5.1 θ-支配等级中的聚类

如,在图 5.1 中,$x_{t,2}$ 只与簇 C_2 中的 $x_{t,3}$、$x_{t,4}$ 和 $x_{t,5}$ 比较,而不会与其他解进行比较。

2. ϵ-贪心聚合

ϵ-贪心聚合借鉴了昂贵的多目标优化问题中基于代理模型方法关于贪心利用的研究[306-308],利用上述提出的 θ-支配等级对原 M 维目标值进行聚合,以达到促进收敛性以及更好地平衡收敛性和多样性的效果。ϵ-贪心聚合过程如算法 5.2 所示。

算法 5.2 ϵ-贪心聚合

输入:M 维目标函数值 $F_t(x)$;聚合概率 ϵ
输出:标量聚合值 S_{λ_t}

1: $\hat{\boldsymbol{F}}(x)\leftarrow$ NormalizeObjectiveSpace(M)
2: **if** rand()$\geq\epsilon$ **then**
3:   $S_{\lambda_t}\leftarrow$ Tchebycheff Function$(\hat{f}_t(x))$
4: **else**
5:   $d_{j,1}(x_t)\leftarrow\dfrac{\|\hat{\boldsymbol{F}}(x)^{\mathrm{T}}\lambda_j\|}{\|\lambda_j\|}$

6：　$d_{j,2}(x_t) \leftarrow \left\| \hat{\boldsymbol{F}}(x)^{\mathrm{T}} - d_{j,1}(x_t) \dfrac{\lambda_j}{\|\lambda_j\|} \right\|$

7：　$\{C_1, C_2, \cdots, C_N\} \leftarrow \text{Cluster}(\boldsymbol{\Lambda}, P_t^*)$

8：　$\{F_1', F_2', \cdots\} \leftarrow \theta\text{-NondominatedSort}(P_t^*, \{C_1, C_2, \cdots, C_N\})$
　　$//\theta\text{-Dominance Rank}//$

9：　$S_{\lambda_t} \leftarrow \theta\text{-Dominance-Rank}(\{F_1', F_2', \cdots\})$

10：**end if**

具体而言,首先利用式(5-4)对目标函数值进行归一化,然后随机生成一个概率值 rand()。当 rand()$\geqslant\epsilon$时,Block-MOBO 中的标量代价值由式(4-2)中的增广切比雪夫函数计算得到;反之,首先根据θ-支配关系的定义,计算距离$d_{j,1}(x)$和$d_{j,2}(x)$,并根据$d_{j,2}(x)$和初始化的权重向量对当前近似帕累托最优集进行聚类,得到多个不同的簇。接下来,在每个簇内,对其中所有解进行θ-非支配排序(θ-Non-dominated Sorting)得到不同等级的帕累托前沿$\{F_1', F_2', \cdots\}$。最后,根据分级的帕累托前沿计算式(5-2)中的θ-支配等级,并将其作为标量代价值用于构建高斯代理模型。

5.2.4　块坐标更新

块坐标下降(Block Coordinate Descent,BCD)方法的有效性已在机器学习中大规模甚至超大规模的优化问题上得到验证[324-326]。其主要思想是在每次算法迭代中,BCD 方法将决策空间变量划分为不同的块,每次只最小化一个坐标块的函数值,同时保持其他块中的变量不变。对于严格凸(或拟凸、半变量或伪凸)的可微问题和不可微、可分问题,BCD 方法的全局收敛性和局部收敛性已经得到了很好的证明。受该类方法启发,将 BCD 的思想自然地借鉴到高维多目标贝叶斯优化方法中,用于求解昂贵的多目标优化问题,从而提出 Block-MOBO。块坐标更新与普通 BCD 有诸多不同。如算法 5.3 所示,块坐标更新主要包括 4 方面:块划分(Block Partition)、候选解推荐、上下文向量生成(Context Vector Generation)和块重组(如算法 5.1 中步骤 10、15～17 所示)。接下来,将对这 4 个步骤进行详细介绍。因为获取函数部分相对复杂,所以本部分相关内容将在 5.2.5 节中单独介绍。

算法 5.3　块坐标更新

1：**while** Eval$<$MaxEvals **do**

2：　$/\boldsymbol{d}_t \leftarrow \{id_t^1, id_t^2, \cdots, id_t^d\}, id_t^k \in [1, D], k \in [1, d]$
　　$//$块划分$//$

3：　$\{x_{t+1}^d, x_{t+1}^{D-d}\} \leftarrow \text{BlockPartition}(x_t^D)$
　　$//$候选解推荐$//$

4： $x_{t+1}^d \leftarrow \arg\max_{x^d} a_t(x)$

　　//上下文向量生成//

5： $x_{t+1}^{D-d} \leftarrow \text{ContextVectorGeneration}(D-d)$

　　//块重组//

6： $x_{t+1}^D \leftarrow x_{t+1}^d \bigcup x_{t+1}^{D-d}$

7： $t \leftarrow t+1$

8： **end while**

1. 块划分

在每次算法迭代中，Block-MOBO 首先将 D 维决策空间 x_D 随机划分为 x_d 和 x_{D-d} 两个不相交的块，即 $x_D = x_d \bigcup x_{D-d}$ 且 $x_d \bigcap x_{D-d} = \varnothing$，其中 $1 < d \ll D$。x_d 和 x_{D-d} 两个块随算法迭代而发生变化，即 x_t^d 和 x_{t+1}^d 在不同的算法迭代过程中包含不同的决策变量维度。在每次迭代中，Block-MOBO 只考虑优化块 x_d。换言之，Block-MOBO 每次迭代只需要求解 d 维多目标优化问题，即

$$\min \boldsymbol{F}_d(x) = (f_1(x), f_2(x), \cdots, f_M(x))^{\mathrm{T}}, x \in R^d \tag{5-5}$$

且不同算法迭代中的 d 维多目标问题是不同的。此处不考虑 $d=1$ 的情况，主要是出于两方面考虑。首先，我们只关注 $D \geqslant 10$ 维的昂贵的多目标问题。在此类问题中，如果将所有 D 维决策变量逐个维度优化，则在有限的函数评估次数范围内，可能会出现只能优化 D 个决策维度中部分维度的情况，并不能保证所有维度都可以被优化。其次，由于多目标优化问题的可分性及决策空间与目标空间之间的复杂映射关系，每次只优化一个维度可能会影响 M 个子目标之间的平衡关系。

2. 上下文向量生成

如何在每次迭代中只考虑块 x^d 的情况下保证收敛性是一个关键点。在本书中，用嵌入帕累托最优知识的上下文向量赋值给包含 $D-d$ 个决策维度的、未被考虑的块，以促进收敛。具体而言，Block-MOBO 从当前帕累托最优集 P^* 中以概率 $1-p$ 复制 x^* 相应的 $D-d$ 维决策变量值作为上下文向量，即

$$x^* = \arg\min F(x), x_{t+1}^{D-d} = [x^*]^{D-d} \tag{5-6}$$

而以概率 p 将上下文决策向量取值为决策变量取值范围内的随机值，即 $x_{t+1}^{D-d} = \text{uniform}(x_{D-d})$。如果 P^* 中有多个解，选择具有最小标量代价值 $S_{\lambda_t}^{D-d}$ 的解用于赋值（算法 5.1 步骤 11）。

3. 块重组

因为当前优化过程只聚焦于 d 维决策子空间，所以获取函数 $a_t(x)$ 也是在 d 维空间中优化的。通过优化 $a_t(x)$，可以得到下一个 d 维候选解。为了在原 D 维决策空间中对

候选解进行真实函数评估,将当前 d 维候选解和上下文向量生成的 $D-d$ 维解进行重组,得到原决策空间中的完整候选解 x_{t+1}^{D} 用于真实函数评估,即 $x_{t+1}^{D} \leftarrow x_{t+1}^{d} \bigcup x_{t+1}^{D-d}$。

通过块坐标更新,Block-MOBO 因为每次只需考虑 D 维决策空间中的 d 维子决策空间,既缓解了高维决策空间带来的维度灾难问题,又进一步提高了获取函数的优化效率。

5.2.5　ϵ-贪心获取函数

在贝叶斯优化方法中,平衡利用和探索之间关系的获取函数旨在充分利用已知和未知信息,进行全局最优搜索。然而,当前大多数多目标贝叶斯优化方法中的获取函数忽略了多目标优化中目标向量之间的帕累托支配关系,导致通过优化获取函数得到的候选解经常被已评估解支配。这加剧了多目标贝叶斯优化方法在高维决策空间中的边界问题[29],又称过度搜索[98],即将太多评估代价花费在搜索空间的边界附近。随着决策空间维度 D 的增加,这种情况将变得更加严重。图 5.2(a) 和图 5.2(b) 分别展示了 ParEGO 在 $D=20$ 和 $D=40$ 维 DTLZ2 问题上的边界问题。其中绿色点表示由 LHS 采样得到的初始解(图中 LHS),橙色点代表 ParEGO 进行 MaxEvals＝300 次函数评估、最大化 EI 得到的候选解(图中 Infill points)。从图 5.2 中可以看出,大多数非支配解由 LHS 初始化得到,而由获取函数获得的候选解大多位于搜索边界上,被初始解支配;当 $D=40$ 时,几乎所有的候选解都在边界上。文献[306-308]表明,虽然静态平衡利用和探索之间关系的解可能是最优解,但通过任何固定的利用-探索权重选择的解并不能保证收敛性。为了强调该问题,我们提出了 ϵ-贪心(ϵ-greedy)获取函数(算法 5.1 中步骤 14),其将多目标优化目标空间中的帕累托支配关系引入优化过程,以进一步促进候选解收敛性和多样性之间的平衡。

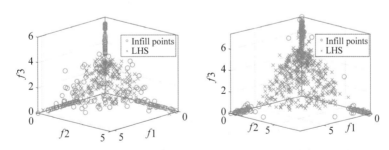

(a) 20维DTLZ2上的初始解和候选解　　(b) 40维DTLZ2上的初始解和候选解
图 5.2　ParEGO 中的边界问题示例(见彩插)

ϵ-贪心获取函数的定义基于上节提出的 ϵ-贪心聚合函数,具体定义如式(5-7)所示。

$$a_t^d(x) = \begin{cases} E(\max(S_{\lambda_t} - S_{\max}), 0) & p < \epsilon \\ E(\max(S_{\min} - S_{\lambda_t}), 0) & p \geqslant \epsilon \end{cases} \tag{5-7}$$

其中，$S_{\max}$ 和 $S_{\min}$ 分别是当前 θ-支配等级和增广切比雪夫值的最优值。具体而言，ϵ-贪心获取函数定义如下。

如果 $p < \epsilon$，那么 ϵ-贪心获取函数为

$$a_t^d(x) = (\hat{S}_{\lambda_t} - S_{\max})\Phi\left(\frac{\hat{S}_{\lambda_t} - S_{\max}}{s}\right) + s\phi\left(\frac{\hat{S}_{\lambda_t} - S_{\max}}{s}\right) \tag{5-8}$$

如果 $p \geqslant \epsilon$，那么 ϵ-贪心获取函数为

$$a_t^d(x) = (S_{\min} - \hat{S}_{\lambda_t})\Phi\left(\frac{S_{\min} - \hat{S}_{\lambda_t}}{s}\right) + s\phi\left(\frac{S_{\min} - \hat{S}_{\lambda_t}}{s}\right) \tag{5-9}$$

其中，$\hat{S}_{\lambda_t}$ 是 DACE 预测器，s 是用于衡量不确定性的均方根误差（Root Mean Squared Error，RMSE）[37]，p 是初始概率值 $p = \mathrm{rand}()$，$\Phi(\cdot)$ 和 $\phi(\cdot)$ 分别是正态分布的分布函数和概率密度函数。

ϵ-贪心获取函数随标量代价 $\hat{S}_{\lambda_t}$ 单调递减，随不确定性 s 单调递增。通过优化该获取函数得到的候选解，要么能够很好地平衡收敛性和多样性之间的关系，要么以概率 ϵ 保持多目标优化目标空间中的帕累托支配关系，使得候选解尽可能地不被已评估解支配，从而缓解高维决策空间中的边界问题。

5.2.6 高斯模型及候选解推荐

算法 5.1 中高斯代理模型(步骤 13)和获取函数的优化(步骤 15)是在 d 维决策子空间进行的。在得到标量代价值后，可以得到用于建立高斯模型的已知观察点集，即

$$D_{1:t} = \left\{ x_t, y_t \mid y_t = \hat{S}_{\lambda_t}, t = \{1, 2, \cdots, T\}, T = \left\lfloor \frac{\mathrm{MaxEvals}}{B} \right\rfloor \right\} \tag{5-10}$$

其中，$x_t = \{x_t^1, x_t^2, \cdots, x_t^{N_{\mathrm{res}}}\}$，$\hat{S}_{\lambda_t}$ 是 5.2.3～5.2.5 节得到的标量代价值。建立在标量成本上的高斯模型为

$$S_{\lambda_t}^d \sim \mathcal{GP}(\mu_t(x), \sigma_t^2(x)) \tag{5-11}$$

其中，高斯代理模型的均值函数和方差函数分别为 $\mu_t(x)$ 和 $\sigma_t^2(x)$。因为高斯模型是建立在 d 维而非 D 维决策空间，所以降低了决策空间维度。给定当前高斯代理模型，新的 d 维候选解 x_{t+1}^d 的标量代价值的预测值分布为

$$P(x_{t+1}^d \mid (x_{1:t}^d, y_{1:t}^d)) \sim \mathcal{GP}(\mu_{t+1}(x), \sigma_{t+1}^2(x)) \tag{5-12}$$

接下来，在 d 维子空间上建立 ϵ-贪心获取函数 $a_t^d(x)$，并对其进行优化获得下一个候选解，即

$$x_{t+1}^d = \arg\max a_t^d(x) \tag{5-13}$$

得到 d 维子空间上的候选解 x_{t+1}^d 后,采用块重组(算法 5.1 步骤 17)得到 D 维决策空间中的下一个候选解,即

$$x_{t+1} = x_{t+1}^d \bigcup x_{t+1}^{D-d} \tag{5-14}$$

最后,对新的候选解 x_{t+1} 用原昂贵的多目标优化问题进行评估得到其对应的 F-值,同时更新理想点 z^*、最差点 z^{nad}、当前帕累托最优解 P^* 和帕累托最优前沿 PF^* 等(算法 5.1 步骤 19～21),用于下一个算法迭代中高斯代理模型的构建。

5.3　实　　验

本节主要介绍用于验证 Block-MOBO 有效性的实验设置和结果与分析。具体而言,5.3.1 节介绍具体的实验设置;5.3.2 节介绍所有相关算法在标准多目标测试集上的实验结果和分析;5.3.3 节和 5.3.4 节分析块坐标更新和 ϵ-贪心获取函数对 Block-MOBO 优化性能的影响;5.3.5 节和 5.3.6 节分别分析块大小 d 和上下文向量对 Block-MOBO 优化性能的影响。

5.3.1　实验设置

为了验证 Block-MOBO 的有效性,将其与其他 9 种基线方法在 3 个标准多目标测试问题上进行了对比分析实验。

1. 基线方法

9 种基线方法包括随机搜索(Random Search,RS)、多目标进化算法 NSGA-Ⅱ[12] 和 SMS-EMOA[327],以及多目标贝叶斯优化方法 ParEGO[38]、MOEA/D-EGO[40]、ReMO[97]、Multi-LineBO、K-RVEA[50] 和 MOEA/D-ASS[44]。其中,Multi-LineBO 是单目标贝叶斯优化方法 LineBO[80] 的变体方法。

2. 测试问题

3 个标准多目标测试问题包括 DTLZ[159]、WFG[36] 和 mDTLZ[168]。所有问题都采用 3 个优化目标。

3. 评价指标

为了对比所有相关方法,本章采用了 2.6 节中介绍的反世代距离(IGD)[30]、世代距离(GD)[171]、豪斯多夫距离(Δ_p)[174]、超体积(HV)和 CPU 计算时间等评价指标对优化结果进行评价与分析,从而衡量相关算法的优化性能。

4. 实现细节

所有相关方法的初始解个数为 $N_{\text{ini}} = 11D - 1$。每个算法在每个测试实例上独立运

行 30 次的平均度量值作为最终结果。所有方法在标准多目标测试问题上的最大函数评估次数为 MaxEvals＝N_{ini}＋200。在归一化目标空间中，用于计算 HV 的参考点为 $r=[1.0]^M$。块大小，即子决策空间维度为 $d=5$。ϵ-贪心获取函数中的选择概率为 $\epsilon=0.1$。为了保证强统计有效性，对所有的相关结果进行了非参数统计测试，即 Wilcoxon 秩和检验，其中显著性水平为 $\alpha=5\%$。所有相关实验均采用 PlatEMO 优化平台实现。

5.3.2　标准合成测试集上的对比结果

表 5.1 和表 5.2 分别展示了当 $D=\{10,20,30,40,50\}$ 时所有相关方法在 DTLZ 问题上运行 30 次的 IGD 和豪斯多夫距离 Δ_p 均值。同时，为了对多目标贝叶斯优化方法进行进一步比较分析，表 5.3 还展示了相关多目标贝叶斯基线方法 ParEGO、MOEA/D-EGO、ReMO、Multi-LineBO 和 K-RVEA 与 Block-MOBO 在 DTLZ 问题上运行 30 次的 GD 均值。除此，还在图 5.3 中展示了相关多目标贝叶斯优化方法的 CPU 计算时间，以及 Block-MOBO 相对于 ParEGO 算法的详细 CPU 计算时间的改进幅度。由于篇幅限制，在附录 A 中提供了所有基线方法关于 mDTLZ 问题的 IGD、GD、Δ_p 和 CPU 计算时间的最终结果。结果表明，Block-MOBO 显著优于其他基线方法。下面给出 Block-MOBO 与随机搜索、多目标进化算法和多目标贝叶斯优化方法的详细对比结果和分析。

1. Block-MOBO 和随机搜索与多目标进化算法的性能对比分析

Block-MOBO 的优化性能显著优于随机搜索以及多目标进化算法 NSGA-Ⅱ 和 SMS-EMOA。如表 5.1 和表 5.2 所示，无论是 IGD 值还是 Δ_p，在相同的函数评估次数范围内，随机搜索和多目标进化算法的性能都劣于 Block-MOBO。具体而言，Block-MOBO 在 30 个问题上取得的 IGD 值均远低于随机搜索和多目标进化算法。就表 5.2 中的 Δp 而言，除在 10 维 DTLZ2 问题上，随机搜索、多目标进化算法和 Block-MOBO 取得了相似的结果外，Block-MOBO 在其他问题上都取得了远比随机搜索和多目标进化算法更低的 Δ_p 值。以上结果说明，Block-MOBO 得到的最终解集能更好地平衡收敛性和多样性。

2. Block-MOBO 和基于 EGO 的多目标贝叶斯优化方法的性能对比分析

Block-MOBO 的优化性能显著优于基于 EGO 的多目标贝叶斯优化方法 ParEGO 和 MOEA/D-EGO，相关基线多目标贝叶斯优化方法的 CPU 计算时间性能如图 5.3 所示。具体而言，如表 5.1～表 5.3 所示，ParEGO 和 MOEA/D-EGO 的 IGD、Δ_p 和 GD 性能远差于 Block-MOBO，这说明这两种方法在高维决策空间中，对解的收敛性和多样性的平衡性能以及收敛性都弱于 Block-MOBO。在不可分的 DTLZ6 和 DTLZ7 上，ParEGO 优于 Block-MOBO。其原因可能是基于块坐标更新的 Block-MOBO 算法只能保证对不可微可分问题的全局收敛性[156]，而对不可分问题的收敛性有待进一步研究。同时，

MOEA/D-EGO 在不可分的 DTLZ6 上优于 Block-MOBO,而在具有不连续帕累托前沿的 DTLZ7 上优化结果较差,其原因可能是不连续的 DTLZ7 对基于分解的方法是一个巨大的挑战。关于 ParEGO 和 MOEA/D-EGO 在 DTLZ6 和 DTLZ7 上的更多详细性能分析见第 4 章中 4.4.2 节内容。虽然 ParEGO 在 GD 上的性能优于 Block-MOBO,但如图 5.3(a)所示,其计算时间随决策空间维度 D 呈指数增长,维度灾难现象严重。同时,从图 5.3(b) 中 Block-MOBO 相对于 ParEGO 的 CPU 计算时间的具体改进可以看出,Block-MOBO 对计算复杂度的改进幅度随决策空间维度增长而增长。综合 IGD 和 Δ_p,ParEGO 的优化性能远差于 Block-MOBO。

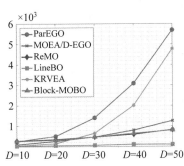

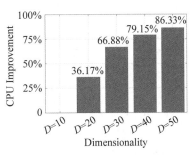

（a）多目标贝叶斯优化方法的CPU计算时间　（b）Block-MOBO相对于ParEGO的CPU计算时间的具体改进

图 5.3　相关基线多目标贝叶斯优化方法的 CPU 计算时间性能(见彩插)

3. Block-MOBO 和基于随机嵌入的多目标贝叶斯优化方法的性能对比分析

Block-MOBO 的优化性能优于基于随机嵌入的方法 ReMO 和 Multi-LineBO。虽然 ReMO 与 Block-MOBO 取得了相似的 IGD 结果,但除不可分的 DTLZ6 和 DTLZ7 外,Δ_p 和 GD 的结果明显差于 Block-MOBO。此外,ReMO 假设决策空间中的变量分为重要和不重要的变量,只有重要的变量才影响目标函数值,这种对决策空间的过强假设导致其使用范围具有较强的局限性。Multi-LineBO 在一维子空间中优化 D 维昂贵的多目标优化问题,导致其优化性能与 Block-MOBO 相比显著降低,尤其是相对于 IGD 和 Δ_p 而言。虽然 ReMO 和 Multi-LineBO 在平衡收敛性和多样性方面的性能有所降低,但从图 5.3(a)中可以看出,其确实缓解了高决策空间中的维度灾难问题,即其计算复杂度不再随决策空间维度呈指数增长。

4. Block-MOBO 和 K-RVEA 的性能对比分析

如表 5.1～表 5.3 所示,就 IGD 和 Δ_p 而言,Block-MOBO 优化性能明显优于 K-RVEA,而 GD 结果却明显差于 K-RVEA。K-RVEA 是针对多目标问题(目标个数大于 3 个的多目标优化问题)提出的优化算法,其大大提升了收敛性方面的性能。然而,如图 5.3

表 5.1 DTLZ 测试问题上所有算法运行 30 次的 IGD 均值

测试问题	D	RS	NSGA-II	EMOA	ParEGO	MOEA/D	ReMO	LineBO	K-RVEA	ASS	Block
DTLZ1	10	1.11E+2−	1.08E+2−	1.15E+2−	**6.31E+1≈**	8.91E+1−	8.67E+1−	1.21E+2−	7.57E+2−	6.02E+1≈	**6.67E+1**
	20	3.66E+2−	3.53E+2−	3.73E+2−	2.25E+2≈	2.51E+2−	2.25E+2−	3.55E+2−	3.19E+2−	2.80E+2−	**1.95E+2**
	30	6.00E+2−	6.12E+2−	6.16E+2−	6.23E+2−	5.36E+2≈	**3.51E+2+**	6.35E+2−	5.53E+2−	—	4.66E+2
	40	8.92E+2−	9.08E+2−	9.00E+2−	8.82E+2−	7.69E+2≈	**4.75E+2+**	9.10E+2−	8.52E+2−	—	7.89E+2
	50	1.18E+3−	1.18E+3−	1.17E+3−	1.16E+3−	1.13E+3−	**5.99E+2+**	1.23E+3−	1.19E+3≈	—	1.06E+3
DTLZ2	10	3.37E−1−	3.40E−1−	3.39E−1−	3.77E−1−	3.26E−1−	3.97E−1−	4.07E−1−	1.22E−1+	**8.07E−2+**	2.69E−1
	20	8.27E−1−	8.29E−1−	8.50E−1−	8.29E−1−	5.96E−1−	8.74E−1−	8.93E−1−	4.76E−1≈	**1.22E−1+**	4.46E−1
	30	1.43E+0−	1.41E+0−	1.43E+0−	1.46E+0−	7.96E−1−	1.48E+0−	1.52E+0−	1.01E+0−	—	**6.43E−1**
	40	2.02E+0−	2.03E+0−	2.00E+0−	2.05E+0−	**1.27E+0≈**	2.16E+0−	2.11E+0−	1.42E+0−	—	**1.33E+0**
	50	2.71E+0−	2.62E+0−	2.65E+0−	2.72E+0−	**2.01E+0≈**	2.75E+0−	2.72E+0−	**2.35E+0≈**	—	**2.07E+0**
DTLZ3	10	3.20E+2−	3.19E+2−	3.6E+2−	1.74E+2−	1.98E+2−	1.88E+2−	3.26E+2−	2.34E+2−	**1.31E+2≈**	1.59E+2
	20	1.03E+3−	1.01E+3−	1.04E+3−	4.76E+2≈	5.38E+2≈	**4.5E+2≈**	1.07E+3−	8.67E+2−	6.81E+2−	4.76E+2
	30	1.91E+3−	1.92E+3−	1.87E+3−	1.76E+3−	9.77E+2+	**7.00E+2+**	1.9E+3−	1.63E+3−	—	1.10E+3
	40	2.80E+3−	2.77E+3−	2.76E+3−	2.75E+3−	2.04E+3≈	**9.50E+2+**	2.79E+3−	2.45E+3−	—	1.96E+3
	50	3.65E+3−	3.62E+3−	3.64E+3−	3.64E+3−	2.89E+3≈	**1.20E+3+**	3.75E+3−	3.38E+3−	—	2.95E+3
DTLZ5	10	2.72E−1−	2.51E−1−	2.49E−1−	2.61E−1−	2.53E−1−	3.02E−1−	3.24E−1−	8.15E−2+	**2.41E−2+**	1.21E−1
	20	7.25E−1−	7.87E−1−	7.67E−1−	7.53E−1−	5.12E−1−	8.20E−1−	8.55E−1−	3.94E−1−	3.78E−1−	**3.33E−1**
	30	1.37E+0−	1.35E+0−	1.35E+0−	1.35E+0−	7.14E−1≈	1.35E+0−	1.41E+0−	7.98E−1−	—	**6.04E−1**
	40	1.99E+0−	1.97E+0−	1.98E+0−	2.04E+0−	**1.20E+0≈**	2.04E+0−	1.98E+0−	1.38E+0≈	—	**1.31E+0**
	50	2.65E+0−	2.56E+0−	2.61E+0−	2.62E+0−	1.96E+0≈	2.64E+0−	2.61E+0−	2.21E+0≈	—	**1.96E+0**

续表

测试问题	D	RS	NSGA-Ⅱ	EMOA	ParEGO	MOEA/D	ReMO	LineBO	K-RVEA	ASS	Block
DTLZ6	10	6.58E+0−	6.41E+0−	6.59E+0−	1.15E+0+	1.93E+0≈	7.93E−1+	6.48E+0−	2.86E+0−	1.92E+0≈	**1.86E+0**
	20	1.52E+1−	1.53E+1−	1.54E+1−	7.22E+0≈	6.88E+0+	**2.23E+0**+	1.51E+1−	1.01E+1−	8.60E+0−	8.04E+0
	30	2.41E+1−	2.41E+1−	2.41E+1−	1.69E+1+	1.31E+1+	4.16E+0+	2.40E+1+	**1.83E+1**≈	—	**1.95E+1**
	40	3.30E+1−	3.30E+1−	3.29E+1−	2.70E+1+	2.12E+1+	**5.24E+0**+	3.28E+1+	2.80E+1≈	—	2.93E+1
	50	4.17E+1−	4.18E+1−	4.18E+1−	3.68E+1+	3.11E+1+	**7.77E+0**+	4.17E+1+	3.80E+1≈	—	3.95E+1
DTLZ7	10	6.16E+0−	5.63E+0−	5.95E+0−	1.65E−1−	2.44E−1+	1.14E+0−	6.32E+0−	1.53E−1−	1.02E−1+	6.63E−1
	20	7.47E+0−	7.93E+0−	8.06E+0−	2.27E−1+	2.86E+0−	1.38E+0≈	7.95E+0−	2.43E−1+	1.16E−1+	1.26E+0
	30	8.65E+0−	8.40E+0−	8.33E+0−	**6.68E−1**+	6.29E+0−	1.50E+0+	8.70E+0−	2.79E+0−	—	1.89E+0
	40	8.70E+0−	8.91E+0−	8.95E+0−	**1.22E+0**+	7.34E+0−	1.51E+0+	9.18E+0−	4.30E+0≈	—	1.78E+0
	50	9.37E+0−	9.27E+0−	9.28E+0−	2.08E+0+	8.63E+0−	**1.54E+0**+	9.27E+0−	8.26E+0−	—	2.98E+0
+/−/≈		**0/30/0**	**0/30/0**	**0/30/0**	**9/17/4**	**6/13/11**	**13/13/4**	**0/30/0**	**5/15/10**	**5/4/3**	**−/−/−**

＋表示所对比的基线算法性能优于 Block-MOBO。

－表示所对比的基线算法性能劣于 Block-MOBO。

≈表示所对比的基线算法性能与 Block-MOBO 的结果在统计意义上相似。

表 5.2　DTLZ 测试问题上所有算法运行 30 次的 Δ_p 均值

测试问题	D	RS	NSGA-II	EMOA	ParEGO	MOEA/D	ReMO	LineBO	K-RVEA	Block
DTLZ1	10	2.71E+2−	2.69E+2−	2.66E+2−	9.93E+1≈	1.72E+2−	2.25E+2−	2.67E+2−	2.24E+2−	**1.02E+2**
	20	6.29E+2−	6.28E+2−	6.34E+2−	4.28E+2−	5.61E+2−	6.07E+2−	6.39E+2−	5.63E+2−	**3.51E+2**
	30	1.00E+3−	1.01E+3−	1.00E+3−	9.63E+2−	9.64E+2−	9.86E+2−	1.01E+3−	9.11E+2−	**7.57E+2**
	40	1.37E+3−	1.39E+3−	1.37E+3−	1.35E+3−	1.36E+3−	1.36E+3−	1.40E+3−	1.30E+3−	**1.24E+3**
	50	1.75E+3−	1.75E+3−	1.75E+3−	1.74E+3−	1.74E+3−	1.75E+3−	1.76E+3−	1.68E+3≈	**1.62E+3**
DTLZ2	10	4.74E−1≈	4.62E−1≈	4.71E−1≈	7.55E−1−	3.78E−1≈	6.16E−1−	5.90E−1−	1.22E−1+	4.31E−1
	20	1.14E+0−	1.17E+0−	1.16E+0−	1.65E+0−	9.66E−1−	1.35E+0−	1.24E+0−	5.87E+0+	**7.45E−1**
	30	1.92E+0−	1.90E+0−	1.89E+0−	2.36E+0−	1.55E+0−	2.10E+0−	1.97E+0−	1.27E+0≈	**1.13E+0**
	40	2.64E+0−	2.66E+0−	2.65E+0−	3.27E+0−	2.32E+0−	2.85E+0−	2.70E+0−	1.85E+0≈	2.00E+0
	50	3.41E+0−	3.40E+0−	3.40E+0−	3.77E+0−	3.15E+0−	3.65E+0−	3.47E+0−	2.89E+0≈	2.95E+0
DTLZ3	10	6.66E+2−	6.52E+2−	6.50E+2−	2.20E+2≈	4.25E+2−	5.62E+2−	6.52E+2−	5.29E+2−	**2.28E+2**
	20	1.60E+3−	1.62E+3−	1.65E+3−	8.83E+2−	1.24E+3−	1.53E+3−	1.63E+3−	1.34E+3−	**7.57E+2**
	30	2.62E+3−	2.63E+3−	2.62E+3−	2.33E+3−	2.35E+3−	2.42E+3−	2.64E+3−	2.28E+3−	**1.67E+3**
	40	3.63E+3−	3.63E+3−	3.62E+3−	3.50E+3−	3.40E+3−	3.42E+3−	3.64E+3−	3.27E+3−	**2.87E+3**
	50	4.65E+3−	4.65E+3−	4.65E+3−	4.52E+3−	4.49E+3−	4.39E+3−	4.68E+3−	4.30E+3−	**3.94E+3**
DTLZ5	10	4.69E−1−	4.69E−1−	4.37E−1−	7.58E−1−	3.61E−1−	6.90E−1−	5.73E−1−	1.18E−1+	2.52E−1
	20	1.17E+0−	1.19E+0−	1.20E+0−	1.67E+0−	9.83E−1−	2.06E+0−	1.27E+0−	6.22E−1≈	**7.15E−1**
	30	1.96E+0−	1.94E+0−	1.97E+0−	2.47E+0−	1.63E+0−	3.48E+0−	2.03E+0−	2.80E+0−	**1.18E+0**
	40	2.71E+0−	2.72E+0−	2.74E+0−	3.28E+0−	2.46E+0−	4.40E+0−	2.74E+0−	1.21E+0+	2.20E+0
	50	3.45E+0−	3.47E+0−	3.45E+0−	4.00E+0−	3.38E+0−	5.59E+0−	3.56E+0−	2.95E+0≈	3.05E+0

续表

测试问题	D	RS	NSGA-II	EMOA	ParEGO	MOEA/D	ReMO	LineBO	K-RVEA	Block
DTLZ6	10	7.21E+0−	7.21E+0−	7.21E+0−	2.58E+0+	3.67E+0≈	5.39E+0−	7.23E+0−	4.70E+0−	**3.31E+0**
	20	1.63E+1−	1.63E+1−	1.63E+1−	**1.07E+1+**	1.30E+1−	1.45E+1−	1.62E+1−	1.21E+1≈	1.16E+1
	30	2.54E+1−	2.53E+1−	2.54E+1−	2.08E+1+	2.39E+1≈	2.35E+1+	2.53E+1−	**2.27E+1+**	2.43E+1
	40	3.44E+1−	3.44E+1−	3.44E+1−	3.22E+1+	3.39E+1+	3.24E+1+	3.44E+1−	**3.30E+1+**	3.41E+1
	50	4.35E+1−	4.35E+1−	4.35E+1−	4.27E+1+	4.31E+1+	4.13E+1+	4.35E+1−	**4.26E+1+**	4.33E+1
DTLZ7	10	1.00E+1−	9.67E+0−	9.92E+0−	6.35E−1+	5.38E−1+	1.14E+0≈	9.95E+0−	**1.53E−1+**	9.90E−1
	20	1.02E+1−	1.04E+1−	1.06E+1−	6.19E−1+	4.64E−1−	1.38E+0≈	1.05E+1−	**2.43E−1+**	1.29E+0
	30	1.09E+1−	1.06E+1−	1.06E+1−	1.50E+0+	8.51E+0−	1.50E+0+	1.08E+1−	3.46E+0≈	**2.37E+0**
	40	1.08E+1−	1.10E+1−	1.08E+1−	2.70E+0≈	1.00E+1−	**1.51E+0+**	1.09E+1−	5.48E+0≈	2.47E+0
	50	1.10E+1−	1.10E+1−	1.12E+1−	4.44E+0−	1.03E+1−	**1.54E+0+**	1.12E+1−	9.60E+0−	3.48E+0
+/−/≈		0/29/1	0/29/1	0/29/1	8/19/3	3/24/3	6/22/2	0/30/0	9/14/7	−/−/−

+表示所对比的基线算法性能优于 Block-MOBO。

−表示所对比的基线算法性能劣于 Block-MOBO。

≈表示所对比的基线算法性能与 Block-MOBO 的结果在统计意义上相似。

表 5.3 DTLZ 测试问题上所有算法运行 30 次的 GD 均值

测试问题	D	ParEGO	MOEA/D-EGO	ReMO	Multi-LineBO	K-RVEA	Block-MOBO
DTLZ1	10	**20.9±3.3**≈	48±7.4—	64.3±12—	47.6±4.8—	40.3±4.6—	**23.2±4.9**
	20	103±18—	108±20—	124±12—	79.7±4.6≈	74.4±55—	**78.2±18**
	30	110±7.8+	129±24+	166±8.4—	105±5.2+	**104±63**+	142±19
	40	129±5.4+	148±27≈	199±14—	124±5.6+	**117±15**+	149±11
	50	146±6.3+	150±12+	232±15—	141±7.9+	**124±26**+	170±17
DTLZ2	10	0.133±0.02≈	0.072±0.02≈	0.105±0.01—	0.085±0.01—	**0.014±0.01**+	0.074±0.01
	20	0.242±0.02—	0.180±0.03—	0.216±0.02—	0.173±0.01—	**0.102±0.01**+	0.150±0.03
	30	0.299±0.03—	0.288±0.05—	0.277±0.01—	0.243±0.02≈	**0.218±0.02**+	0.245±0.05
	40	0.359±0.03+	0.358±0.04+	**0.343±0.03**+	0.317±0.02+	**0.328±0.01**+	0.393±0.04
	50	0.400±0.03+	0.483±0.04+	0.424±0.04+	**0.381±0.03**+	0.401±0.06—	0.490±0.06
DTLZ3	10	**46.2±8.5**≈	131±19—	156±23—	128±17—	104±9.8—	50.4±8.4
	20	209±27≈	348±41—	346±44—	253±32—	232±22—	**189±34**
	30	394±38≈	582±95—	506±46—	347±25≈	**358±30**≈	**375±53**
	40	450±48+	571±100≈	655±83—	438±21+	**453±38**+	590±79
	50	535±27+	612±106+	755±71≈	483±31+	**516±92**+	727±85
DTLZ5	10	0.171±0.03—	0.092±0.01—	0.142±0.02—	0.105±0.01—	**0.027±0.00**+	0.063±0.02
	20	0.274±0.03—	0.225±0.05—	0.347±0.03—	0.190±0.02≈	**0.110±0.02**+	0.178±0.04
	30	0.334±0.04—	0.331±0.03—	0.486±0.06—	0.266±0.03—	**0.227±0.02**+	0.274±0.05
	40	0.377±0.03+	0.432±0.06≈	0.573±0.06—	**0.344±0.03**+	0.332±0.05+	0.441±0.05
	50	0.438±0.03+	0.518±0.07≈	0.684±0.06—	**0.385±0.04**+	0.381±0.08+	0.525±0.07

续表

测试问题	D	ParEGO	MOEA/D-EGO	ReMO	Multi-LineBO	K-RVEA	Block-MOBO
DTLZ6	10	0.714±0.15≈	1.36±0.34−	1.49±0.31−	**0.664±0.06**+	0.729±0.21+	8.20±0.13
	20	1.66±0.13+	3.17±0.46−	2.93±0.82≈	**1.16±0.07**+	1.71±0.12+	2.43±0.42
	30	2.85±0.20−	3.60±0.81−	3.68±1.0−	1.57±0.08+	**2.55±0.25**≈	**2.58±0.78**
	40	3.32±0.27−	3.25±0.45−	4.46±1.1−	1.86±0.09+	2.89±0.19−	**2.45±0.29**
	50	3.07±0.14−	3.36±0.87−	4.86±0.37−	2.18±0.06+	2.91±0.29−	**2.51±0.10**
DTLZ7	10	0.212±0.19≈	0.185±0.11≈	**0.021±0.00**+	2.26±0.28−	0.006±0.00+	0.341±0.35
	20	0.147±0.17+	0.968±0.37−	0.00±0.01+	2.03±0.25−	0.018±0.00+	0.246±0.11
	30	0.328±0.20+	1.38±0.44−	0.00±0.01+	1.91±0.19−	0.345±0.45+	0.750±0.39
	40	0.543±0.16+	1.36±0.23−	0.00±0.01+	1.90±0.02+	0.697±0.76≈	0.831±0.43
	50	0.810±0.15+	1.32±0.15+	**0.00±0.00**+	1.70±0.18≈	0.889±0.32+	1.65±0.65
+/−/≈		14/10/6	5/18/7	7/21/2	14/10/6	21/5/4	−/−/−

+ 表示所对比的基线算法性能优于 Block-MOBO。

− 表示所对比的基线算法性能劣于 Block-MOBO。

≈ 表示所对比的基线算法性能与 Block-MOBO 的结果在统计意义上相似。

所示,类似于 ParEGO,K-RVEA 在高维决策空间中也面临严重的维度灾难问题,随着决策空间维度 D 的增加,其计算复杂度呈指数增长,导致在高维决策空间中的优化效果明显降低,这在实际优化问题中是一个巨大的挑战。

5. Block-MOBO 和 MOEA/D-ASS 的性能对比分析

如表 5.1 所示,当 $D=10$ 时,MOEA/D-ASS 比 Block-MOBO 等多目标贝叶斯优化方法取得了更低的 IGD 值。但随着决策变量维数的增加,其优化性能有所下降。与此同时,MOEA/D-ASS 需要花费很长的 CPU 计算时间来近似高维 DTLZ 问题的帕累托前沿(特别是当 $D \geqslant 20$ 时,在 AMD Ryzen 7 2700X 八核处理器×16 上运行 30 次优化 20 维 DTLZ 问题大约需要 3 天),以至于无法获得最终结果。其原因可能是 MOEA/D-ASS 算法并非针对高维昂贵的多目标优化问题而提出的。在高维决策空间中,因为频繁地对高斯过程建模,所以导致其计算复杂度极高。具体而言,对于 10 维 DTLZ 问题,MOEA/D-ASS 运行 30 次需要 27 小时左右;而对于 20 维 DTLZ 问题,MOEA/D-ASS 运行 30 次需要 72 小时左右。因此,完成 6 个 DTLZ 问题的 5 个不同决策空间维度 $D=\{10,20,30,40,50\}$ 的全部实验至少需要 80 天左右(即 72 小时/问题/维度×6 个问题×5 个决策维度 $(10,20,30,40,50)/(24$ 小时/天))。实际上,对于决策变量维度为 $D=\{30,40,50\}$ 的 DTLZ 问题,MOEA/D-ASS 需要的时间远远不止 80 天,因为对于大于 30 维的 DTLZ 问题,MOEA/D-ASS 远不止需要 72 小时,而是至少需要 144～216 小时(即 72 小时×(2～3))。基于以上考虑,实验只给出了 MOEA/D-ASS 在 $D=\{10,20\}$ 维 DTLZ 问题上的 IGD 结果。

6. Block-MOBO 在缓解维度灾难和平衡收敛性-多样性性能的改进

如图 5.3 所示,Block-MOBO 相比于其他多目标贝叶斯优化方法 ParEGO、K-RVEA 和 MOEA/D-EGO 而言,明显缓解了维度灾难问题,即计算复杂度不再随决策空间维度的增长呈指数增长。同时,与其他基线多目标贝叶斯优化方法相比,Block-MOBO 确实改进了收敛性和多样性的平衡性能,具体可以从其能获取更低的 IGD、Δ_p 和 GD 值得到验证。虽然 Multi-LineBO 的 CPU 计算时间最短,但对计算代价的过度均衡导致其取得最差的 IGD 和 Δ_p 结果。综上,与其他相关基线方法相比,在有限的函数评估次数范围内求解高维昂贵的多目标优化问题时,Block-MOBO 可以更好地实现降低计算复杂度和保证解的质量之间的平衡。

5.3.3 块坐标更新对决策空间降维的影响

为了分析 Block-MOBO 中块坐标更新(Block Coordinate Updates)对决策空间降维的有效性,将块坐标更新应用于 ParEGO,提出了 Block-ParEGO。Block-ParEGO 与

ParEGO 算法的主要区别在于,Block-ParEGO 首先对决策空间进行分块,然后在当前选中的块内执行 ParEGO 算法优化过程,得到下一个 d 维候选解,其中 d 为块大小。接下来,Block-ParEGO 利用嵌入帕累托最优解先验知识的上下文向量生成 $D-d$ 维候选解,最后对决策空间重组得到 D 维候选解,用于真实函数评估。Block-ParEGO 算法整体框架如算法 5.4 所示,其与 ParEGO 的主要区别如虚线框内标注的部分所示(步骤 10~15)。

算法 5.4　Block-ParEGO 整体框架

输入: 昂贵的多目标问题 MOP;初始观察点个数 N_{ini};最大函数评估次数 MaxEvals

输出: 近似帕累托最优集 P^*、近似帕累托最优前沿 PF^*

　//初始化//

1: 用 LHS[112]初始化 K 个观察值点:$\boldsymbol{X}_0 \leftarrow \{x_0, x_1, \cdots, x_{N_{ini}}\}$

2: 初始化权重向量 $\boldsymbol{\Lambda}$

3: Eval$\leftarrow 0, t \leftarrow 0$

4: 用原 MOP 评估初始解集 $|\boldsymbol{X}_0$ 得到其目标值 $\boldsymbol{Y}_0 \leftarrow \{y_0, y_1, \cdots, y_{N_{ini}}\} | y_i = f(x_i), i = 1, 2, \cdots, N_{ini}\}$

5: Evals$\leftarrow$Evals$+N_{ini}$

6: 用式(4-2)对目标值 Y_0 聚合获得标量成本 $f_\lambda^0(x)$

7: 构建初始数据集:$D_0 \leftarrow \{\boldsymbol{X}_0, f_\lambda^0\}$

8: **while** Eval$\leqslant$MaxEvals **do**

9:　构建数据集:$D_t \leftarrow \{X_t, f_\lambda^t\}$

10:　块划分得到待优化块 Cor_t^d 和非优化块 Cor_t^{D-d}:$\{Cor_t^d, Cor_t^{D-d}\} \leftarrow$BlockPartition$(D)$
　　//构建高斯模型//

11:　构建 Cor_t^d 上的高斯代理模型 $\mathcal{GP}(\boldsymbol{\mu}(\boldsymbol{x}), \boldsymbol{K}(\boldsymbol{x}))$

12:　在 Cor_t^d 上根据式(4-3)构建 d 维 EI 获取函数:$a_t^d(x | x_{1,t}, f_{1,t})$

13:　最大化获取函数得到下一个 d 维候选解:$x_{t+1}^d \leftarrow \arg \max_x a_t^d(x | x_{1,t}, f_{1,t})$//块重组//

14:　上下文向量生成:$x_{t+1}^{D-d} \leftarrow$GenerateContextVector$(D-d)$

15:　$x_{t+1} \leftarrow [x_{t+1}^d, x_{t+1}^{D-d}]$

16:　对候选解进行真实函数评估:$y_{t+1} \leftarrow f(x_{t+1})$

17:　用式(4-2)对目标值进行聚合:$f_\lambda^{t+1}(x)$

18:　更新观察点集:$D_{t+1} \leftarrow D_t \bigcup \{(x_{t+1}^i, y_{t+1}^i) | i = 1, 2, \cdots, n_t\}$

19:　$t \leftarrow t+1$,Eval$\leftarrow$Eval$+1$

20: **end while**

21: $P^*, PF^* \leftarrow D_{t+1}$

　　图 5.4 和图 5.5 分别展示了 ParEGO 和 Block-ParEGO 在 DTLZ 问题上运行 30 次的 IGD 均值和 CPU 计算时间均值,图中横坐标数字 1,2,3,5,6,7 是 DTLZ 问题的序号;纵坐标代表决策空间的维度;BParEGO 是 Block-ParEGO 的缩写。同时,将上述两种方法在 WFG1-4 问题上运行 30 次、每次进行 300 次函数评估的 IGD 结果展示在表 5.4 中。结

果表明,Block-ParEGO 的优化性能显著优于 ParEGO。具体而言,如图 5.4 所示,除 DTLZ6 和 DTLZ7 外,Block-ParEGO 在其他 DTLZ 问题上取得了比 ParEGO 更低的 IGD 值,即其获得的解能更好地平衡收敛性和多样性。此外,如图 5.5 所示,Block-ParEGO 明显减少了候选解的推荐时间。如表 5.4 所示,基于块坐标更新的 Block-ParEGO 和 Block-MOBO 的 IGD 值明显低于 ParEGO 和 MOEA/D-EGO,说明了块坐标更新在优化过程中的有效性。

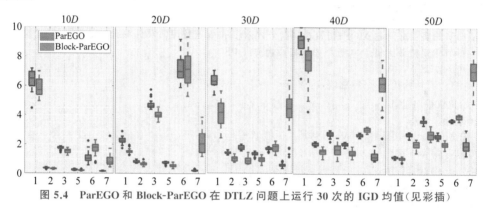

图 5.4　ParEGO 和 Block-ParEGO 在 DTLZ 问题上运行 30 次的 IGD 均值(见彩插)

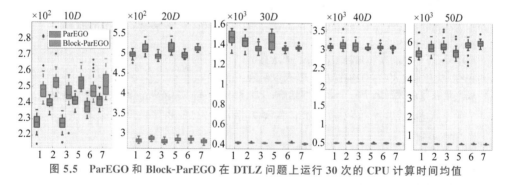

图 5.5　ParEGO 和 Block-ParEGO 在 DTLZ 问题上运行 30 次的 CPU 计算时间均值

表 5.4　ParEGO、MOEA/D-EGO、Block-ParEGO 和 Block-MOBO 在 WFG1-4 上的 IGD 结果

测试问题	D	ParEGO	MOEA/D-EGO	Block-ParEGO	Block-MOBO
WFG1	10	**1.68±0.04**≈	2.19±0.10−	1.70±0.07≈	1.70±0.05
	20	**1.75±0.06**+	2.20±0.08−	1.88±0.10≈	1.90±0.12
	30	**1.78±0.08**+	2.17±0.07−	1.97±0.10≈	2.00±0.09
	40	**1.80±0.06**+	2.14±0.07−	2.04±0.08≈	2.10±0.08
	50	**1.83±0.09**+	2.15±0.08−	2.10±0.08−	2.10±0.07

续表

测试问题	D	ParEGO	MOEA/D-EGO	Block-ParEGO	Block-MOBO
WFG2	10	$0.87\pm0.04-$	$0.71\pm0.04\approx$	$\mathbf{0.70\pm0.08}\approx$	0.72 ± 0.07
	20	$0.85\pm0.03-$	$0.78\pm0.06-$	$0.72\pm0.03\approx$	$\mathbf{0.72\pm0.03}$
	30	$0.82\pm0.02-$	$0.80\pm0.05-$	$\mathbf{0.74\pm0.04}\approx$	0.75 ± 0.03
	40	$0.80\pm0.02-$	$0.79\pm0.04\approx$	$\mathbf{0.76\pm0.03}+$	0.79 ± 0.03
	50	$0.80\pm0.01-$	$0.78\pm0.03\approx$	$\mathbf{0.76\pm0.03}\approx$	0.78 ± 0.02
WFG3	10	$0.67\pm0.04-$	$0.64\pm0.03\approx$	$0.63\pm0.04\approx$	$\mathbf{0.62\pm0.04}$
	20	$0.73\pm0.02-$	$\mathbf{0.66\pm0.03}+$	$0.70\pm0.28\approx$	0.69 ± 0.03
	30	$0.75\pm0.02-$	$\mathbf{0.64\pm0.03}+$	$0.73\pm0.01\approx$	0.73 ± 0.02
	40	$0.77\pm0.01-$	$\mathbf{0.67\pm0.03}+$	$0.75\pm0.01\approx$	0.75 ± 0.01
	50	$0.78\pm0.01-$	$\mathbf{0.72\pm0.02}+$	$0.76\pm0.01\approx$	0.77 ± 0.01
WFG4	10	$0.65\pm0.03-$	$0.59\pm0.03\approx$	$0.53\pm0.03-$	$\mathbf{0.52\pm0.03}$
	20	$0.60\pm0.01-$	$0.55\pm0.03\approx$	$0.53\pm0.02\approx$	$\mathbf{0.52\pm0.02}$
	30	$0.56\pm0.01-$	$0.55\pm0.03\approx$	$0.53\pm0.02\approx$	$\mathbf{0.53\pm0.01}$
	40	$\mathbf{0.54\pm0.00}+$	$0.57\pm0.04\approx$	$0.54\pm0.02+$	0.55 ± 0.01
	50	$\mathbf{0.53\pm0.00}+$	$0.56\pm0.03\approx$	$0.55\pm0.02+$	0.56 ± 0.02
$+/-/\approx$		6/13/1	4/11/5	3/2/15	$-/-/-$

5.3.4　ϵ-贪心获取函数对平衡收敛性与多样性的影响

本节主要说明 ϵ-贪心获取函数在处理高维决策空间中边界问题的有效性。图 5.6 和图 5.7 展示了基于增广切比雪夫函数的获取函数[38] 和 ϵ-贪心获取函数在块坐标更新框架下获得的 DTLZ 问题的 200 个最终候选解。图中候选解的获取除获取函数不同外,其余实验设置条件都相同。其中,蓝色点代表通过优化基于增广切比雪夫函数的获取函数得到的候选解,用 Tcheby 表示;粉色点代表通过优化 ϵ-贪心获取函数得到的候选解,用 ϵ-贪心表示。从图 5.6 和图 5.7 中可以看出,通过优化基于增广切比雪夫函数的获取函数得到的候选解相对更加集中、分布更加不均匀,且大多数解都位于搜索边界上,尤其是在 $D=\{40,50\}$ 时。相较而言,ϵ-贪心获取函数推荐的候选解在整个目标空间中分布更均匀,且更接近帕累托前沿。这说明 ϵ-贪心获取函数可以缓解边界问题,减少耗费在搜索边界附近的无用的函数评估成本,从而进一步验证ϵ-贪心获取函数在高维决策空间中缓解边界问题的有效性。

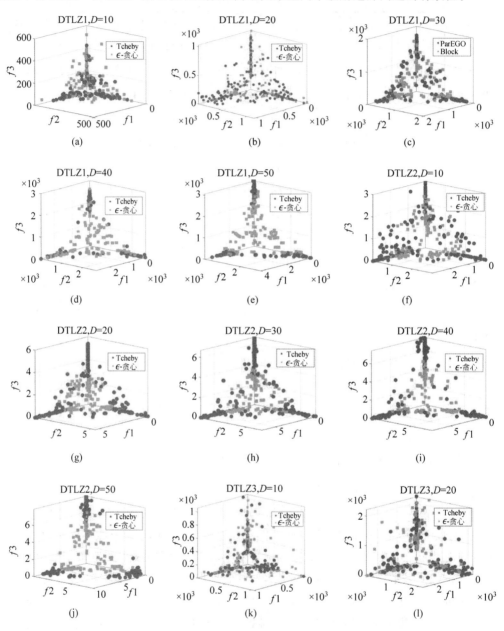

图 5.6 基于增广切比雪夫函数的获取函数和ϵ-贪心获取函数在
DTLZ1-3 上获得的 200 个最终候选解(见彩插)

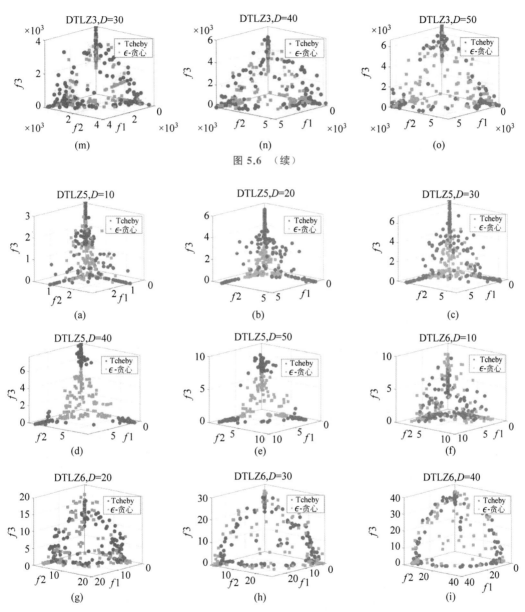

图 5.6　（续）

图 5.7　基于增广切比雪夫函数的获取函数和ϵ-贪心获取函数在
DTLZ5-7 上获得的 200 个最终候选解（见彩插）

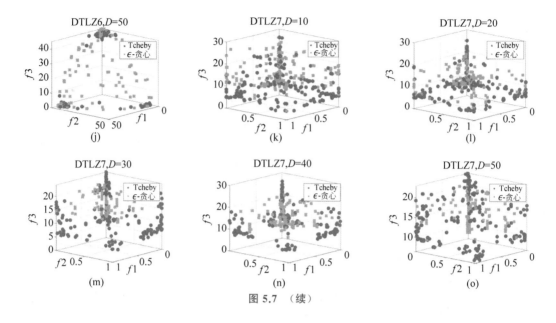

图 5.7 （续）

5.3.5 块大小 d 对算法性能的影响

为了分析块大小即子决策空间维度 d 对 Block-MOBO 算法优化性能的影响,本节给出了 $D=\{10,20,30,40\}$ 时 Block-MOBO 在 DTLZ 问题上 $d=\{5,8,10\}$ 的 IGD 结果。图 5.8 展示了 $d=\{5,8,10\}$ 时,Block-MOBO 在 DTLZ1-3 和 DTLZ5-6 上运行 30 次的 IGD 均值随迭代次数变化的趋势。从图中可以得出以下结论:在 D 不同的情况下,不同的 d 取值展示出相似的 IGD 值变化趋势;最合适的 d 的取值不仅取决于问题,还取决于决策空间维度 D;对于大多数 $D=10$ 的 DTLZ 问题,优化所有维度,即 $D=10$,明显优于只考虑部分维度,如 $d=5$ 和 $d=8$;对于除 DTLZ6 外大多数决策维度较高的 DTLZ 问题,如 $D=\{30,40\}$,较小的 d 可以获得更好的 IGD 结果;对于一些 DTLZ 问题,如 DTLZ2、DTLZ3 和 DTLZ5,在 $d=8$ 和 $d=10$ 之间,d 的不同设置可能只会导致 IGD 性能的轻微变化。但是,d 在 $d=5$ 和 $d=8$ 之间的不同设置可能会导致巨大的 IGD 波动。

综合以上实验结果,对于不同决策维度和不同的问题,最合适的 d 值不同,建议将参数 d 调整在 $[5,8]$。在本章所有实验中,均使用 $d=5$。无论问题规模多大,d 的取值最好小于 10。因为如果 $d>10$,贝叶斯优化方法的性能可能会由于高斯代理模型中的维度灾难而大大降低[28]。

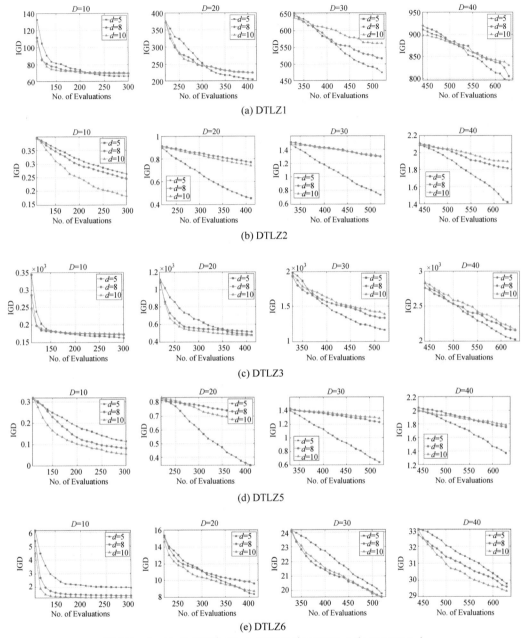

图 5.8 $d = \{5, 8, 10\}$ 时，Block-MOBO 在 DTLZ1-3 和 DTLZ5-6 上
运行 30 次的 IGD 均值随迭代次数变化的趋势（见彩插）

5.3.6 上下文向量对算法性能的影响

本节主要分析不同的上下文向量对算法优化性能的影响。我们采用了 3 种不同的上下文向量：随机值，即从决策变量取值空间中的均匀分布中随机采样赋值给 $D-d$ 维决策变量 $x_{t+1}^{D-d} \leftarrow \text{uniform}(x_{D-d})$；帕累托最优值，即将当前的帕累托最优值 x^* 中 $D-d$ 维对应的值 $x_{t+1}^{D-d} = [x^*]^{D-d}$；混合值，即 x_{t+1}^{D-d} 的值以概率 p 来自于随机值，以概率 $1-p$ 来自于帕累托最优值。表 5.5 展示了 3 种上下文向量在相同的实验设置条件下，在 DTLZ 问题上运行 30 次得到的 IGD 均值。

表 5.5　3 种上下文向量在相同的实验设置条件下，在 DTLZ 问题上运行 30 次得到的 IGD 均值

测试问题	D	随机值	帕累托最优值	混合值
DTLZ1	10	8.8337E+1 −	**6.0050E+1** +	6.6118E+1
	20	3.4479E+2 −	**1.6858E+2** +	2.0401E+2
	30	6.2672E+2 −	**4.4745E+2** ≈	4.7109E+2
	40	8.9034E+2 −	**7.7988E+2** ≈	7.8872E+2
	50	1.1611E+3 −	1.0891E+3 ≈	**1.0688E+3**
DTLZ2	10	3.3043E−1 −	3.2868E−1 −	**2.6778E−1**
	20	8.4467E−1 −	6.8853E−1 −	**4.4369E−1**
	30	1.4469E+0 −	1.1162E+0 −	**7.1927E−1**
	40	2.0554E+0 −	1.6470E+0 −	**1.3816E+0**
	50	2.6891E+0 −	2.2452E+0 ≈	**2.1704E+0**
DTLZ3	10	2.4838E+2 −	**1.5699E+2** ≈	1.6227E+2
	20	1.0136E+3 −	**4.1705E+2** +	4.7416E+2
	30	1.8937E+3 −	**9.7542E+2** +	1.1472E+3
	40	2.7590E+3 −	**1.8561E+3** ≈	1.9931E+3
	50	3.6596E+3 −	**2.8783E+3** ≈	2.9482E+3
DTLZ5	10	2.3981E−1 −	2.0292E−1 −	**1.1832E−1**
	20	7.4523E−1 −	5.8277E−1 −	**3.2440E−1**
	30	1.3508E+0 −	1.0306E+0 −	**6.0208E−1**
	40	1.9905E+0 −	1.5651E+0 −	**1.3416E+0**

续表

测试问题	D	随机值	帕累托最优值	混合值
DTLZ5	50	2.6074E+0 −	2.2506E+0 ≈	**2.0386E+0**
DTLZ6	10	4.2665E+0 −	2.1391E+0 ≈	**1.9677E+0**
	20	1.4096E+1 −	8.6485E+0 ≈	**7.9846E+0**
	30	2.3579E+1 −	**1.8778E+1** ≈	1.9510E+1
	40	3.2678E+1 −	3.0180E+1 ≈	**2.9506E+1**
	50	4.1595E+1 −	4.0289E+1 ≈	**3.9891E+1**
DTLZ7	10	2.4039E+0 −	1.0054E+0 −	**6.8435E−1**
	20	6.5471E+0 −	2.5146E+0 −	**1.2581E+0**
	30	7.7842E+0 −	3.6763E+0 −	**2.1246E+0**
	40	8.4383E+0 −	4.5073E+0 −	**2.0909E+0**
	50	9.0116E+0 −	5.0236E+0 −	**3.9015E+0**
+/−/≈		0/30/0	4/14/12	−/−/−

＋表示所对比的基线算法性能优于混合值。

－表示所对比的基线算法性能劣于混合值。

≈表示所对比的基线算法性能与混合值的结果在统计意义上相似。

从表中可以看出,利用混合值的上下文向量得到的优化结果明显优于其他两种向量,而随机值的性能表现最差。具体而言,基于混合值的上下文向量在所有测试问题上都表现出了优越性,特别是当 $D=\{40,50\}$ 时。基于帕累托最优值的上下文向量在 $D\leqslant30$ 的情况下,在 DTLZ1 和 DTLZ3 上获得了最好的性能;当 $D=\{40,50\}$ 时,在除DTLZ7 外的大多数问题上获得了与随机值相似的结果。在大多数高维情况下,例如$D=50$ 时,基于帕累托最优值和混合值的上下文向量的 IGD 值没有明显差异。综上,基于帕累托最优值和混合值的上下文向量都能很好地平衡收敛性和多样性,特别是在$D\geqslant40$ 的多目标优化问题上。本章所有实验采用了融合帕累托最优值和随机值的上下文向量。

5.4　本章小结

本章提出一种对决策空间和目标空间没有过强假设的、泛化的高维多目标贝叶斯优化方法 Block-MOBO。该方法利用块坐标更新降低决策空间维度,缓解了高维决策空间中的维度灾难问题；利用ϵ-贪心获取函数更好地平衡收敛性和多样性，进而缓解了高维决策空间中的边界问题。其中，在ϵ-贪心获取函数中，我们提出了 θ-支配等级，将多目标优化中目标向量之间的支配关系引入了贝叶斯优化，实现了收敛性和多样性的显式的平衡。为了验证 Block-MOBO 的有效性，将其与当前经典的多目标贝叶斯优化方法在标准合成的多目标测试问题上进行了对比实验。

第6章 基于可加高斯结构的高维多目标贝叶斯优化方法

6.1 引　言

第 5 章主要考虑了如何在高维决策空间中缓解维度灾难和边界问题,从而能更有效地求解高维决策空间中昂贵的多目标优化问题,进而提出了基于块坐标更新的高维多目标贝叶斯优化(Block-MOBO)方法。虽然该方法求解昂贵的多目标优化问题得到的解确实能更好地平衡收敛性和多样性,也缓解了高维决策空间中的维度灾难和边界问题。但是,Block-MOBO 采用的块坐标更新策略对决策空间的划分具有随机性,忽略了决策空间中变量维度之间的交互关系;同时,Block-MOBO 在每个算法迭代中,仅将决策空间划分为两个子空间且每次只考虑优化一个块中的决策变量,导致其在优化完全可分问题或某些部分可分问题时不能最大限度地对决策空间进行降维。此外,Block-MOBO 每次只推荐一个候选解,不能合理地利用现实世界中的并行计算资源。所以,本章主要从上述角度出发,对高维多目标贝叶斯优化方法展开研究,旨在对高维决策空间进行合理划分、最大限度地降低决策空间维度的同时,实现并行化函数评估,从而缓解维度灾难问题、保证优化算法能够高效地求解高维昂贵的多目标优化问题。

具体而言,本章提出了一种基于可加高斯结构的高维多目标贝叶斯优化(High-Dimensional Multi-objective Bayesian Optimization with Additive Gaussian Structure, ADD-HDMBO)方法。ADD-HDMBO 将单目标贝叶斯优化中的可加高斯结构引入多目标优化中,通过给定决策变量分块的先验知识,利用贝叶斯推理推导出决策空间的最终可能的子空间划分,从而降低决策空间的维度,缓解高维决策空间中的维度灾难问题。此外,为了在高维决策空间中实现并行化函数评估,受第 4 章 Adaptive Batch-ParEGO 中获取函数的启发,ADD-HDMBO 采用了可加 UCB 和可加双目标获取函数,通过优化两个获取函数得到多个候选解,从而实现并行化函数评估。不同于低维决策空间中的双目标获取函数,ADD-HDMBO 中的双目标获取函数是具有可加结构的双目标函数,可以由子空间中的多个获取函数推导而得,提高其优化效率。本章的主要贡献可概括如下。

(1) 提出了基于可加高斯结构的高维多目标贝叶斯优化方法 ADD-HDMBO,在多目标优化中引入了可加高斯结构,降低了高维决策空间的维度,从而降低了计算复杂度,缓解了维度灾难问题。

（2）引入了带有可加结构的双目标获取函数,通过对其优化得到一组候选解,在高维决策空间中实现并行化函数评估,加快收敛速度;同时,可加双目标获取函数能够在多个子决策空间中进行并行优化,不仅提高了获取函数的优化效率,而且一定程度缓解了边界问题。

（3）在标准合成的多目标测试问题上与基于 EGO 的多目标贝叶斯优化方法 ParEGO、SMS-EGO 和 MOEA/D-EGO 进行了对比实验,验证了 ADD-HDMBO 求解高维昂贵的多目标优化问题的有效性。

本章剩余部分组织如下。6.2 节对单目标优化中的基于可加高斯结构的算法 ADD-GP-UCB[86] 做了介绍。6.3 节阐述提出的基于可加高斯结构的高维多目标贝叶斯优化方法框架和算法具体细节。6.4 节展示了实验设置和对比结果与分析。6.5 节对本章内容做了总结。

6.2　ADD-GP-UCB 简介与局限性分析

ADD-GP-UCB[86] 是高维单目标贝叶斯优化方法,是 GP-UCB[87] 在高维空间中的扩展。它首次通过假设目标函数可分的理念,引入高斯过程均值函数和协方差函数的可加模型,对决策空间进行划分,降低决策空间维度,同时高效地优化单目标问题。具体而言,对于一个高维单目标优化问题,即

$$x^* = \underset{x \in X}{\mathrm{argmax}}\, f(x), X \subseteq \mathbb{R}^D \tag{6-1}$$

ADD-GP-UCB 假设其目标函数 $f(x)$ 可分（如定义 1.6 所示）,即目标函数可以表示为多个子目标函数的加权和:

$$f(\boldsymbol{x}) = \sum_{n \in N} f_n(x^{A_n}) = f_1(x^{A_1}) + f_2(x^{A_2}) + \cdots + f_N(x^{A_N}) \tag{6-2}$$

其中,$\{A_n\}, n \in [1,2,\cdots,N]$ 是决策变量空间的 N 个低维子空间且 $x^{(j)} \in A^{(n)} = [0,1]^{d_j}$,即 $\bigcup_{n=1}^{N} A_n = [\mathbb{R}^D]$ 且 $A_i \bigcap A_j = \varnothing, \forall i \neq j, i,j \in [1,2,\cdots,D]$。从贝叶斯优化角度而言,每个子函数 $f(x^{A_n})$ 都可以用一个高斯代理模型 $\mathcal{GP}$ 近似,即

$$f(x^{A_n}) \sim N(0, k_n), \forall n \in [1,2,\cdots,N] \tag{6-3}$$

根据高斯过程的相关性质,可得出原目标函数为

$$f(x) = \sum_{n=1}^{N} f_n(x^{A_N}) \tag{6-4}$$

也可以用一个高斯代理模型$\mathcal{GP}$近似，即

$$f(\boldsymbol{x}) \sim N(\boldsymbol{\mu}(x), \boldsymbol{K}(x)) \tag{6-5}$$

其中，$\boldsymbol{\mu}(x)$和$\boldsymbol{K}(x)$分别是均值函数和协方差函数，如式(6-6)和式(6-7)所示。

$$\boldsymbol{\mu}(x) = \sum_{n=1}^{M} \mu_n(x^{A_n}) \tag{6-6}$$

$$\boldsymbol{K}(x) = \boldsymbol{K}(x, x') = \sum_{n=1}^{N} k_n(x^{A_n}, x'A_n) \tag{6-7}$$

更具体地，给定一系列带噪声的观察点 $D_{1:t} = \{(x_i, y_i)\} \mid y_i = f(x_i) + \epsilon_i, i = 1, 2, \cdots, t\}$，其中$\epsilon \sim N(0, \sigma_{\text{noise}}^2)$且 $f(x)$可分，则函数值$[y_1, y_2, \cdots, y_t]^{\mathrm{T}}$上的高斯先验分布为

$$\boldsymbol{y}_{1:t} \sim N(\boldsymbol{\mu}(x_{1:t}), \boldsymbol{K}(x_{1:t}, x_{1:t})) \tag{6-8}$$

由此可推出下一个候选解 x_{t+1}对应的函数值 y_{t+1}的预测值服从高斯后验分布且是可加的，即

$$\mathcal{P}(y_{t+1} \mid D_{1:t}, \boldsymbol{x}_{t+1}) = N(\boldsymbol{\mu}_t(\boldsymbol{x}_{t+1}), \boldsymbol{K}_t(\boldsymbol{x}_{t+1})) \tag{6-9}$$

其中，均值函数 $\mu_t(x_{t+1})$和协方差函数 $K_t(x_{t+1})$是可加的，即可对决策子空间中的高斯代理模型的均值函数和协方差函数求加权和得到，具体分别如式(6-10)和式(6-11)所示。

$$\mu_t(x_{t+1}) = \sum_{n=1}^{N} \mu_n^{t+1}(x^{A_n}) \tag{6-10}$$

$$\boldsymbol{K}_t(x_{t+1}) = \sum_{n=1}^{N} k_n^{t+1}(\boldsymbol{x}^{A_n}, \boldsymbol{x}^{A_n'}) \tag{6-11}$$

均值函数 $\mu_t(x_{t+1})$和协方差函数 $K_t(x_{t+1})$的第 n 个子成分分别为

$$\mu_n^{t+1}(x^{A_n}) = \boldsymbol{k}_n^{t+1}(x^{A_n})^{\mathrm{T}}(\boldsymbol{K} + \sigma_{\text{noise}}^2 I)^{-1} \boldsymbol{y}_{1:t} \tag{6-12}$$

和

$$k_n^{t+1}(x^{A_n}) = \boldsymbol{k}_n(x^{A_n}, x'A_n) - \boldsymbol{k}_n^{t+1}(x^{A_n})^{\mathrm{T}}(\boldsymbol{K} + \sigma_{\text{noise}}^2)^{-1} \boldsymbol{k}_n^{t+1} \tag{6-13}$$

其中，$\boldsymbol{k}_n^{t+1}(x^{A_n})$为

$$\boldsymbol{k}_n^{t+1}(x^{A_n}) = [k_n(x_{t+1}^{A_n}, x_1^{A_n}), \cdots, k_n(x_{t+1}^{A_n}, x_t^{A_n})] \tag{6-14}$$

且

$$\boldsymbol{K} = \Big[\sum_{n=1}^{N} k_n(x_i^{A_n}, x_j^{A_n})\Big]_{i \leqslant t+1, j \leqslant t+1} \tag{6-15}$$

虽然通过将决策变量空间 D 分解为多个不相交的子空间 $d_i, i \in [1, 2, \cdots, N]$，ADD-GP-UCB 实现了决策空间降维的目的，使得计算复杂度依赖于 d 而非 D，从而降低了计算复杂度并提高了获取函数的优化效率，大大缓解了高维决策空间中的维度灾难问题。但是，它是一个单目标优化算法，忽略了多目标情况。

6.3　基于可加高斯结构的高维多目标贝叶斯优化的研究方法

受 ADD-GP-UCB 及相关衍生算法[88,90,312]的启发,本章针对高维决策空间中的昂贵的多目标优化问题展开研究,对 Block-MOBO 中决策空间的划分和序列化函数评估方式进行了改进,提出了基于可加高斯结构的高维多目标贝叶斯优化(ADD-HDMBO)方法。本节主要介绍 ADD-HDMBO 的算法框架和具体细节。

6.3.1　算法框架

ADD-HDMBO 整体框架如算法 6.1 所示。具体而言,Block-MOBO 首先初始化种群 X_0、权重向量 $\boldsymbol{\Lambda}$、决策空间的初始子空间划分 $\{A_n\}, n \in [1, 2, \cdots, N]$、理想点 z^* 和最差点 z^{nad} 等(即步骤 $1 \sim 4$)。然后,它用原来的昂贵多目标问题评估 X_0 得到其 F-值 $F(X_0)$,并更新相关参数(即步骤 $5 \sim 9$)。接下来,ADD-HDMBO 先利用理想点 z^* 和最差点 z^{nad} 归一化目标空间,并通过增广切比雪夫函数计算已评估解的标量代价值,将原多目标问题转化为单目标问题(即步骤 $11 \sim 12$),并假设原多目标问题的标量代价可分(具体见定义 1.7)。因此可构建可加高斯模型和子空间上的获取函数,从而进一步推导出原决策空间 D 上的获取函数(即步骤 13-20)。ADD-HDMBO 通过最大化具有可加结构的获取函数推荐下一批候选解(即步骤 $21 \sim 23$)。最后,ADD-HDMBO 对新的候选解进行评估,并更新高斯模型和相关参数(即步骤 $24 \sim 27$)。在 ADD-HDMBO 中,步骤 $11 \sim 27$ 不断迭代直至满足算法终止条件 Eval＞MaxEvals。

算法 6.1　ADD-HDMBO 整体框架

输入：昂贵多目标问题 MOP；最大真实函数评估次数 MaxEval；初始观察点个数 N_{ini}；批处理大小 B
输出：近似帕累托最优集 P^*、近似帕累托前沿 PF^*
　　//初始化//
1：用 LHS[112]生成 N_{ini} 个初始解：$\boldsymbol{X}_0 \leftarrow \{x_1^1, x_1^2, \cdots, x_1^{N_{\text{ini}}}\}$
2：初始化权重向量 $\boldsymbol{\Lambda}$、聚合值选择概率 Prob_δ、理想点 z^* 和最差点 z^{nad}
3：$\text{Eval} \leftarrow 0, t \leftarrow 0$
4：$P^* \leftarrow X_0, \text{PF}^* \leftarrow \varnothing$
　　//真实函数评估//
5：用原 MOP 评估初始解集 X_0 得到初始 F-值：$F(X_0) \leftarrow \{y_0, y_1, \cdots, y_{N_{\text{ini}}}\} \mid y_i = f(x_i), i = \{1, 2, \cdots, N_{\text{ini}}\}$
6：随机初始化决策空间划分 $\{A_n\}, n \in [1, 2, \cdots, N]$ 及对应的变量分组 z
7：更新理想点 z^* 和最差点 z^{nad}
8：$\text{PF}^* \leftarrow F(X_0)$

9：$\text{Eval} \leftarrow \text{Eval} + N_{\text{ini}}$
10：**while** $\text{Eval} < \text{MaxEvals}$ **do**
11：　　归一化目标函数空间 $\boldsymbol{F}_t(\boldsymbol{x}) \leftarrow (f_1, f_2, \cdots, f_k)$
　　　　//目标函数聚合//
12：　　用切比雪夫函数对目标值 $F(X_0)$ 进行聚合获得标量代价值 $f_\lambda^t(\boldsymbol{x})$ //可加高斯模型//
13：　　构建用于建立高斯模型的数据集：$D_t \leftarrow \{X_t, f_\lambda^t(\boldsymbol{x})\}$
14：　　推导初始决策空间划分建立 D_t 上的可加高斯模型：$f_\lambda^t(\boldsymbol{x}) \leftarrow f_1^t(x_t^{A_1}) + \cdots + f_N^t(x_t^{A_N})$
　　　　//决策空间划分学习//
15：　　根据已知可加高斯模型推理得到变量分组 z 的后验分布，从而得到最终决策空间划分 $\{A_n\}, n \in$
　　　　$[1, 2, \cdots, N]$
　　　　//可加高斯模型//
16：　　建立最终决策空间划分 $\{A_n\}, n \in [1, 2, \cdots, N]$ 上的可加高斯模型//候选解推荐//
17：　　**for** $n = 1, 2, \cdots, N$ **do**
18：　　　　构建第 n 个决策子空间中的 UCB 和双目标获取函数：$a_{t_n}^{\text{ucb}}(x)$ 和 $a_{t_n}^{\text{bi}}(x)$
19：　　**end for**
20：　　获得带有可加结构的 UCB 获取函数和双目标获取函数：$a_t^{\text{ucb}}(x)$ 和 $a_t^{\text{bi}}(x)$
21：　　优化 $a_t^{\text{ucb}}(x)$ 生成第一个候选解：$x_{t+1}^1 \leftarrow \text{argmax}\, a_t^{\text{ucb}}(x)$
22：　　利用 NSGA-Ⅱ算法优化 $a_t^{\text{bi}}(x)$ 得到其余 $B-1$ 个候选解：$\{x_{t+1}^2, x_{t+1}^3, \cdots, x_{t+1}^{B-1}\} \leftarrow \text{argmax}\, a_t^{\text{bi}}(x)$
23：　　$x_{\text{new}} \leftarrow \{x_{t+1}^1, x_{t+1}^2, \cdots, x_{t+1}^B\}$
　　　　//候选解评估及更新//
24：　　用原 MOP 对 x_{t+1} 进行评估获得其 F-值：$y_{\text{new}} \leftarrow F(x_{\text{new}})$
25：　　$\text{Eval} \leftarrow \text{Eval} + B, t \leftarrow t + 1$
26：　　$P^* \leftarrow P^* \bigcup x_{\text{new}}, \text{PF}^* \leftarrow \text{PF}^* \bigcup y_{\text{new}}$
27：　　更新理想点 z^* 和最差点 z^{nad}
28：**end while**

6.3.2　初始化

　　类似于前两章的方法，ADD-HDMBO 首先利用拉丁超立方采样（LHS）[309]初始化含有 N_{ini} 个个体的解集 $X_0 = \{x_1, x_2, \cdots, x_{N_{\text{ini}}}\}$，其中 $\boldsymbol{x}_i = (x_i^1, x_i^2, \cdots, x_i^D)$，$i \in [1, 2, \cdots, N_{\text{ini}}]$；同时初始化帕累托最优集 $P^* = X_0$。此外，ADD-HDMBO 还初始化如式（4-1）和式（5-1）所示的一组均匀分布的权重向量 $\boldsymbol{\Lambda} = \{\lambda_1, \lambda_2, \cdots, \lambda_N\}$（算法 6.1 中步骤 1~4）。理想点 z^* 和最低点 z^{nad} 分别用 X_0 的目标值 f_j，$j \in [1, 2, \cdots, M]$ 的最小值和最大值近似。在整个搜索过程中，两者的值不断被更新为截至当前目标值 f_j，$j \in [1, 2, \cdots, M]$ 的最小值和最大值。此外，ADD-HDMBO 还随机初始化 D 维决策空间的 N 个子空间，即 $D = \bigcup_{n=1}^{N} \{A_n\}, n \in [1, 2, \cdots, N]$。其中，不同算法迭代中的 N 是不同的，虽然决策空间划分通过学习是不断变动的，但是子空间个数 N 是固定不变的。

6.3.3 函数评估与目标函数聚合

为了评估已知观察点 $\boldsymbol{X}_t$，ADD-HDMBO 首先根据原昂贵的多目标优化问题计算其对应的真实目标函数值（算法 6.1 中步骤 5），即

$$F_t(x) = (f_t^1(x), f_t^2(x), \cdots, f_t^M(x))^T \tag{6-16}$$

将可加高斯结构扩展到多目标情况时面临一个主要问题，即多目标优化问题有 M 个子目标，且 M 个子目标之间相互依赖和冲突，不可能为每个子目标学习一个可加高斯代理模型 $\mathcal{GP}$。为了克服这个问题，首先利用式（4-2）中的增广切比雪夫函数对原多目标问题的 M 个子目标进行聚合，获得单目标标量代价 $f_\lambda(x)$（算法 6.1 中步骤 12）。此处也可以考虑使用其他聚合函数，如加权和方法[40]。在 ADD-HDMBO 中，之所以选择增广切比雪夫函数，原因是其非线性部分可以使帕累托前沿的非凸区域上的点成为该函数的最小值；而线性部分确保帕累托最优集 P^* 可以获得比 P^* 弱支配点更多的改进[38]。

在聚合 M 个子目标时，先将目标空间归一化，使得目标值在相同的取值范围内。设目标空间中函数值 $F(x)$ 的最小值向量 $\boldsymbol{f}_{\min}$ 和最大值向量 $\boldsymbol{f}_{\max}$ 分别为

$$\boldsymbol{f}_{\min} = (f_{\min}^1, f_{\min}^2, \cdots, f_{\min}^M)^T \tag{6-17}$$

$$\boldsymbol{f}_{\max} = (f_{\max}^1, f_{\max}^2, \cdots, f_{\max}^M)^T \tag{6-18}$$

其中，$f_{\min}^i$ 和 $f_{\max}^i$ 是目标值 $f_i(x), i \in [1, 2, \cdots, M]$ 的最小值和最大值。那么，目标空间中 $F_t(x)$ 的归一化目标向量 $\widetilde{\boldsymbol{F}}_t(x)$ 为

$$\widetilde{\boldsymbol{F}}_t(x) = \{\widetilde{f}_t^1(x), \widetilde{f}_t^2(x), \cdots, \widetilde{f}_t^M(x)\}^T = \frac{F_t(x) - \boldsymbol{f}_{\min}}{\boldsymbol{f}_{\max} - \boldsymbol{f}_{\min}} \tag{6-19}$$

ADD-HDMBO 的所有后续过程都是在该归一化目标空间中进行的。

6.3.4 决策空间划分学习

对于标量代价 $f_\lambda(\boldsymbol{x})$，从贝叶斯变分推理的角度，学习其如下潜在的可加性结构，

$$f_\lambda(\boldsymbol{x}) = f_1(x^{A_1}) + f_2(x^{A_2}) + \cdots + f_N(x^{A_N}) \tag{6-20}$$

其中，每个目标分量 $f_i(x^{A_N}), i \in [1, 2, \cdots, K], n \in [1, 2, \cdots, N]$ 都可以用一个高斯代理模型 GP 近似。因此根据第 6.2 节内容可得，$f_\lambda(\boldsymbol{x})$ 也可以用一个高斯代理模型 GP 近似，且其均值函数和协方差函数可以表示为每个子代理模型的均值函数和协方差函数的加权和形式。

同时，也可以学习到决策空间 D 的划分（算法 6.1 中步骤 15）。受研究[88]启发，从变分推理的角度，引入隐变量 $z = (z_1, z_2, \cdots, z_D)$ 表示变量 $x_i, i \in [1, 2, \cdots, D]$ 的变量维度所属分组。其中，z_j 服从多项分布 $z_j \sim \text{Mult}(\theta)$，参数 θ 服从狄利克雷分布（Dirichlet Distribution），即 $\theta \sim \text{Dir}(\alpha)$，其中 $\text{Dir}(\alpha)$ 表示狄利克雷分布，α 是超参数。因此，决策空

间 D 中的每个子空间为 $A_n = \{j : z_j = n\}, n \in [1, 2, \cdots, N]$，对应的目标子空间为 $f_n(x)$。在 ADD-HDMBO 中，通过对决策空间的划分添加先验知识，可以得到决策空间的最终子空间划分和其对应的目标分量，进而建立目标函数子分量对应的高斯代理模型。

具体而言，对于给定观察点集 $\mathcal{D}_t = \{(x_i, y_i)\}_{i=1}^t$、隐变量 z 和建立在 θ 和 α 上的先验分布，对应的后验分布正比于似然函数 $p(\mathcal{D}_t \mid z)$ 和多项式先验分布 $\mathrm{Mult}(\theta)$ 的乘积，即

$$p(z, \theta \parallel D_t, \alpha) \propto p(\mathcal{D}_t \mid z) p(z \mid \theta) p(\theta; \alpha) \tag{6-21}$$

其中，对数似然函数 $p(\mathcal{D}_t \mid z)$ 表示给定变量维度分组 z 即决策空间划分的情况下，已知观察点上的可加高斯代理模型的对数似然函数，具体如式(6-22)所示，即

$$\log p(\mathcal{D}_t \mid z) = \log p(\mathcal{D}_t \mid \{k_n, A_n\}_{n=1}^N)$$

$$= -\frac{1}{2}(y^{\mathrm{T}}(K_n + \sigma^2 I) y + \log |K_n + \sigma^2 I| + n \log 2\pi) \tag{6-22}$$

通过上面的知识，可以推理得到变量分组 z 的后验分布为

$$p(z \mid \mathcal{D}_t; \alpha) \propto p(\mathcal{D}_t \mid z) \frac{\Gamma\left(\sum_n \alpha_n\right)}{\Gamma\left(D + \sum_n \alpha_n\right)} \prod_n \frac{\Gamma(|A_n| + \alpha_n)}{\Gamma(\alpha_n)} \tag{6-23}$$

利用吉布斯采样(Gibbs Sampling)对变量分组 $z = (z_1, z_2, \cdots, z_n)$ 进行采样，选择使得似然函数 $p(\mathcal{D}_t \mid z)$ 值最大的 z 的后验分布作为决策变量维度的最终分组。具体而言，吉布斯采样通过式(6-24)循环地采样变量分组 z_j 的值，即

$$p(z_j = n \mid z \backslash z_i, \mathcal{D}_t; \alpha) \propto p(\mathcal{D}_t \mid z) p(z \mid z \backslash z_i) \propto p(\mathcal{D}_t \mid z)(|A_n| + \alpha_n) \propto e^{\phi_n}$$
$$\tag{6-24}$$

其中，ϕ_n 定义如下，即

$$\phi_n = -\frac{1}{2}(y^{\mathrm{T}}(K_n^{z_j=n} + \sigma^2 I) y - \frac{1}{2} \log |K_n^{z_j=n} + \sigma^2 I| + \log(|A_n| + \alpha_n)) \tag{6-25}$$

$z \backslash z_i$ 是指在 $\{z_1, z_2, \cdots, z_n\}$ 中忽略 z_i。

6.3.5　可加高斯模型

在 ADD-HDMBO 中，高斯代理模型有可加性质，即其均值函数和协方差函数由决策子空间中代理模型的均值函数和协方差函数的加权和得到(算法 6.1 中步骤 $13 \sim 14$ 和步骤 16)。具体而言，通过 6.3.3 节中的函数评估和目标函数聚合后，可以获得由 M 个子目标聚合得到的标量代价 $f_\lambda^1(x)$。类似 ADD-GP-UCB，假设该标量代价可以表示为 N 个子标量代价的加权和，即

$$f_\lambda(x) = \sum_{n \in N} f_\lambda^n(x^{A_n}) = f_\lambda^1(x^{A_1}) + f_\lambda^2(x^{A_2}) + \cdots + f_\lambda^N(x^{A_N}) \tag{6-26}$$

其中，每个目标函数的分量 $f_\lambda^n(x), n \in [1, 2, \cdots, N]$ 对应一个决策子空间 $A_n, n \in [1, 2,$

$\cdots,N]$；而决策子空间的划分是通过表示决策变量维度分组的隐变量 $z = \{z_1, z_2, \cdots, z_D\}$ 确定的。

类似其他贝叶斯优化方法，在 ADD-HDMBO 中，假设原目标函数的每个标量代价分量 $f_\lambda^n(x), n \in [1, 2, \cdots, N]$ 均可由高斯过程代理模型近似，即

$$f_\lambda^n(x) = f_\lambda(x^{A_n}) \sim N(\mu_n(x), k_n(x)), \forall n \in [1, 2, \cdots, N] \quad (6\text{-}27)$$

又因为假设各个决策子空间 $A_n, n \in [1, 2, \cdots, N]$ 中的变量之间相互独立，所以根据高斯分布的性质可知，它们之间的协方差为 0。由此可得，原标量代价 $f_\lambda(x) = \sum_{n=1}^{N} f_\lambda^n(x^{A_n})$ 的均值函数 $\boldsymbol{\mu}(x)$ 和协方差函数 $\boldsymbol{K}(x)$ 可由分量高斯模型的均值函数 $\mu_n(x)$ 和协方差函数 $k_n(x)$ 加权求和得到，即

$$\boldsymbol{\mu}(x) = \sum_{n=1}^{M} \mu_n(x^{A_n})$$

$$\boldsymbol{K}(x) = \boldsymbol{K}(x, x') = \sum_{n=1}^{N} k_n(x^{A_n}, x'A_n) \quad (6\text{-}28)$$

然后，根据 6.3.4 节的决策空间划分学习，可推导出变量分组的后验分布 $p(z)$，从而得出当前算法迭代中的决策空间划分。根据式(6-28)，可以得出标量代价 $f_\lambda(x)$ 的先验高斯分布，然后根据其先验分布可以推导出下一个标量代价的预测值仍然服从高斯分布，即

$$\mathcal{P}(y_{t+1} \mid \mathcal{D}_{1,t}, \boldsymbol{x}_{t+1}) = N(\boldsymbol{\mu}_t(\boldsymbol{x}_{t+1}), \boldsymbol{K}_t(\boldsymbol{x}_{t+1})) \quad (6\text{-}29)$$

其中，均值函数和协方差函数的定义分别如式(6-10)～式(6-15)所示。

6.3.6 可加双目标获取函数和候选解推荐

为了实现高维决策空间中的并行化函数评估，根据 6.3.5 节介绍的可加高斯模型建立获取函数。在 ADD-HDMBO 中，利用了两个获取函数推荐候选解：原 ADD-GP-UCB 中的获取函数和受本书第 4 章中内容启发提出的可加双目标获取函数。在 Adaptive Batch-ParEGO 中分析过，双目标获取函数是将贝叶斯优化中的利用和探索作为两个子目标，然后利用 NSGA-II 算法对该双目标获取函数进行优化，从而得到一组候选解，再从该组候选解中选择 B 个候选解用于真实函数评估。如此，实现并行化函数评估的同时，更好地平衡了利用和探索两者之间的关系，使得最终的候选解能很好地平衡收敛性和多样性(算法 6.1 中步骤 18～23)。具体而言，在本书定义的最小化问题中，双目标获取函数为

$$\mathbf{mop}_t(x) = (\mu_t(x), -\sigma_t(x))^{\mathrm{T}} \quad (6\text{-}30)$$

其中，$\boldsymbol{\sigma}_{t-1}(x)$ 为协方差函数 $\boldsymbol{K}_{t-1}(x)$ 的开方。

然而,在高维决策空间中,受维度灾难的影响,获取函数的优化效率大大降低,导致通过优化获取函数得到的最终解的质量明显降低[86]。为了实现并行化函数评估的同时,提高获取函数的优化效率,将第 4 章中的双目标获取函数进行了改进,并通过本章隐变量 $z = \{z_1, z_2, \cdots, z_D\}$ 学习得到的决策空间的划分,将其改为具有可加结构的双目标获取函数,即多点采样,具体如式(6-31)所示。

$$a_t^{\mathrm{bi}}(x) = \sum_{n=1}^{N} a_{t_n}^{\mathrm{bi}}(x) = \Big(\sum_{n=1}^{N} \mu_n^t(x_t^{A_n}), \sum_{n=1}^{N} K_t^t(x_t^{A_n}, x_t'^{A_n}) \Big)^{\mathrm{T}} \tag{6-31}$$

此外,还使用了原 ADD-GP-UCB[86] 中的可加 UCB 获取函数,具体如下。

$$a_t^{\mathrm{ucb}}(x) = \begin{cases} \mu_t(x) + \sqrt{\beta_t}\, \sigma_t(x), & \beta_t < \infty \\ \sigma_t(x), & \beta_t \to \infty \end{cases} \tag{6-32}$$

其中,$\beta_t^{(m)} = |A_m| \log 2t/5$;$\boldsymbol{\sigma}_t(x)$ 为协方差函数 $\boldsymbol{K}_t(x)$ 的开方。根据已建立的可加高斯过程模型,上述 UCB 获取函数被重新定义为

$$a_t^{\mathrm{ucb}}(x) = \begin{cases} \displaystyle\sum_{n=1}^{N} \mu_n^t(x_t^{A_n}) + \sqrt{\beta_t}\, \sum_{n=1}^{N} \sigma_n^t(x_t^{A_n}), & \beta_t < \infty \\ \displaystyle\sum_{n=1}^{N} \sigma_n^t(x_t^{A_n}), & \beta_t \to \infty \end{cases} \tag{6-33}$$

　　在 ADD-HDMBO 中,先优化单目标获取函数 $a_t^{\mathrm{ucb}}(x)$ 获得第一个候选解;然后类似于 Adaptive Batch-ParEGO,利用 NSGA-Ⅱ 算法优化双目标获取函数 $a_t^{\mathrm{bi}}(x)$,得到其近似帕累托最优集,然后按照第 4 章提出的选择策略选择 $B-1$ 个候选解进行评估,并得到最终候选解集 $x_{\mathrm{new}} = \{x_{t+1}^1, x_{t+1}^2, \cdots, x_{t+1}^B\}$。如此,将高维决策空间中获取函数的优化转变为在多个低维子空间中同时对多个子获取函数进行优化,既可以降低计算复杂度、缓解维度灾难问题;又可以提高获取函数的优化效率,改进最终解平衡收敛性和多样性的性能。

6.3.7　模型更新

　　通过优化获取函数获得 B 个候选解 x_{new} 后,ADD-HDMBO 将 B 个候选解代入原昂贵的多目标优化问题进行真实函数评估,获取其对应的真实目标值(算法 6.1 中步骤 24);然后再选择不同于上一代的、均匀分布的权重向量进行目标函数聚合,得到对应的标量代价值;同时更新建立高斯模型的已知观察点,即将 B 个新候选解添加到 $\mathcal{D}_{1,t}$ 中得到 $\mathcal{D}_{1,t+1}$,用于构建新的高斯代理模型。此外,评估次数 Eval、当前迭代次数 t、当前帕累托最优解 P^*、当前帕累托最优前沿 PF^*、理想点 z^* 和最差点 z^{nad} 也被更新(算法 6.1 中步骤 25~27)。6.3.2~6.3.6 节中的初始化、函数评估与目标函数聚合、决策空间划分学习、可加高

斯模型学习和候选解推荐过程反复迭代执行至满足算法终止条件,最终得到原昂贵多目标问题的近似帕累托最优解集和帕累托前沿。

<h1 style="text-align:center">6.4 实　　验</h1>

因为 ADD-HDMBO 主要是在基于 EGO 的多目标贝叶斯优化方法框架下展开的,所以为了验证其有效性,将其与其他 3 种基于 EGO 的多目标贝叶斯优化基线方法在两个标准多目标测试问题上进行了对比分析实验。下面将对本章用到的实验设置和结果进行详细介绍。

6.4.1　实验设置

本章采用的 3 种基线多目标贝叶斯优化方法包括 ParEGO[38]、SMS-EGO[39] 和 MOEA/D-EGO[40]。所有方法的相关实验均采用 PlatEMO 优化平台实现。本章采用的两个标准多目标测试问题包括 DTLZ1-7[159] 和 ZDT1-6[160]。由于所用实验平台 PlatEMO-V2.0 上的决策变量个数不可改变,因此本章不考虑 ZDT5 问题。对于 DTLZ 和 ZDT 问题,分别设置其目标个数为 $M=3$ 和 $M=2$。为了比较不同方法在不同高维决策空间中的性能表现,本章针对上述两个测试问题使用了 5 种不同的决策空间维度,分别为 10 维、20 维、30 维、40 维和 50 维。通过在这些不同维度下进行实验,可以评估各个方法在不同复杂度和维度条件下的适应性和效果。为了对比所有相关方法,本章采用了 2.6 节中介绍的超体积(HV)对优化结果进行评价与分析,衡量它们的优化性能。HV 值越高,代表优化算法的优化性能越好。在计算 HV 值时,未使用 PlatEMO-V2.0 中的 HV 指标计算,因为其会导致大部分方法的 HV 值接近于 0。而 HypE[328] 使用蒙特卡罗模拟近似准确的 HV 值,可以权衡估计的准确性和可用的计算资源,所以本书采用它计算所有相关方法的 HV 值。

在本章中,所有相关方法的初始解个数为 $N_{\text{ini}}=11D-1$;每个算法在每个测试实例上独立运行 30 次的相关指标平均值作为最终结果;所有方法在标准多目标测试问题上的最大函数评估次数为 $\text{MaxEvals}=N_{\text{ini}}+200$。在归一化目标空间中,用于计算 HV 的参考点为 $r=[1.1]M$。MOEA/D-EGO 和 ADD-HDMBO 中的批处理大小都为 $B=5$。为了确保结果的统计可靠性,我们对所有相关结果进行了非参数统计测试,具体使用了 Wilcoxon 秩和检验方法,并将显著性水平设置为 5%($\alpha=0.05$)。ADD-HDMBO 算法中的具体参数设置如表 6.1 所示。

表 6.1　ADD-HDMBO 算法中的具体参数设置

参　　数	取　　值
批处理大小 B	5
Total samplings	100
吉布斯采样总数	100
秩和检验显著性水平 α	5%
用于计算 HV 的参考点	每个函数值维度最大值的 1.1 倍
狄利克雷分布相关参数 α	1
高斯核的长度尺寸(Length Scale)	5
高斯核的带宽(Bandwidth)	0.1

6.4.2　标准合成测试集上的对比结果

表 6.2 和表 6.3 分别展示了 $D=\{10,20,30,40,50\}$ 情况下 ParEGO、SMS-EGO、MOEA/D-EGO 和 ADD-HDMBO 在 DTLZ1-7 和 ZDT1-6 上运行 30 次的 HV 均值统计结果。其中,所有最好的结果均用粗体突出显示。

表 6.2　ParEGO、SMS-EGO、MOEA/D-EGO 和 ADD-HDMBO
在 DTLZ1-7 问题上运行 30 次的 HV 均值

测试问题	D	ParEGO	SMS-EGO	MOEA/D-EGO	ADD-HDMBO
DTLZ1	10	**3.34E+06**+①	2.92E+06+	3.15E+06+	1.12E+06
	20	1.55E+07+	1.66E+07+	**1.91E+07**+	9.63E+06
	30	**5.03E+07**+	4.46E+07+	4.35E+07≈	4.30E+07
	40	8.59E+07−②	8.66E+07−	8.38E+07−	**9.05E+07**
	50	1.66E+08−	1.65E+07−	1.21E+08−	**2.33E+08**
DTLZ2	10	3.54E−01	7.29E−01+	**1.43E+00**+	**4.95E−01**
	20	7.83E−01	1.03E+00−	1.45E+00−	**1.71E+00**
	30	1.77E+00−	1.42E+00−	2.17E+00−	**5.45E+00**
	40	2.50E+00−	2.58E+00−	2.54E+00−	**9.36E+00**
	50	3.83E+00−	4.10E+00−	3.35E+00−	**1.30E+01**

续表

测试问题	D	ParEGO	SMS-EGO	MOEA/D-EGO	ADD-HDMBO
DTLZ3	10	1.10E+08+	9.60E+07+	**2.01E+08+**	2.87E+07
	20	6.56E+08+	9.78E+08+	**9.83E+08+**	3.17E+08
	30	1.88E+09+	1.80E+09+	**3.56E+09+**	9.40E+08
	40	**3.70E+09+**	3.26E+09+	3.42E+09≈③	2.36E+09
	50	**8.95E+09+**	6.59E+09+	5.657E+09+	3.13E+09
DTLZ4	10	5.56E+00+	5.25E+00+	**5.68E+00+**	3.54E+00
	20	1.44E+01+	**1.50E+01+**	6.17E+00+	5.00E+00
	30	1.47E+01+	1.19E+01+	**1.81E+01+**	9.15E+00
	40	7.37E+00≈	1.45E+01+	**1.64E+01+**	7.96E+00
	50	1.45E+01−	**2.52E+01+**	1.70E+01−	1.88E+01
DTLZ5	10	1.04E+00−	6.21E−01−	**1.75E+00−**	1.21E+00
	20	1.62E+00−	1.79E+00−	2.14E+00−	**3.36E+00**
	30	2.74E+00−	3.11E+00+	**3.56E+00+**	2.88E+00
	40	3.82E+00−	**6.81E+00≈**	3.83E+00−	6.42E+00
	50	7.03E+00−	5.08E+00−	6.49E+00−	**1.15E+01**
DTLZ6	10	1.62E+02−	1.34E+02−	1.67E+02−	**3.01E+01**
	20	**6.44E+02+**	4.74E+02+	4.90E+02+	2.534E+02
	30	6.92E+02+	**7.39E+02+**	7.12E+02+	4.93E+02
	40	1.20E+03−	1.10E+03−	1.45E+03−	**1.74E+03**
	50	1.56E+03−	1.35E+03−	1.55E+03−	**2.37E+03**
DTLZ7	10	**1.89E+00+**	6.74E−01−	1.03E+00≈	1.04E+00
	20	4.19E−01−	4.37E−01−	5.27E−01−	**1.43E+00**
	30	4.23E−01−	6.83E−01−	3.43E−01−	**1.30E+00**
	40	3.16E−01−	2.53E−01−	3.58E−01−	**6.85E−01**
	50	4.74E−01−	3.42E−01−	5.82E−01−	**1.96E+00**
+/−/≈		14/20/1	18/16/1	15/17/3	−/−/−

注：① +表示所对比的基线算法性能优于 ADD-HDMBO。

② −表示所对比的基线算法性能劣于 ADD-HDMBO。

③ ≈表示所对比的基线算法性能与 ADD-HDMBO 的结果在统计意义上相似。

表 6.3　ParEGO、SMS-EGO、MOEA/D-EGO 和 ADD-HDMBO 在 ZDT1-6 问题上运行 30 次的 HV 均值

测试问题	D	ParEGO	SMS-EGO	MOEA/D-EGO	ADD-HDMBO
ZDT1	10	3.03E+00≈	**7.58E+00−**	3.55E+00−	3.11E+00
	20	2.11E+00−	9.02E−01−	3.32E+00−	**8.75E+00**
ZDT1	30	3.27E+00−	3.85E+00−	2.02E+00−	**5.77E+00**
	40	1.95E+00−	4.62E+00−	3.48E+00−	**8.94E+01**
	50	3.72E+00−	1.72E+00−	7.53E+00−	**2.47E+01**
ZDT2	10	1.78E+00−	9.05E−01−	3.23E+00−	**5.55E+00**
	20	1.72E+00−	4.66E+00−	2.86E+00−	**2.05E+01**
	30	9.11E+00+	2.57E+00−	**6.65E+00+**	4.75E+00
	40	3.91E+00−	7.11E+00−	6.72E+00−	**2.24E+01**
	50	3.18E+00≈	2.19E+00−	**9.69E+01+**	3.19E+01
ZDT3	10	1.53E+01−	**1.64E+01−**	1.19E+00−	1.33E+00
	20	**6.19E+00−**	1.81E+00−	3.00E+00+	1.70E+00
	30	2.97E+00−	3.00E+00−	5.16E+00−	**1.05E+01**
	40	2.09E+00−	4.38E+00−	5.57E+00−	**1.15E+01**
	50	3.85E+00−	2.76E+00−	4.98E+00−	**3.35E+01**
ZDT4	10	1.27E+02+	**2.28E+02+**	1.09E+01−	5.24E+00
	20	**1.73E+02+**	1.10E+01+	1.15E+02+	5.90E+00
	30	2.97E+00−	3.00E+00−	5.16E+00−	**1.05E+01**
	40	3.71E+01+	**9.88E+01+**	1.27E+02+	1.23E+01
	50	6.67E+01−	2.54E+01−	4.67E+01−	**1.09E+03**
ZDT6	10	1.46E−01−	2.65E−01−	1.85E+00−	**2.79E+00**
	20	1.65E−01−	2.57E−01−	4.90E−01−	**1.09E+01**
	30	1.40E−01−	**5.47E+00+**	2.09E−01−	4.19E+00
	40	**4.93E+00+**	2.65E−01−	2.401E−01−	3.11E+00
	50	**8.46E+00+**	4.52E−01−	2.72E−01−	4.94E−01
+/−/≈		6/17/2	4/21/0	6/19/0	−/−/−

注：＋表示所对比的基线算法性能优于 ADD-HDMBO。

　　−表示所对比的基线算法性能劣于 ADD-HDMBO。

　　≈表示所对比的基线算法性能与 ADD-HDMBO 的结果在统计意义上相似。

从表 6.2 中可以看出,对于高维昂贵的多目标优化问题,当 $D=\{10,20,30,40,50\}$ 时,ADD-HDMBO 在大多数测试问题上获得了明显优于 ParEGO、SMS-EGO 和 MOEA/D-EGO 的结果。该方法的性能优势在高决策空间 $D=\{40,50\}$ 时尤为明显,再次验证了带有多点采样的可加高斯模型结构 GP: $f_\lambda(x)=\sum_{n\in N}f_n(xAn)$ 在求解高维昂贵的多目标优化问题时的有效性。

从表 6.2 中 DTLZ1-7 问题的 HV 结果可以看出,除了 DTLZ3 和 DTLZ4 外,与其他方法相比,ADD-HDMBO 在大多数高维情况下都获得了更高的 HV 值。具体而言,当 $D=50$ 时,ADD-HDMBO 在 7 个 DTLZ 问题中有 5 个问题的结果优于 ParEGO、SMS-EGO 和 MOEA/D-EGO;当 $D=40$ 时,在 7 个测试问题中的 4 个问题上的结果优于 ParEGO。同时,当 $D=\{10,20,30,40,50\}$ 时,ADD-HDMBO 在 DTLZ2 和 DTLZ7 上获得了能够很好平衡收敛性和多样性的解。对于除 $D=10$ 外的大多数高维情况,ADD-HDMBO 在 DTLZ7 上的优化结果都明显优于其他基线方法。总体而言,MOEA/D-EGO 在相对低维情况下,即 $D=\{10,20,30\}$ 时具有更好的优化性能。其原因可能是 MOEA/D-EGO 在每次迭代中考虑多个聚合函数,能够更准确地逼近整个帕累托前沿。在 DTLZ1-7 上,ParEGO 和 SMS-EGO 在不同决策变量维度下表现出相似的优化性能。对于 DTLZ3 和 DTLZ4,虽然 ADD-HDMBO 算法优化性能较差,但实际上这 4 种算法都不能很好地逼近问题的帕累托前沿。ADD-HDMBO 在 DTLZ4 上的性能不如其他基线方法的原因是,DTLZ4 的帕累托前沿是有偏的、多对一的[36]。而此类问题对 ADD-HDMBO 而言具有较高的挑战性,这可以由表 6.3 中多对一的 ZDT6 的 HV 结果得到验证,即当 $D=\{30,40,50\}$ 时,ADD-HDMBO 获得的 HV 值低于其他方法。对于 DTLZ3,ADD-HDMBO 的优化结果不如其他基线方法的原因尚不清楚,需要进一步研究。

对于表 6.3 中 ZDT1-6 问题的 HV 结果,可以得出与表 6.2 中一致的结论,即 ADD-HDMBO 的优化性能明显优于其他多目标贝叶斯优化方法。具体而言,在 ZDT1-3 中的大多数维度情况下,ADD-HDMBO 都取得了最高的 HV 值,尤其是当 $D=\{30,40,50\}$ 时。在 ZDT4 问题上,ADD-HDMBO 在 $D\geqslant 30$ 时的优化性能优势更明显。然而,在 ZDT6 上,ParEGO 算法取得了比 ADD-HDMBO 更高的 HV 值,具体原因仍需进一步深入研究。综合而言,ADD-HDMBO 在相对较高维的情况下,即当 $D=\{40,50\}$ 时,更能体现其优化性能优势,可以通过 ADD-HDMBO 在所有 5 个 $D=50$ 维 ZDT 问题和 3 个 $D=40$ 维 ZDT 问题的优化结果得到验证。

综上所述,如表 6.2 和表 6.3 所示,ADD-HDMBO 能够在高维决策空间中更高效地求解昂贵的多目标优化问题,其不仅能缓解高维决策空间中的维度灾难问题,而且得到的最终解能更好地平衡收敛性和多样性。

6.4.3　可加双目标获取函数对算法性能的影响

为了验证可加双目标获取函数对 ADD-HDMBO 算法性能的影响,在可加高斯模型 GP 的前提下,在 $D=\{10,20,30,40,50\}$ 维 DTLZ1-3 和 ZDT1-3 问题上,对比了可加双目标获取函数 $a_t^{\text{bi}}(x)$ 和可加单目标 UCB 获取函数 $a_t^{\text{ucb}}(x)$ 的优化结果。每个算法在每个测试问题上独立运行 30 次的均值作为最终结果。其中,在每次算法迭代过程中,可加双目标获取函数 $a_t^{\text{bi}}(x)$ 以批处理方式进行函数评估,即采用多点采样机制(Multi-Point Sampling Mechanism,MPSM);而单目标获取函数 $a_t^{\text{ucb}}(x)$ 每次只能推荐一个候选解进行评估(non-MPSM)。所有实验除获取函数不同外,其余实验设置条件都相同。表 6.4 给出了当 $D=\{10,20,30,40,50\}$ 时,两种采样策略在 DTLZ1-3 和 ZDT1-3 问题上运行 30 次得到的 HV 均值,表中最好的结果用黑体加粗表示。从表 6.4 中可以看出,可加双目标获取函数在绝大多数情况下表现出了更好的优化性能,即取得了更高的 HV 值。表中 DTLZ1-3 和 ZDT1-3 的 HV 结果表明,ADD-HDMBO 算法在实现并行化函数评估的同时,能够很好地平衡收敛性和多样性。特别是在 $D=\{20,30,40,50\}$ 的高维情况下,在可加高斯结构 GP 下,通过逐组迭代优化可加双目标获取函数 $a_t^{\text{bi}}(x)$ 的子分量 $a_{t_n}^{\text{bi}}(x) = (\mu_n^{T-1}(x_t^{A_n}), \sigma_n^{T-1}(x_t^{A_n}))^T$,能够在平衡收敛性和多样性方面表现出更大的优势,可以从表 6.4 中较高的 HV 值得到验证。同时,我们发现可加单目标 UCB 获取函数 $a_t^{\text{bi}}(x)$ 在许多情况下取得了很极端的 HV 值,即许多 HV 值等于 0。这些结果表明,在高维昂贵的多目标优化问题中,仅采用可加 UCB 获取函数并不能保证收敛性和多样性两者之间的平衡关系。究其原因,可能是在高维昂贵的多目标优化问题中,对可加单目标 UCB 获取函数逐组采样限制了搜索空间。为了进一步分析原因,在图 6.1 中可视化了可加单目标(即 non-MPSM)和可加双目标(即 MPSM)获取函数在 $D=10$ 维 DTLZ1 和 DTLZ3 问题上得到的最终目标空间。图 6.1 中蓝色点代表通过优化可加双目标获取函数获得的目标向量,红色点代表通过优化单目标获取函数获得的目标向量。

表 6.4　可加单目标和可加双目标获取函数在 DTLZ 和 ZDT 问题上运行 30 次的 HV 均值

测试问题	D	HV 均值		测试问题	D	HV 均值	
		可加双目标	可加单目标			可加双目标	可加单目标
DTLZ1	10	1.12E+06 −	**6.59E+07**	ZDT1	10	**1.89E+00** +	0.00E+00
	20	**9.63E+06** +	0.00E+00		20	**4.19E−01** +	0.00E+00
	30	**4.30E+07** +	0.00E+00		30	**4.23E−01** +	0.00E+00
	40	**9.05E+07** +	0.00E+00		40	**3.16E−01** +	0.00E+00
	50	**2.33E+08** +	0.00E+00		50	**4.74E−01** +	0.00E+00

续表

测试问题	D	HV 均值		测试问题	D	HV 均值	
		可加双目标	可加单目标			可加双目标	可加单目标
DTLZ2	10	**4.95E−01+**	0.00E+00	ZDT2	10	**1.89E+00+**	0.00E+00
	20	**1.71E+00+**	0.00E+00		20	**4.19E−01+**	0.00E+00
	30	**5.45E+00+**	0.00E+00		30	**4.23E−01+**	1.43E−06
	40	**9.36E+00+**	7.38E−06		40	**3.16E−01+**	0.00E+00
	50	**1.30E+01+**	0.00E+00		50	**4.74E−01+**	1.80E−04
DTLZ3	10	2.87E+07−	**7.49E+09**	ZDT3	10	**1.89E+00+**	0.00E+00
	20	**3.17E+08+**	0.00E+00		20	**4.19E−01+**	0.00E+00
	30	**9.40E+08+**	0.00E+00		30	**4.23E−01+**	0.00E+00
	40	**2.36E+09+**	0.00E+00		40	**3.16E−01+**	0.00E+00
	50	**3.13E+09+**	0.00E+00		50	**4.74E−01+**	0.00E+00
$+/-/\approx$		13/2/0	−/−/−	$+/-/\approx$		15/0/0	−/−/−

注：+表示可加双目标获取函数的性能优于可加单目标获取函数。

−表示可加双目标获取函数的性能劣于可加单目标获取函数。

$\approx$表示可加双目标获取函数的性能与可加单目标获取函数的结果在统计意义上相似。

如图 6.1 所示，DTLZ1 和 DTLZ3 的目标空间中各有 100 个由 non-MPSM 和 MPSM 获得的目标向量。可以看出，对于 DTLZ1 和 DTLZ3 而言，由可加多目标获取函数获得的目标向量更加均匀地分布在整个搜索空间中；而通过可加单目标获取函数得到的目标

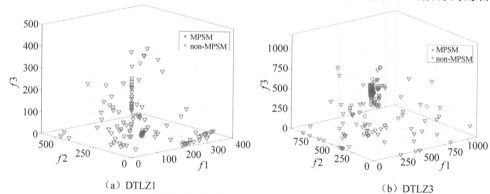

（a）DTLZ1　　　　　　　　　　（b）DTLZ3

图 6.1　可加单目标和可加双目标获取函数在 $D=10$ 维
DTLZ1 和 DTLZ3 上的最终目标空间（见彩插）

向量分布更加集中且聚集在有限的搜索空间中。以上验证了关于可加单目标 UCB 获取函数在优化高维昂贵的多目标问题中限制了搜索空间的推断。出现该现象的另一个可能原因是,最大函数评估次数过少导致了单目标可加 UCB 获取函数的 HV 值结果不够理想,适当增加函数评估次数也许可以避免此种极端情况。然而,如同前文所述,在昂贵的多目标优化问题的设定下,因为函数评估代价昂贵,受限于现实世界中的资源和成本,在实际优化问题中一般不能承载太多的函数评估次数。由此可见,优化高维昂贵的多目标优化问题时只利用单目标 UCB 获取函数存在一定的局限性。

6.5　本章小结

本章提出了一种基于可加高斯结构的高维多目标贝叶斯优化方法(ADD-HDMBO),旨在有效地求解高维昂贵的多目标优化问题。该方法通过对决策变量分组添加先验知识学习决策空间的划分,降低了决策空间的维度;利用可加的双目标获取函数实现了高维决策空间中的并行化函数评估,改进了收敛性与多样性的平衡关系。在决策空间的子空间中,通过加权求和求得原优化问题标量代价的可加高斯代理模型,降低了高斯代理模型中的计算复杂度。此外,可加双目标获取函数建立在决策子空间中,通过逐组优化得到多个候选解,不仅提高了获取函数的优化效率,而且实现了以批处理模式进行函数评估,促进了收敛性;同时更好地平衡了贝叶斯优化中的利用和探索之间的关系。为了验证 ADD-HDMBO 的有效性,将其与其他基于 EGO 的多目标贝叶斯优化方法在两个标准测试问题上进行了对比实验。实验结果表明,ADD-HDMBO 在降低计算复杂度和平衡收敛性-多样性方面的性能明显优于其他基线方法。分析表明,ADD-HDMBO 的有效性源于通过决策空间划分得到的可加高斯结构和可加双目标获取函数。虽然 ADD-HDMBO 对决策空间的划分避免了随机性,但通过添加先验知识划分决策空间仍然存在主观性。在未来,将进一步研究如何避免对决策空间划分的随机性和主观性,提高高维昂贵的多目标优化问题的优化效率。

第 7 章

基于变量交互分析的高维多目标贝叶斯优化方法

7.1 引　　言

第 6 章主要考虑了通过引入先验知识避免决策空间划分的随机性,以及引入可加双目标获取函数在高维决策空间中实现函数并行化评估,进而提出基于可加高斯结构的高维多目标贝叶斯优化方法(ADD-HDMBO)。虽然该方法利用先验知识和贝叶斯推理学习变量维度分组避免了变量分组的随机性,降低了决策空间的维度,缓解了维度灾难问题;同时在高维决策空间实现了并行化函数评估,提高了获取函数的优化效率,缓解了边界问题。但是,ADD-HDMBO 通过先验知识对决策空间划分,具有主观性;且其假设决策子空间的个数是固定的,具有随机性。此外,在高维昂贵的多目标优化问题中,决策变量之间可能存在交互关系,共同影响目标值,即一个变量的波动会引起其他变量的变化。根据决策变量之间是否存在交互关系,多目标优化问题可分为可分和不可分两种问题。对于可分问题,特别是在高维情况下,通过学习变量间的交互关系,将决策空间划分为不相交的子空间,可以降低决策空间维度,提高获取函数的优化效率,从而缓解维度灾难和边界问题。然而,如何学习变量是否交互极具有挑战性。所以,本章主要从上述角度出发,对高维多目标贝叶斯优化方法展开研究,旨在对高维决策空间进行合理划分、最大限度地降低决策空间维度的同时,实现并行化的函数评估,从而缓解维度灾难和边界问题,保证优化算法能够高效地求解高维昂贵的多目标优化问题。

具体而言,本章提出一种基于决策变量交互分析的高维多目标贝叶斯优化方法框架(High-dimensional Multi-objective Bayesian Optimization with Variable Interaction Analysis,ViaMOBO)。ViaMOBO 首先通过学习决策变量之间的交互关系确定多目标问题是否可分,然后将决策空间划分为多个互不相交的子空间,每个子空间中包含相互交互的决策变量。学习交互变量需要计算真实目标函数值;而在昂贵的多目标优化问题设置中,一般不允许浪费额外的函数评估。所以为了避免真实的、昂贵的函数评估,ViaMOBO 利用二分类器预测两个决策变量对应的目标值的大小关系。因此,ViaMOBO 通过学习决策空间的划分降低了决策空间的维度,一定程度缓解了维度灾难问题。为了缓解边界问题,ViaMOBO 采用了多目标可加结构降低获取函数的优化难度,并利用虚拟导数信息(Virtual Derivative Information)对位于搜索边界附近区域的点进行修正,缓解了边界问题。本章的主要贡献概括如下。

(1) 提出了基于变量交互分析的高维多目标贝叶斯优化方法(ViaMOBO),利用二分类器学习决策变量之间的交互关系,避免了昂贵的函数评估;同时实现了决策空间的合理划分,避免了决策空间划分的主观性和随机性,达到了对高维决策空间的降维效果,一定程度缓解了维度灾难问题。

(2) 引入了可加多目标获取函数,并利用虚拟导数信息对获取函数进行优化,降低了获取函数的采样复杂度,提高了获取函数的优化效率,缓解了边界问题。

(3) 在标准合成的多目标测试问题上与随机搜索以及其他多目标贝叶斯优化方法进行了对比,验证了 viaMOBO 求解高维昂贵的多目标优化问题的有效性。

7.2　基于变量交互分析的高维多目标贝叶斯优化的研究方法

本章提出的算法受第 6 章 6.2 节中介绍的 ADD-GP-UCB[86] 算法启发,是该算法在高维决策空间更泛化的扩展算法。ViaMOBO 与 ADD-GP-UCB 的主要区别在于,ViaMOBO 是一个优化框架,并且决策空间的划分并非通过假设,而是通过决策变量交互的定义利用分类器学习得到;除此,为了缓解高维决策空间中的边界问题,ViaMOBO 在获取函数优化过程中引入了虚拟导数信息,对位于搜索边界区域附近的解进行了改进,从而改进了收敛性与多样性之间的平衡关系。本节主要介绍 ViaMOBO 的算法框架和具体细节。

7.2.1　算法框架

ViaMOBO 不对昂贵的多目标优化问题的决策空间和目标空间作出任何假设,而是在给定已知观察点的情况下利用二分类器学习交互变量组,并判断原问题是否可分(算法 7.1 中步骤 7～19)。如果原多目标问题是不可分的,建议使用其他高维的多目标贝叶斯优化方法,如本书第 5 章中介绍的 Block-MOBO 或 MORBO[98](算法 7.1 中步骤 7～21)。对于可分的昂贵的多目标优化问题,ViaMOBO 在每个低维决策子空间中推导出可加高斯结构,并拟合原多目标问题中每个目标的局部模型(算法 7.1 中步骤 24)。然后,ViaMOBO 通过优化获取函数并利用虚拟导数信息采样 q 个候选解,并用原多目标问题对候选解进行真实函数评估(算法 7.1 中步骤 25～28)。最后,ViaMOBO 更新相关参数等信息(算法 7.1 中步骤 29～30)。在 ViaMOBO 中,步骤 1～30 不断迭代直到满足算法终止条件 Eval>MaxEvals 为止。

算法 7.1　ViaMOBO 整体框架

输入：昂贵的多目标问题 MOP；最大真实函数评估次数 MaxEvals；初始观察点个数 N_{ini}；采样点个数 q

输出：近似帕累托最优集 P^*、近似帕累托前沿 PF^*

　　//初始化与函数评估//

1：随机生成 N_{ini} 个初始 Sobol 点：$X_0 \leftarrow \{x_1^1, x_1^2, \cdots, x_1^{N_{ini}}\}$

2：$Eval \leftarrow 0, t \leftarrow 0$

3：$P^* \leftarrow X_0, PF^* \leftarrow \varnothing$

4：用原 MOP 评估 X_0 得到初始 F-值：$F(X_0) \leftarrow \{y_0, y_1, \cdots, y_{N_{ini}}\} \,|\, y_i = f(x_i), i = \{1, 2, \cdots, N_{ini}\}$

5：$PF^* \leftarrow F(X_0), Eval \leftarrow Eval + N_{ini}$

　　//决策变量交互学习//

6：**for** $m = 1, 2, \cdots, M$ **do**

7：　　构建初始训练和测试数据集：$D_t \leftarrow \{X_t, f_t^i(\boldsymbol{x})\}$

8：　　为第 i 个目标 $f_i(x)$ 训练二分类器 $h_i(\cdot)$

9：　　将使得第 i 个子目标 $f_i(x)$ 值最大的 x 设为式(7-3)中的决策向量

10：　　用随机值扰动 x 的第 i 和 j 维，获得 x_i', x_j', x_{ij}'，其中 $i, j \in [1, D] \land i \ne j$

11：　　利用训练的二分类器 $h_i(\cdot)$ 预测决策变量 x_i, x_i', x_j' 和 x_{ij}' 对应的目标值大小

12：　　**if** $[f(x_i'), f(x_j')]$ 支配 $[f(x), f(x_{ij}'')]$ 或被 $[f(x), f(x_{ij}'')]$ 支配 **then**

13：　　　　第 i 个决策变量与第 j 个决策变量相互交互

14：　　**else**

15：　　　　第 i 个决策变量与第 j 个决策变量不相互交互

16：　　**end if**

17：　　根据定义(7.2)中的传递性学习目标 $f_i(x)$ 所有的交互变量 Ω_i of $f_i(x)$

18：**end for**

19：根据定义(7.3)学习 $F(x)$ 的交互变量组判断 $F(x)$ 是否可分

20：**if** $F(x)$ 不可分 **then**

21：　　利用其他高维多目标贝叶斯优化方法对 $F(x)$ 进行优化

22：**else**

23：　　**while** $Eval < MaxEvals$ **do**

24：　　　为每个子目标 $f_i(x)$ 建立一个局部高斯代理模型

　　　　//候选解推荐//

25：　　　获得 $F(x)$ 的可加高斯结构和可加获取函数 $a_t(x)$

26：　　　优化获取函数获得 B 个候选解：$\{x_{t+1}^1, \cdots, x_{t+1}^q\} \leftarrow \arg\max a_t(x)$

27：　　　$x_{new} \leftarrow \{x_{t+1}^1, \cdots, x_{t+1}^q\}$

　　　　//候选解评估及更新//

28：　　　用原 MOP 对 x_{t+1} 进行评估获得其 F-值：$y_{new} \leftarrow F(x_{new})$

29：　　　$Eval \leftarrow Eval + B, t \leftarrow t + 1$

30：　　　$P^* \leftarrow P^* \bigcup x_{new}, PF^* \leftarrow PF^* \bigcup y_{new}$

31：　　**end while**

32：**end if**

7.2.2　初始化与函数评估

ViaMOBO 首先利用准随机方法（Quasi-Random）即索博尔（Sobol）方法[329]采样 N_{ini} 个点作为初始解集，即 $X_0 = \{x_1, x_2, \cdots, x_{N_{ini}}\}$，其中 $x_i = (x_i^1, x_i^2, \cdots, x_i^D)$，$i \in [1, 2, \cdots, N_{ini}]$；同时初始化帕累托最优集为 $P^* = X_0$。

为了评估已知观察点 X_t，ViaMOBO 根据原昂贵的多目标优化问题计算其对应的真实目标函数值（算法 7.1 中步骤 4 和步骤 28），即

$$F_t(x) = (f_t^1(x), f_t^2(x), \cdots, f_t^M(x))^{\mathrm{T}} \tag{7-1}$$

在初始化阶段，ViaMOBO 将初始帕累托前沿 PF^* 设为初始目标函数值 $F(X_0)$；在算法优化阶段，ViaMOBO 将 q 个候选解的目标函数值并入数据集 D_t 用于训练二分类器和构建高斯代理模型。

7.2.3　可分多目标问题重定义

定义 1.5 给出了部分可分、完全可分、不可分问题及完全可分多目标问题的具体定义。为描述方便，将部分可分和完全可分问题统称为可分问题，因为在两种情况下，决策变量都可以进行分组和划分。鉴于此，对可分多目标（优化）问题进行了重新定义。

定义 7.1：多目标优化问题的交互变量分组

给定可分多目标优化问题 $F(x) = (f_1(x), f_2(x), \cdots, f_M(x))^{\mathrm{T}} : \mathbb{R}^D \to \mathbb{R}^M$ 和每个子目标的分量，即

$$f_i(x) = \sum_{j=1}^{M_i} f_j(x), x \in \Omega_i, i \in [1, 2, \cdots, M] \tag{7-2}$$

其中，Ω_i 是第 i 个子目标 $f_i(x)$ 的交互变量分组，那么原多目标优化问题 $F(x)$ 的交互变量分组为 $\bigcup_{i=1}^{M} \Omega_i$。

根据上述定义，尽管图 7.1 中多目标问题的子目标 f_1, f_2, f_3 的交互变量分组分别为 $\{x_1, x_2\} \bigcup \{x_3\}$，$\{x_1\} \bigcup \{x_2, x_3\} \bigcup \{x_4\}$ 和 $\{x_1, x_2\} \bigcup \{x_3\} \bigcup \{x_4, x_5\}$，但最终 $F(x)$ 的子目标 f_1, f_2, f_3 的交互变量分组为 $\{x_1, x_2, x_3\} \bigcup \{x_4, x_5\}$。

7.2.4　决策空间划分学习

根据定义 1.5 和定义 7.1，通过学习决策变量分组，可以得到决策空间的划分，从而可以确定原多目标问题是否可分。该过程是根据变量交互定义进行的客观学习，不仅避免了决策空间划分的随机性和主观性，而且能有效降低决策空间的维度。决策空间划分的关键在于交互变量分组的学习。为了方便，重写决策向量（变量）为

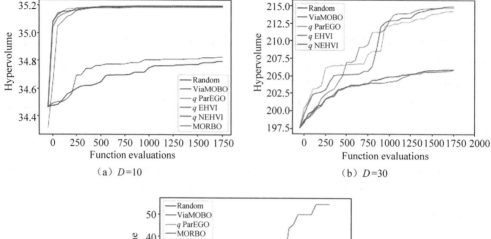

（a）$D=10$ （b）$D=30$

（c）$D=100$

图 7.1 相关基线方法在 $D=\{10,30,100\}$ 维 DTLZ2 问题上的 HV
值随函数评估次数的变化趋势图（见彩插）

$$\boldsymbol{x}=(x_1,\cdots,x_{i-1},x_i=a_1,\cdots,x_{j-1},x_j=b_1,\cdots,x_D)$$
$$\boldsymbol{x}'_i=(x_1,\cdots,x_{i-1},x_i=a_2,\cdots,x_{j-1},x_j=b_1,\cdots,x_D)$$
$$\boldsymbol{x}'_j=(x_1,\cdots,x_{i-1},x_i=a_1,\cdots,x_{j-1},x_j=b_2,\cdots,x_D)$$
$$\boldsymbol{x}''_{ij}=(x_1,\cdots,x_{i-1},x_i=a_2,\cdots,x_{j-1},x_j=b_2,\cdots,x_D) \tag{7-3}$$

根据定义 1.5，如果一个决策向量 $\boldsymbol{x}$ 的第 i 和 j 个变量维度 a_1、b_1 被其他值 a_2 和 b_2
替换，且对应的目标向量 $[f(\boldsymbol{x}'_i),f(\boldsymbol{x}'_j)]$ 和 $[f(\boldsymbol{x}),f(\boldsymbol{x}''_{ij})]$ 之间存在支配关系，那么变量
x_i 和 x_j 相互交互。换言之，如果可以找到 a_2、b_2，并且通过调换它们的位置得到的对应
目标向量存在支配关系，那么两个变量相互交互。所以，如果要判断两个变量是否交互，
需要知道其真实目标值大小。然而，在昂贵的多目标优化问题设定下，因为真实函数评估
代价昂贵，所以不允许消耗额外的函数评估次数用于计算真实目标值 $f(\boldsymbol{x}'_i)$、$f(\boldsymbol{x}'_j)$ 和
$f(\boldsymbol{x}''_{ij})$。

为了避免计算目标值 $f(\boldsymbol{x}'_i)$、$f(\boldsymbol{x}'_j)$ 和 $f(\boldsymbol{x}''_{ij})$，ViaMOBO 使用二分类器预测决策向

量对应的目标函数值的大小关系,而非使用原真实多目标优化问题对 x_i'、x_j' 和 x_{ij}'' 进行真实函数评估。具体而言,ViaMOBO 根据初始化的数据点 $\{X_{\text{init}}, F(x_{\text{init}}) \mid F(x_{\text{init}}) = (f_1(x), f_2(x), \cdots, f_M(x))\}$,将两个决策向量 x_1, x_2 连接成一个向量,记为 $x_1 \oplus x_2$,作为每个目标 $f_i(x)$ 的训练和测试数据集。如果 $f_i(x_1) < f_i(x_2)$,则标签设为正,否则为负。为了使训练数据集和测试数据集平衡,将 $x_1 \oplus x_2$ 和 $x_2 \oplus x_1$ 作为两条不同的数据。因此,根据标记样本,ViaMOBO 可以训练一个二元分类器,如支持向量机(Support Vector Machine,SVM)[330],用于学习两个决策向量对应的目标值之间的大小关系。使用支持向量机作为二分类器,是因为其在训练样本较少的情况下表现良好,并且具有参数化和非参数化的灵活性。

具体而言,为了确定多目标优化问题的两个变量维度是否交互,ViaMOBO 选择使得第 i 个子目标 $f_i(x)$ 最大化的决策变量 x_i 根据定义 1.5 分别学习 M 个子目标的交互变量分组。在学习过程时,对决策变量 x_i 的第 i 和 j 个维度在原优化问题边界内用随机值进行扰动,得到式(7-3)中新的决策向量 x_i', x_j' 和 x_{ij}''。然后,ViaMOBO 利用训练好的支持向量机预测决策向量对应的目标函数值 $f(x_i')$、$f(x_j')$ 和 $f(x_{ij}'')$ 之间的大小关系,用来确定 $[f(x_i'), f(x_j')]$ 和 $[f(x_i'), f(x_{ij}'')]$ 之间是否存在支配关系。最后,ViaMOBO 根据定义 7.1 学习所有可能的交互变量,并根据定义 7.1 推导出 $F(x)$ 的相互依赖变量分组 $D = \bigcup_{j}^{N} \Omega_j$。

7.2.5　多目标可加高斯模型

如果昂贵的多目标优化问题 $F(x): R^D \to R^M$ 可分,那么该问题可表示为如下可加形式,即

$$F(x) = \left(\sum_{i=1}^{N} f_1^i(x), \sum_{i=1}^{N} f_2^i(x), \cdots, \sum_{i=1}^{N} f_M^i(x) \right)^{\mathrm{T}} \tag{7-4}$$

其中,$D = \bigcup_{j}^{N} \Omega_j$ 且 $\Omega_i \cap \Omega_j = \varnothing$,$i, j \in [1, 2, \cdots, N]$,$i \neq j$。类似于 ADD-GP-UCB,称 Ω_i 为不相交的子组或决策空间的子空间。原多目标优化问题 $F(x)$ 的每个子目标 $f_i(x)$ 是一个单目标问题且具有如下可加形式,即

$$f_i(x) = f_i^{(1)}(x^{(1)}) + f_i^{(2)}(x^{(2)}) + \cdots + f_i^{(N)}(x^{(N)}) \tag{7-5}$$

其中,$x^{(j)} \in \Omega_i$。假设每个子目标的分量可以用一个高斯代理模型进行近似,即

$$f^{(j)} \sim \mathrm{GP}(\boldsymbol{\mu}_j^{(j)}(x), \boldsymbol{k}_j^{(j)}(x^{(i)}, x^{(j)'})) \tag{7-6}$$

那么第 i 个子目标可以用一个可加高斯代理模型近似,即

$$f_i(x) \sim \mathrm{GP}(\boldsymbol{\mu}_i(x), \boldsymbol{k}_i(x, x')) \tag{7-7}$$

其中，均值函数 $\boldsymbol{\mu}_i(x)$ 和协方差函数 $\boldsymbol{k}_i(x,x')$ 分别为

$$\boldsymbol{\mu}_i(x) = \mu_i^{(1)}(x^{(1)}) + \mu_i^{(2)}(x^{(2)}) + \cdots + \mu_i^{(N)}(x^{(N)})$$

$$\boldsymbol{k}_i(x,x') = k_i^{(1)}(x^{(1)},x^{(1)'}) + k_i^{(2)}(x^{(2)},x^{(2)'}) + \cdots + k_i^{(M)}(x^{(M)},x^{(M)'}) \quad (7\text{-}8)$$

$\mu_i^{(j)}(x)$ 和 $k_i^{(j)}(x^{(j)},x^{(j)'})$ 分别是定义在 Ω_i 上的第 i 个子目标 $f_i(x)$ 的第 $j(j\in[1,2,\cdots,N])$ 个分量的均值函数和协方差函数[1]。

给定观察点 $\{(\boldsymbol{X}_t,\boldsymbol{F}_t(x)) \mid \boldsymbol{X}_t = \{x_1,x_2,\cdots,x_D\}, \boldsymbol{F}_t(x) = (f_1^t(x),f_2^t(x),\cdots, f_M^t(x))^{\mathrm{T}}\}$，可以推出第 i 个子目标 $f_i(x)$ 的第 $j(j\in[1,2,\cdots,N])$ 个分量 $f_{t+1}^{(j)}(x)$ 的后验分布仍然服从高斯分布，具体如下，即

$$f_{t+1}^{(j)}(x) \sim \mathrm{GP}(\boldsymbol{\mu}_{t+1}^{(j)}(x^{(j)}),k_{t+1}^{(j)}(x^{(j)},x^{(j)'})) \quad (7\text{-}9)$$

其中，均值函数和协方差函数分别为

$$\boldsymbol{\mu}_{t+1}^{(j)}(x^{(j)}) = k^{(j)}(x_{t+1}^{(j)},X^{(j)})\boldsymbol{K}(X,X)^{-1}\boldsymbol{f}_i$$

$$k_{t+1}^{(j)}(x^{(j)},x^{(j)'}) = k^{(j)}(x_{t+1}^{(j)},x^{(j)'}) - k^{(j)}(x_{t+1}^{(j)},X^{(j)})\boldsymbol{K}(X,X)^{-1}k^{(j)}(X,x^{(j)}) \quad (7\text{-}10)$$

那么，原多目标优化问题的先验分布为

$$\boldsymbol{F}(x) \sim (\mathrm{GP}(\mu_1^t(x),k_1^t(x,x')),\cdots,\mathrm{GP}(\mu_M^t(x),k_M^t(x,x'))) \quad (7\text{-}11)$$

综上，给定原多目标优化问题 $\boldsymbol{F}(x)$ 的已知观察点集为

$$\{(\boldsymbol{X}_t,\boldsymbol{F}_t(x)) \mid \boldsymbol{X}_t = \{x_1,x_2,\cdots,x_D\}, \boldsymbol{F}_t(x) = (f_1^t(x),f_2^t(x),\cdots,f_M^t(x))\}$$

$$(7\text{-}12)$$

其先验分布服从高斯分布，具体如式（7-11）所示，由此可获得原多目标优化问题的后验分布为

$$\boldsymbol{F}(x) \sim (\mathrm{GP}(\mu_1^{t+1}(x),k_1^{t+1}(x,x')),\cdots,\mathrm{GP}(\mu_M^{t+1}(x),k_M^{t+1}(x,x'))) \quad (7\text{-}13)$$

7.2.6 候选解推荐

对于完全可分多目标优化问题而言，每次只考虑优化一个维度；或对于部分可分多目标优化问题而言，每次考虑优化一组决策变量维度，至少能搜索到帕累托前沿上的部分点。因此，在通过学习获得原多目标优化问题的可加高斯结构后，ViaMOBO 可以通过优化低维决策子空间 Ω_i 中的获取函数推荐候选解，如 EI[37]、UCB[86] 和 EHVI[60]。下面分别就 ViaMOBO 使用这 3 种不同获取函数时的候选解推荐进行详细介绍。

1. 用 UCB 获取函数采样

受 ADD-GP-UCB 算法中的单目标可加 UCB 获取函数（如式（7-14）所示）启发，即

$$\varphi_t(x) = \mu_{t-1}(x) + \beta_t^{1/2}\sum_{j=1}^N \sigma_{t-1}^{(j)}(x^{(j)}) \quad (7\text{-}14)$$

ViaMOBO 利用 UCB 获取函数采样时，得到的多目标可加 UCB 获取函数如式（7-15）

所示。

$$A_t(x) = (\varphi_1^t(x), \varphi_2^t(x), \cdots, \varphi_1^M(x)) \tag{7-15}$$

其中,第 i 个子目标对应的获取函数为可加单目标 UCB 获取函数 $\varphi_i^t(x)$, $i \in [1, 2, \cdots, M]$。为了以批处理的方式获取多个候选解,利用 qUCB[59] 对 M 个可加 UCB 获取函数进行采样得到 q 个候选解,实现并行化函数评估。

2. 用 EI 和 HVI 获取函数采样

虽然在多目标情况下,即使基于可加高斯结构也无法直接推导出可加的 EI 和 HVI,但是在低维决策子空间 Ω_i 中对 EI 和 HVI 获取函数进行优化,能明显提高全局优化启发算子对获取函数的优化效率。本书使用 q EI 和 q EHVI[60] 作为获取函数的候选解采样策略。

为了以批处理的方式采样 q 个候选解,借用了 MORBO[98] 中的思想,即利用汤普森采样(Thompson Sampling,TS)[55] 从高斯后验分布中采样 q 个后验样本,逐组对获取函数优化。然而,采用串行方式逐组对决策子空间中的获取的可行解进行优化会导致优化效率较低。因此,在每个算法迭代中,ViaMOBO 通过最大化决策子空间中的第 k 个组 Ω_k 选择第 k 个候选解;而所有其他组中的变量值用之前观察点的帕累托最优集的值进行赋值。如果 $q > N$,在 N 次算法迭代之后,ViaMOBO 循环遍历每个子空间,其中 N 是决策空间的子空间个数。为了缓解高维决策空间中的边界问题,使用虚导数观察点(Virtual Derivative Sign Observation)对位于搜索边界区域附近的点进行调整[331]。

7.2.7　模型更新

通过优化获取函数获得 q 个候选解 x_{new} 后,ViaMOBO 将 q 个候选解代入原昂贵的多目标优化问题进行真实函数评估,获取其对应的目标值(算法 7.1 中步骤 28);然后更新用于建立高斯模型的已知观察点,即将 q 个新候选解添加到 $D_{1:t}$ 中得到 $D_{1:t+1}$,用于构建新的高斯代理模型。此外,评估次数 $Eval$、当前迭代次数 t、当前帕累托最优解 P^*、当前帕累托最优前沿 PF^* 也被更新(算法 7.1 中步骤 25~26)。7.2.2~7.2.6 节中的初始化与函数评估、决策空间划分学习、可加高斯模型学习和候选解推荐过程反复迭代执行至满足算法终止条件为止,最终得到原昂贵的多目标优化问题的近似帕累托最优解集和近似帕累托前沿。

7.3　实　　验

为了验证 ViaMOBO 算法的有效性,将其与随机算法及其他多目标贝叶斯优化方法在 3 个标准多目标测试问题上进行了对比分析实验。下面将对本章用到的实验设置和结果进行详细介绍。

7.3.1 实验设置

本章采用的基线方法包括准随机基线方法 Sobol[60]（Random）与其他多目标贝叶斯优化方法，具体为 q ParEGO[59]、q EHVI[59]、q NEHVI[60] 和 MORBO[98]。所有方法的相关实验都采用 BoTorch 优化框架实现[332]。本章采用的测试问题包括 $D=\{10,30,50,100\}$ 维的具有 $M=3$ 个优化目标的 DTLZ2 问题。为了对比所有相关方法，本章采用 2.4 节中介绍的超体积（HV）对优化结果进行评价与分析，以衡量相关算法的优化性能。HV 值越高，代表优化算法的优化性能越高。计算 DTLZ2 问题的 HV 值使用的参考点为 $[6, 6, 6]$。本章采用的获取函数包括 EI、UCB 和 HVI，所有获取函数均采用蒙特卡罗获取函数（Monte-Carlo Acquisition Function）[332]。

在本章中，所有相关方法的初始点个数为 $N_{\text{ini}}=200$ 且所有点均为 Sobol 点；每个算法在每个测试实例上独立运行 10 次（10 个随机种子）的 HV 均值作为最终结果。对于所有标准合成多目标测试问题，最大真实函数评估次数为 MaxEvals$=2000$。除了 q EHVI 和 q NEHVI，所有相关方法的批处理大小都为 $q=50$。因为 q EHVI 和 q NEHVI 的计算复杂度随着决策空间维度增加而大大增加。因此，在本书中这两种方法的批处理大小设为 $q=5$。对于 ViaMOBO，使用 200 个初始点中的 70% 和 30% 作为训练集和测试集。所有相关问题的决策变量取值范围都归一化到 $[0,1]$。决策变量的扰动单位在区间 $[0,1]$ 设为 0.001，用来查找是否存在 a_2,b_2 用于学习两个决策变量是否相互交互。所有相关方法均采用蒙特卡罗获取函数，并使用 128 个准蒙特卡罗样本和 1024 个傅里叶基函数近似高斯后验，以加快算法运行速度。对于 q ParEGO 和 q EHVI，使用 L-BFGS-B[333] 算法并采用 20 次随机重启来优化获取函数。对于 MORBO 和 ViaMOBO，使用 4096 个离散点来优化所有算法的相关获取函数。

7.3.2 标准合成测试集上的对比结果

本节介绍所有相关方法在可分多目标测试问题 DTLZ2 上的实验结果。严格来说，DTLZ2 是不可分的，因为每次只优化一个决策变量并不能搜索到其所有的全局最优解。但 DTLZ2 的帕累托前沿具有多对一的性质（具体如第 2 章中表 2.1 所示），存在多个全局最优解。如果每次优化一个变量，至少能搜索到一个全局最优解。因此，该问题通常被认为是可分问题[36]。图 7.2 展示了 ViaMOBO 和所有相关基线方法在 3 个不同决策维度 $D=\{10,30,100\}$ 的可分 DTLZ2 问题上超体积（Hypervolume，HV）值随函数评估次数（Function Evaluations）的变化趋势。

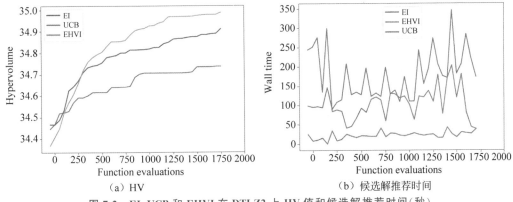

（a）HV　　　　　　　　　　　　　　　（b）候选解推荐时间

图 7.2　EI、UCB 和 EHVI 在 DTLZ2 上 HV 值和候选解推荐时间（秒）
随函数评估次数的变化趋势图（见彩插）

如图 7.1 所示,我们的优化框架在相对低维的多目标优化问题上表现出比其他算法更差的性能,但是在相对高维问题上表现出比其他基线方法更优的优化性能。具体而言,当 $D=10$ 和 $D=30$ 时,基于蒙特卡罗采样的多目标贝叶斯优化方法 q ParEGO、q EHVI、q NEHVI 和 MORBO 取得了非常相似的性能。然而,当随着决策维度增加时,特别是当决策变量为 $D=100$ 时,ViaMOBO 就表现出相较于其他基线方法的明显优势。出现该现象的可能原因是,当决策维度变高时,全局优化器(如 L-BGFS-B、CMA-ES 等)要同时优化获取函数的所有决策变量极具挑战性。而 ViaMOBO 对决策空间进行了划分,降低了决策空间的维度;同时 ViaMOBO 使用了虚拟导数信息对边界点进行了修正,提高了获取函数的优化效率,缓解了维度灾难和边界问题。上述结果表明,当原昂贵的多目标优化问题为可分问题,尤其是当决策空间维度 $D>50$ 时,ViaMOBO 的优化性能具有明显的优势。

7.3.3　获取函数对算法性能的影响

为了更进一步分析 ViaMOBO 的有效性,本节首先展示了二分类器 SVM 的模型精度,然后研究了 3 种不同获取函数 EI、UCB 和 HVI 对 ViaMOBO 优化性能的影响。

1. 二分类器的准确率

我们记录了 ViaMOBO 在具有 3 个子目标的 DTLZ2 问题上的每个子目标运行 10 次的准确率的平均值。其中,3 个子目标的预测准确率分别为 98.5%、97.3% 和 98.1%。结果表明,即使是简单的二分类器也可以用来学习给定两个决策变量向量对应的目标值的大小。

2. 获取函数对 ViaMOBO 算法优化性能的影响

与 EI 相比,尽管 UCB 可以很容易地表示为 ADD-GP-UCB[86] 中的加法结构形式,但对于基于代理的方法来说,UCB 获取函数更着重于探索,贪心性更低[308]。然而,对于高维昂贵的多目标优化问题,偏重于过度探索的获取函数会一定程度影响高斯代理模型的预测性能。相关研究[306] 表明,基于代理模型的优化方法应该在搜索初期充分利用已观察到的信息,而在搜索后期应尽可能地探索未知区域。

图 7.3 展示了 $D=10$ 时 EI、UCB 和 HVI 在相同实验设置下的 HV 值和候选解推荐时间(Wall Time)随评估次数(Function Evaluations)的变化趋势。可以看出,即使 HVI 的计算复杂度高度依赖于优化子目标数,在相对低维的情况下,采用 HVI 获取函数的 ViaMOBO 的优化性能仍然明显优于采用 EI 和 UCB 作为获取函数的 ViaMOBO 优化性能。这得益于其完美的帕累托依从性,即其可以最大限度地在每个算法迭代中改进基于给定观察点的 HV 值。尽管 UCB 可以表示为可加形式,但就 HV 值而言,其仍然比其他两个获取函数的优化性能差。图 7.2(b) 展示了 10 次算法迭代的候选解推荐时间的变化。从图 7.2(b) 中可以看出,与其他两个获取函数相比,优化 UCB 获取函数推荐候选解的时间比其他两种获取函数短;而这点对于优化现实世界中的高维昂贵的多目标优化问题而言非常重要。图 7.3 展示了 3 种获取函数在 $D=10$ 和 $D=50$ 维 DTLZ2 上 HV 随函数评估次数的变化趋势。可以看出,当 $D=10$ 时,HVI 获取函数的结果明显优于其他两种算法,但随着决策空间维度的升高,这 3 种获取函数的优化性能之间的差距逐渐缩小。结合图 7.2 可以得出,采用可加形式的 UCB 获取函数的 ViaMOBO 在求解较高维的昂贵的多目标优化问题时更具优势。

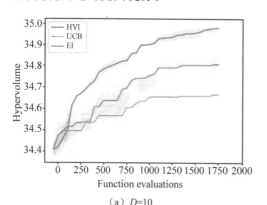
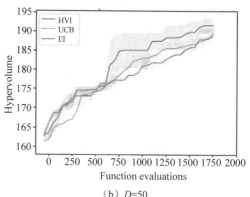

（a）$D=10$　　　　　　　　　　（b）$D=50$

图 7.3　EI、UCB 和 HVI 在 $D=\{10,50\}$ 维 DTLZ2 上 HV 值
随函数评估次数的变化趋势图（见彩插）

7.4　本章小结

本章提出了一种基于变量交互分析的高维多目标贝叶斯优化方法框架 ViaMOBO，旨在有效地求解高维昂贵的多目标优化问题。该方法通过决策变量交互分析实现了决策空间的有效划分，降低了决策空间维度，缓解了维度灾难；利用多目标可加结构降低了获取函数的优化难度，并利用虚拟导数信息对优化可加获取函数得到的边界点进行修正，缓解了边界问题。其中，在学习决策变量交互时，ViaMOBO 通过重新定义的变量交互和可分多目标问题，利用二分类器预测两个决策向量的目标值之间的大小关系，避免了不必要的、额外的真实函数评估代价。对于可分的昂贵的多目标优化问题，ViaMOBO 通过多目标可加高斯结构提高了获取函数的优化效率，从而更好地平衡了利用和探索之间的关系。为了验证 ViaMOBO 算法的有效性，将其与其他基线方法在高维合成多目标测试问题上进行了对比实验和分析。实验结果表明，ViaMOBO 可以学习高维多目标问题是否可分，缓解了维度灾难和边界问题，明显提高了获取函数的优化效率。分析表明，ViaMOBO 的有效性源于决策空间的合理划分和可加多目标高斯结构。然而，ViaMOBO 主要强调昂贵的多目标优化问题是否可分的学习，而忽略了不可分的多目标优化问题。在未来，将进一步研究用于求解高维昂贵的多目标优化问题的更通用的多目标贝叶斯优化框架。

第8章　智能交通领域优化问题案例分析

　　智能交通运输系统（Intelligent Transportation Systems，ITS）可以为交通运输提供有效的解和可靠的系统。大多数现实交通系统中的问题都可以表述为昂贵的多目标优化问题，例如路径规划（Path Planning）[5-6]、驾驶员分心状态检测优化（Driver Distraction Detection Optimization）[7]、避碰优化（Collision Avoidance Optimization）[8-9]、电动汽车协调充电（Coordinated Charging of Electric Vehicles）[10]和轨迹优化（Trajectory Optimization）[11]等。为了有效地求解这些问题，贝叶斯优化和基于高斯过程的方法被广泛应用于智能交通系统中。文献[334]利用生成模型预测交通密度，并使用变分贝叶斯方法学习模型的参数。文献[335]模拟并预测了容易发生冲突的实时交通状况。文献[336]提出了一种贝叶斯分层方法，用于从历史数据中构建公交车的停留时间分布。高斯过程路径规划 GP3[337]在路径规划中使用高斯过程模型计算先验最优路径。文献[338]利用多输出高斯过程对众包交通数据中的复杂空间和时间模式进行建模。PRMGGP[339]提出了一种物理正则化的多输出网格高斯过程模型，用于交通系统中大规模时空过程的快速多输出拟合。

　　为了进一步验证 Block-MOBO 方法的有效性，本节以交通领域的两个实际优化问题为例，将其与第 5.3.1 节中介绍的其他基线方法，随机搜索（RS）、NSGA-Ⅱ、SMS-EMOA、ParEGO、MOEA/D-EGO 和 K-RVEA 进行对比实验。两个实际问题包括汽车侧面碰撞问题（Car Side Impact Problem）[17]和带有偏好信息的汽车驾驶室设计（Car Cab Design with Preference Information）[16]，两者都是最小化问题。

8.1　问题描述

　　本节主要介绍汽车侧面碰撞问题和带有偏好信息的汽车驾驶室设计问题的决策变量、优化目标、约束条件和具体数学表达形式。

8.1.1　汽车侧面碰撞问题

　　汽车侧面碰撞问题旨在优化汽车重量，并最大限度地减少乘客所受的公共力以及负责承受冲击载荷的 V 柱(V-Pillar)的平均速度[17]。它包含 3 个优化目标、7 个决策变量和 10 个约束条件。其中约束条件包括腹部负荷、公共力、V 柱速度、肋偏转等的限制值。根据研究[340]，我们将 10 个约束加权为一个目标，从而得到一个四目标优化问题。汽车侧面碰撞问题的数学形式[17,340]如表 8.1 所示。

表 8.1　汽车侧面碰撞问题的数学表达形式

变量取值范围	优 化 目 标
$0.5 \leqslant x_1 \leqslant 1.5$	$f_1(x) = 1.98 + 4.9x_1 + 6.67x_2 + 6.98x_3 + 4.01x_4 + 1.78x_5 + 0.00001x_6 + 2.73x_7$ $f_2(x) = F$ $f_3(x) = 0.5(V_{MBP} + V_{FD})$ $f_4(x) = \sum_{i=1}^{10} g_i(x)$
$0.45 \leqslant x_2 \leqslant 1.35$	$g_1(x) = 1.16 - 0.3717x_2x_4 - 0.0092928x_3 \leqslant 1$
$0.5 \leqslant x_3 \leqslant 1.5$	$g_2(x) = 0.261 - 0.0159x_1x_2 - 0.06486x_1 - 0.019x_2x_7 + 0.0144x_3x_5 +$ $\quad 0.0154464x_6 \leqslant 0.32$
$0.5 \leqslant x_4 \leqslant 1.5$	$g_3(x) = 0.214 + 0.00817x_5 - 0.045195x_1 - 0.0135168x_1 + 0.03099x_2x_6 -$ $\quad 0.018x_2x_7 + 0.007176x_3 + 0.023232x_3 - 0.00364x_5x_6 - 0.018x_2^2 \leqslant 0.32$
$0.875 \leqslant x_5 \leqslant 2.625$	$g_4(x) = 0.74 - 0.61x_2 - 0.031296x_3 - 0.031872x_7 + 0.227x_2^2 \leqslant 0.32$
$0.4 \leqslant x_6 \leqslant 1.2$	$g_5(x) = 28.98 + 3.818x_3 - 4.2x_1x_2 + 1.27296x_6 - 2.68065x_7 \leqslant 32$
$0.4 \leqslant x_7 \leqslant 1.2$	$g_6(x) = 33.86 + 2.95x_3 - 5.057x_1x_2 - 3.795x_2 - 3.4431x_7 + 1.45728 \leqslant 32$ $g_7(x) = 46.36 - 9.9x_2 - 4.4505x_1 \leqslant 32$ $g_8(x) \equiv F = 4.72 - 0.5x_4 - 0.19x_2x_3 \leqslant 4$ $g_9(x) \equiv V_{MBP} = 10.58 - 0.674x_1x_2 - 0.67275x_2 \leqslant 9.9$ $g_{10}(x) \equiv V_{FD} = 16.45 - 0.489x_3x_7 - 0.843x_5x_6 \leqslant 15.7$

8.1.2　带有偏好信息的汽车驾驶室设计问题

带有偏好信息的汽车驾驶室设计问题是汽车侧面碰撞问题的另一种形式，它包括 11 个变量、1 个目标和 10 个约束条件。其中，所有变量可以分为两组：不确定决策变量 $\{x_1, x_2, \cdots, x_7\}$ 和不确定参数变量 $\{x_8, x_9, \cdots, x_{11}\}$。对于不确定参数变量 $\{x_8, x_9, \cdots, x_{11}\}$，原文[16]假设它们服从均值分别为 0.345、0.192、0 和 0 的某种分布。在本书相关实验中，采用固定均值的正态分布，即 $\{x_8 \sim N(0.345, 0.006), x_9 \sim N(0.192, 0.006), x_{10} \sim N(0, 10), x_{11} \sim N(0, 10)\}$。此外，为了将该单目标问题转换为多目标问题，我们将这 10 个约束条件的加权和作为第 2 个优化目标。根据上述定义，本章的具有偏好信息的汽车驾驶室设计问题是一个具有 11 个决策变量的双目标问题，其具体数学表达形式如表 8.2 所示。

表 8.2　带有偏好信息的汽车驾驶室设计问题的数学表达形式

变量（标准差）	优化目标
x_1：B柱内侧的厚度(0.003)	$f_1(x)=1.98+4.9x_1+6.67x_2+6.98x_3+4.01x_4+1.78x_5+0.00001x_6+2.73x_7$ $f_2(x)=\sum_{i=1}^{10}g_i(x)$
x_2：B柱增强件的厚度(0.003)	$g_1(x)=1.16-0.3717x_2x_4-0.00931x_2x_{10}-0.484x_3x_9+0.01343x_6x_{10}<1$
x_3：底部侧面内部的厚度(0.003)	$g_2(x)=0.261-0.0159x_1x_2-0.188x_1x_8-0.019x_2x_7+0.0144x_3x_5+0.87570x_5x_{10}$ $+0.08045x_6x_9+0.00139x_8x_{11}+0.00001575x_{10}x_{11}<0.32$
x_4：横梁的厚度(0.003)	$g_3(x)=0.214+0.00817x_5-0.131x_1x_8-0.0704x_1x_9+0.03099x_2x_6$ $-0.018x_2x_7+0.0208x_3x_8+0.121x_3x_9-0.00364x_5x_6$ $+0.0007715x_5x_{10}-0.0005354x_6x_{10}+0.00121x_8x_{11}$ $+0.00184x_9x_{10}-0.018x_2^2<0.32$
x_5：车门梁的厚度(0.003)	$g_4(x)=0.74-0.61x_2-0.163x_3x_8+0.001232x_3x_{10}-0.166x_7x_9$ $+0.227x_2^2<0.32$
x_6：车门腰线加强件的厚度(0.003)	$g_5(x)=28.98+3.818x_3-4.2x_1x_2+0.0207x_5x_{10}-9.98x_7x_8+22x_8x_9<32$
x_7：车顶扶手的厚度(0.003)	$g_6(x)=33.86+2.95x_3+0.1792x_{10}-5.057x_1x_2-11x_2x_8-0.0215x_5x_{10}$ $-9.98x_7x_8+22x_8x_9<32$
x_8：B柱内侧的材料(0.006)	$g_7(x)=46.36-9.9x_2-12.9x_1x_8+0.1107x_3x_{10}<32$
x_9：底部侧面内部的材料(0.006)	$g_8(x)=4.72-0.5x_4-0.19x_2x_3-0.0122x_4x_{10}+0.009325x_6x_{10}$ $+0.000191x_{11}^2<4$
x_{10}：屏障高度(10)	$g_9(x)=10.58-0.674x_1x_2-1.95x_2x_8+0.02054x_3x_{10}-0.0198x_4x_{10}$ $+0.028x_6x_{10}<9.9$
x_{11}：屏障撞击位置(10)	$g_{10}(x)=16.45-0.489x_3x_7-0.843x_5x_6+0.0432x_9x_{10}-0.0556x_9x_{11}$ $-0.000786x_{11}^2<15$

8.2　实验结果与分析

　　本节主要介绍相关基线方法在汽车侧面碰撞问题和带有偏好信息的汽车驾驶室设计问题上，Block-MOBO 与其他基线方法的对比结果与分析。所有相关方法的初始解个数为 $N_{ini}=11D-1$。每个算法在每个测试实例上独立运行 30 次的平均度量值作为最终结果。所有方法对汽车侧面碰撞问题和驾驶室设计问题的最大函数评估次数为 MaxEvals＝300。其他实验设置与 4.3.1 节介绍的实验设置相同。

8.2.1　汽车侧面碰撞问题的结果分析

图 8.1 展示了 300 次函数评估下,随机搜索、NSGA-Ⅱ、SMS-EMOA、ParEGO、MOEA/D-EGO、K-RVEA 和 Block-MOBO 在汽车侧面碰撞问题上,HV 值随算法迭代次数(No. of Evaluations)的变化和所有相关方法的 CPU 计算时间(s)。图 8.2 给出了同样实验设置下,ParEGO 和 Block-MOBO 在汽车侧面碰撞问题上获得的最终解。从图 8.1 和图 8.2 中可以看出,在相同函数评估次数内,随机搜索和多目标进化算法 NSGA-Ⅱ、SMS-EMOA 的 HV 值明显低于多目标贝叶斯优化方法的 HV 值。其原因是进化算法需要花费大量的函数评估次数(通常为数十万、百万甚至更多)搜索原优化问题的帕累托最优集。然而,出于评估成本考量,汽车侧面碰撞问题和现实中的其他优化问题通常不允许进行如此多次的函数评估。因此,在对汽车侧面碰撞问题进行有限次函数评估时,即使进化算法比贝叶斯优化方法花费的 CPU 计算时间更短(见图 8.1(b)),但其优化性能却也更差。如图 8.1(a)所示,对于多目标贝叶斯优化方法而言,ParEGO 和 Block-MOBO 在 HV 性能上优于 MOEA/D-EGO 和 K-RVEA,而 ParEGO 的性能略优于 Block-MOBO。然而,如图 8.1(b)所示,与 Block-MOBO 相比,ParEGO 却需要更长的 CPU 计算时间用于推荐候选解。为了对两种方法进行更清晰的比较,分别在图 8.2(a)和图 8.2(b)中展示了这两种方法在 300 次函数评估下得到的最终目标函数值(Function Value)。可以看出,在相同的实验设置条件下,这两种方法的优化性能非常相近,但是 Block-MOBO 用于推荐候选解的 CPU 计算时间更短,并且 Block-MOBO 在由 10 个约束条件加权而成的第 4 个目标上取得了更低的目标值(对于最小化的汽车侧面碰撞问题,目标值越低越好)。

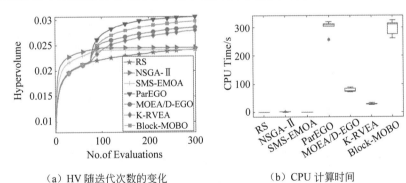

（a）HV 随迭代次数的变化　　　　　（b）CPU 计算时间

图 8.1　相关方法在汽车侧面碰撞问题上的 HV 和 CPU 计算时间结果

8.2.2　带有偏好信息的汽车驾驶室设计问题的结果分析

因为带有偏好信息的汽车驾驶室设计问题的真实帕累托前沿未知,首先用几个经典

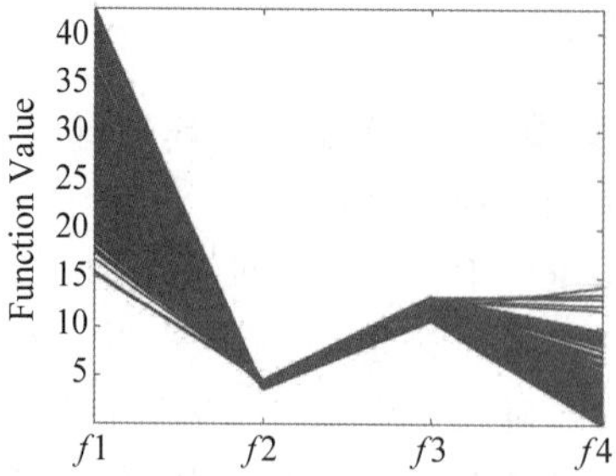

（a）ParEGO

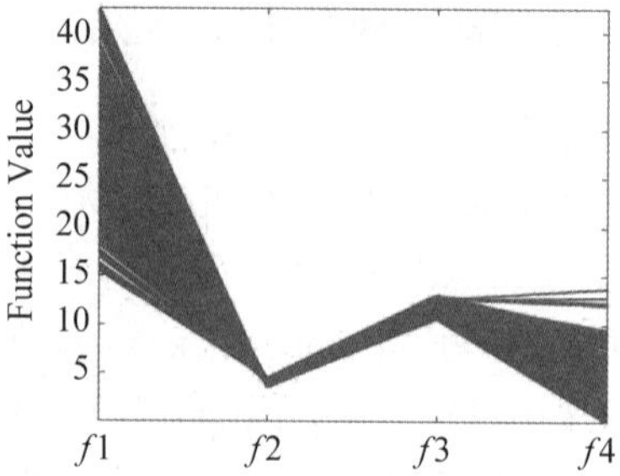

（b）Block-MOBO

图 8.2　ParEGO 和 Block-MOBO 在汽车侧面碰撞问题上获得的最终解

的多目标求解器对其真实帕累托前沿进行近似，包括 NSGA-Ⅱ[12]、SMS-EMOA[159]、CMAES[46]、PESA-Ⅱ[14] 和 SPEA2[13]。所有求解器的种群大小为 300，最大函数评估次数为 40000。通过上述求解器得到的最终近似帕累托前沿共包含 10000 个非支配目标向量，具体如图 8.3(a)所示。

图 8.3(b)、图 8.4(a)和图 8.4(b)分别展示了相关多目标贝叶斯优化方法 ParEGO、MOEA/D-EGO、K-RVEA 和 Block-MOBO 在带有偏好信息的汽车驾驶室设计问题上运行 30 次得到的最终决策变量空间、30 次结果中 HV 和 IGD 中值对应的运行次数的最终非支配解。其中蓝色的点为用求解器得到的带有偏好信息的汽车驾驶室设计问题的近似帕累托前沿，其他颜色的点代表相关多目标贝叶斯优化方法获得的解。

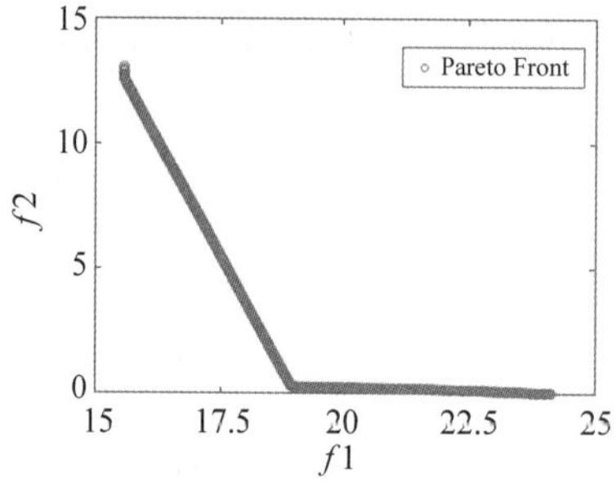

（a）近似帕累托前沿

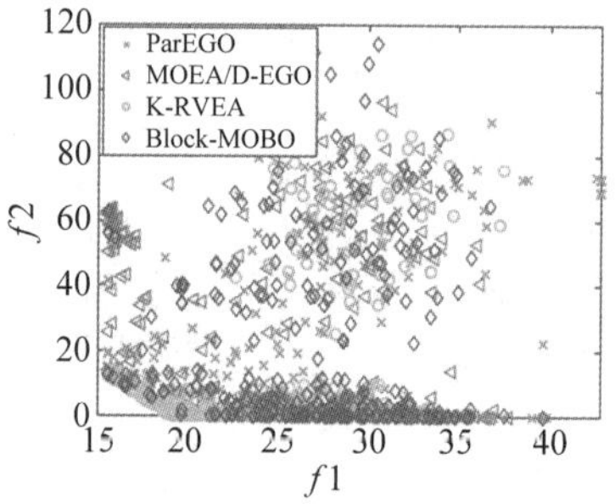

（b）决策变量空间

图 8.3　带有偏好信息的汽车驾驶室设计问题的近似帕累托前沿和决策空间(见彩插)

从图 8.3 和图 8.4 中可以看出，所有的多目标贝叶斯优化方法都获得了许多低质量的解，即与近似帕累托前沿相距甚远的解。K-RVEA 和 Block-MOBO 得到的解比其他两种方法更接近帕累托前沿。具体而言，K-RVEA 倾向于找到更多关于第二个优化目标($f2$)的解，而 Block-MOBO 倾向于找到更多关于第一个目标($f1$)的解。当对所有解进行非支配排序得到最终的非支配解时，带有偏好信息的汽车驾驶室设计问题的可行解很少。这

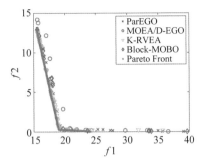
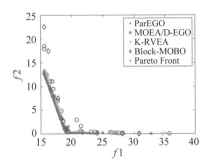

(a) HV 中值对应的运行次数的最终非支配解   (b) IGD 中值对应的运行次数的最终非支配解

图 8.4　多目标贝叶斯优化方法在带有偏好信息的汽车驾驶室设计问题上的非支配解(见彩插)

说明现实世界中的昂贵多目标问题对多目标优化方法具有巨大的挑战性。即使是多目标贝叶斯优化方法,仍然需要在不可行解上花费大量的不必要的函数评估成本。然而,与多目标进化算法相比,如此低的函数评估次数仍然更容易被接受。图 8.4(a)表明,ParEGO、K-RVEA 和 Block-MOBO 可以更容易地找到位于帕累托前沿上的满意解,而MOEA/D-EGO 得到的解距离帕累托前沿较远。图 8.4(b)中结果也展示了 MOEA/D-EGO 的性能远不如其他多目标贝叶斯优化方法。虽然 K-RVEA 和 Block-MOBO 在求解带有偏好信息的汽车驾驶室设计问题时,得到了相似的 HV 和 IGD 结果,即使在 $D=11$ 维的带有偏好信息的汽车驾驶室设计问题上,其求解最终非支配解的时间也远长于Block-MOBO。以上分析验证了 Block-MOBO 在求解实际优化问题的有效性,即与其他多目标贝叶斯优化方法相比,Block-MOBO 可以在相对较低的评估成本内更容易找到满意的可行解。

8.3　本章小结

　　本章旨在验证 Block-MOBO 的有效性,将其与当前经典的多目标贝叶斯优化方法在交通领域的汽车侧面碰撞问题和带有偏好信息的驾驶室设计问题上进行了对比实验。实验结果表明,Block-MOBO 算法在较短的 CPU 计算时间内能够发现搜索空间中更均匀分布的非支配解,有效地平衡了收敛性和多样性。分析显示,Block-MOBO 算法的有效性来自于其采用的块坐标更新策略,该策略降低了计算复杂度,并且通过 ϵ-贪心获取函数缓解了边界问题的影响。尽管 Block-MOBO 算法在可分离且可微的问题上表现出色,但对于不可分离问题的收敛性仍需要进一步研究和改进。在未来,将进一步研究高维多目标贝叶斯优化方法,希望能更加有效地求解高维昂贵的多目标优化问题。

第 9 章　未来研究工作展望

贝叶斯优化(BO)是一种成熟而强大的优化方法,用于处理昂贵的黑箱问题,在现实世界中已经取得了许多成功应用。尽管取得了这些进展,贝叶斯优化仍面临许多挑战。实际上,贝叶斯优化领域一直非常活跃和充满活力,部分原因是越来越多的科技新应用带来了新的挑战和要求。接下来,将介绍贝叶斯优化的几个最新重要进展,并根据优化问题和设置的性质讨论未来的研究方向,包括但不限于分布式贝叶斯优化、联邦贝叶斯优化、动态优化、异构评估、算法公平性和非平稳优化。

9.1　分布式贝叶斯优化

尽管近年来对并行或批量贝叶斯优化的研究越来越多,但大多数研究仍需要一个中央服务器来构建单一的代理模型,几乎没有例外。现在已经出现了分布式贝叶斯优化处理分布式优化,其中搜索空间、采样过程、昂贵的评估和高斯过程可以分布处理。例如,文献[341]提出了一种名为超空间(HyperSpace)的简单分布式贝叶斯优化方法,用于超参数优化。超空间将大搜索空间划分为具有一定重叠程度的超空间,并生成所有可能组合,然后建立一个高斯过程模型,使我们能够并行运行优化循环。超空间可以完全分布式并处理异步并行设置[342],尽管由于其固有的随机性而性能欠佳。文献[343]从马尔可夫决策过程的角度解释了贝叶斯优化,并采用玻尔兹曼/吉布斯策略选择下一个采样点,从而可以以完全分布式的方式执行。

分布式贝叶斯优化的设计中有几个问题仍然悬而未决。首先,实现收敛速度和通信成本之间的权衡至关重要。因为存在通信延迟可能抵消计算收益,分布式贝叶斯优化的收敛性需要更严格的理论证明,并需要进一步的改进。其次,如何处理由于时变通信成本、不同计算能力和异构评估时间而导致的异步设置仍然很少被研究。最后,考虑到更多的实际场景,例如复杂的通信网络和通信约束,是未来一个重要但具有挑战性的方向。

9.2   联邦贝叶斯优化

近年来,虽然边缘设备快速增长的传感、存储和计算能力使得训练强大的深度模型成为可能,但对数据隐私的日益关注激发了保护隐私的去中心化学习范式,即联邦学习[344]。联邦学习的基本思想是,原始数据保留在每个客户端上,本地数据上训练的模型被上传到服务器上进行聚合,从而保护数据隐私。在联邦学习场景中应用贝叶斯优化的动机在于存在黑箱昂贵的机器学习和优化问题。

文献[345]探索了在水平联邦学习设置中应用贝叶斯优化的方法,其中所有代理模型共享相同的特征集,它们的目标函数在同一个域上定义。联邦 TS(Federated TS,FTS)以概率 p 从服务器上的当前高斯过程后验中采样,并以概率 $1-p$ 从客户端提供的 GP 中采样。然而,FTS 缺乏严格的隐私保障。为了弥补这一缺陷,在 FTS 中引入一种严格的隐私保护方法,称为 DP-FTS[345]。文献[346]提出了一种使用辐射基函数网络(RBFN)在本地客户端上进行联邦优化的方法,而不是使用全局代理作为替代。他们提出一种排序平均策略,在服务器上构建一个全局代理,其中每个局部 RBFN 按照匹配度量进行排序,并根据排序的索引对每个局部代理的参数进行平均。将基于 RBFN 的联邦优化问题扩展到处理多目标优化问题。

尽管已经存在许多解决联邦学习中挑战的工作,包括通信效率、系统和数据异质性以及隐私保护,但隐私保护优化带来许多新问题。首先,由于高斯过程是非参数模型,因此不能直接应用于联邦设置。解决该问题的方法之一是使用随机傅里叶特征近似[345]来近似高斯过程模型,其中需要考虑功率和计算效率等因素。其次,采用 TS 作为 AF 是因为它能够处理异构设置;然而,与其他 AF 相比,它的性能较差。因此,对新的采样方法进行进一步研究是一个有趣但具有挑战性的研究方向。最后,联邦贝叶斯优化中的隐私保护仍然是一个复杂的问题,在分布式优化的背景下,需要对威胁模型(Threat Model)进行更严格的定义。

9.3   动 态 优 化

在许多实际应用中,例如网络资源分配、推荐系统和对象跟踪,要优化的目标函数可能会随着时间而变化。这种优化场景被称为动态优化或与时间相关问题。解决这些问题对于大多数针对稳态问题[347]设计的优化技术来说都是具有挑战性的。虽然已经提出各种贝叶斯优化算法求解静态昂贵的黑盒问题,但只有少数方法被发展来处理动态优化问题。

大多数动态优化的贝叶斯优化方法都依赖于具有时变奖励函数的多臂老虎机(MAB)设置。MAB 使用部分信息对顺序决策进行建模,其中决策者需要在每次迭代中

选择 K 个老虎机臂中的一个,以最大化累积奖励[348]。文献[349]使用高斯过程的奖励函数引入了一个简单的马尔可夫模型,允许高斯过程模型以稳定的速率变化。重置[348]、时间核[350]、滑动窗口[351]和加权高斯过程模型[352]等方法被用来实现遗忘-记忆的权衡。然而,构建依赖时间的目标函数的有效替代、设计获取函数以确定最优希望的解并跟踪最优方案仍然是具有挑战性的问题。此外,结合机器学习的进步(例如迁移学习)利用之前运行的信息,也是一个非常有趣的研究方向。

9.4 异构评估

贝叶斯优化隐含地假设在搜索空间不同区域的评估成本是相同的。然而,在实践中,这个假设可能过强。例如,不同超参数设置的评估时间以及使用不同成分[2]的钢铁或药物设计的财务成本可能会有很大差异。此外,在多目标优化中,不同的目标可能具有显著不同的计算复杂度,称为异构目标函数。处理在搜索空间和目标空间中出现的异质评估成本引起了越来越多的关注,推动了成本感知贝叶斯优化的发展。

大多数成本感知的贝叶斯优化方法专注于单目标优化问题。文献[3]引入了一种称为"每秒期望改进"的适应性函数,通过划分成本平衡成本效率和评估质量之间的权衡。然而,这种方法只有当最优解的计算成本较低时才会表现出良好的性能。在文献[353]中,将受成本预算约束的优化问题表述为受约束的马尔可夫决策过程,然后其提出一个具有多个前瞻性步骤的适应性函数问题。

为了处理模型中不同目标的异构计算成本,开发了简单的交错方案,以充分利用可用的每个目标评估预算。最近,人们利用廉价目标的搜索经验帮助和加速昂贵目标的优化,从而提高解决问题的整体效率。例如,文献[354]利用领域自适应技术在潜在空间中调整帕累托前沿上或附近的解,从而允许对昂贵目标的全局优化进行数据增强。另外,还引入一个共同代理模型来捕获廉价目标和昂贵目标之间的关系。最近,文献[355]提出一种新的适应性函数,它同时考虑搜索偏差以及利用和探索之间的平衡,从而减少多目标优化问题和多目标多约束优化问题中每个目标评价时间不同造成的搜索偏差。

异构设置的贝叶斯优化仍然是一个新的研究领域。尤其当存在许多昂贵目标时,但它们的计算复杂度显著不同时,这一点尤为重要。

9.5 算法公平性

随着机器学习技术在科学、技术和人类生活的几乎每个领域的日益广泛使用,人们越来越关注这些算法的公平性。大量文献表明,有必要避免金融、医疗保健、招聘和刑事司法领域因学习和优化算法的应用而导致的歧视和偏见问题。许多不公平缓解技术致力于测量和减少不同领域的偏见或不公平。根据这些技术的应用[246]，它们可以大致分为前处理、中处理和后处理三组。第一组的目标是在训练模型之前重新平衡数据分布。第二组通常在公平性约束下训练模型，或将精度指标与公平性相结合，而第三组则在训练过程后对模型进行调整。

在贝叶斯优化框架中考虑公平性在很大程度上是一个未被探索的领域。例如，文献[246]提出了一种基于约束贝叶斯优化框架的超参数优化的内部处理不公平缓解方法，称为 FairBO。FairBO 针对公平性约束训练了一个额外的高斯过程模型，允许 cEI 选择满足该约束的新查询。然而，这种约束优化方法是为了满足公平性的单一定义而设计的，但并不总是适用的。协作贝叶斯优化[356]中提出了一种不同的公平概念，其中各方共同优化黑箱目标函数。每个合作方在相互分享信息的同时，都不希望得到不公平的奖励。因此，基于经济学的公平概念，引入了称为公平遗憾的新概念。根据这一概念，分布式批量GP-UCB 使用基尼社会评价函数进行扩展，以平衡优化效率和公平性。

在贝叶斯优化的背景下，公平性问题至关重要但尚未得到充分研究，并且测量和数学定义尚未明确。因此，首先应该明确公平性的定义，以便更准确地将公平要求整合到贝叶斯优化中。其次基本待解决的问题是研究贝叶斯优化中的公平代理模型以及选择新样本时的公平性如何。最后，贝叶斯优化中的偏差减少策略只适用于采用单一公平定义的最简单情况。实用的公平感知贝叶斯优化方法的设计仍然是一个悬而未决的问题。

9.6　非平稳优化

标准高斯过程通常在假设两个数据点之间的协方差对于平移不变的情况下采用平稳核函数。然而，这种假设很容易受到在其范围内具有不同变异性的非平稳函数的影响，这在航空航天工程、信号处理和地理统计学等领域中经常遇到[357]。

为了解决这个问题，学者们作出了许多努力。首先，提出了基于核卷积的非平稳核函数，以实现与输入无关的长度尺度，但这样会增加更多参数化要求。另外，还提出了局部平稳方法，通过划分输入空间并在每个区域中拟合平稳模型适应非平稳函数。然而，这类方法在很大程度上依赖于它的可分性。另一种方法是利用输入空间的扭曲或非线性映射消除潜在空间中的非平稳效应。最近，文献[358]利用深度学习理论产生的深度高斯过程的灵活性近似非平稳函数，但深度高斯过程在推断上不易处理，并受到近似后验分布的影响。

虽然在贝叶斯优化中广泛认识到非平稳建模的必要性，但探索非平稳代理模型仍然是一个悬而未决的问题。尤其是在包括将非平稳模型扩展到高维问题等更实际的需求下,仍然存在挑战。深度高斯过程在复杂和非平稳优化问题上表现出良好的性能,然而对后验分布的推断需要进行更深入的理论分析。

9.7 负　迁　移

贝叶斯优化中的多目标优化、多任务优化和迁移/元学习旨在从相关任务中迁移有用信息以改进贝叶斯优化搜索。然而,迁移较少相关的知识可能会降低贝叶斯优化性能,这也称为负迁移。因此,迁移学习的成功在很大程度上取决于降低负迁移的可能性。

虽然上述算法已经证明了转移优化范式的有效性,但解决负迁移问题仍然是一个待解决的问题。贝叶斯优化中缺乏对负迁移的严格定义,如何准确区分负迁移和正转移也需要进一步研究。此外,系统的处理和分析值得进一步研究,包括衡量领域或任务之间相似性的标准以及自适应迁移学习。

第 10 章　　　全书总结

现实世界中许多不同领域的优化问题都可以抽象为昂贵的多目标优化问题,如智能领域、机器人设计、机械制造和航空航天领域等。该类问题是多目标优化问题的一种特例,其数学表达形式一般是黑盒的,且往往需要成本昂贵的仿真实验,因此该类问题的求解更具挑战性。受限于现实世界中有限的评估资源和计算成本,该类问题一般只允许执行有限次的真实函数评估,而非像多目标优化问题那样,可以执行几万到几百万次甚至更多次的函数评估。因此在目标函数未知的情况下,如何在有限次的函数评估内,寻找一组帕累托最优解,使其能够较好地平衡目标空间中多个子目标的关系成为昂贵的多目标优化问题的关键研究点。多目标贝叶斯优化方法是求解该类问题的有效手段,但当昂贵的多目标优化问题的决策变量个数较多时,受维度灾难和边界问题等影响,其优化效率大大降低。本书围绕低维决策空间和高维决策空间中昂贵多目标优化问题的合理利用并行硬件计算资源、更好地平衡收敛性-多样性、降低计算复杂度、提高获取函数的优化效率以及缓解维度灾难和边界问题,展开了如下四方面的研究,有效地求解了昂贵的多目标优化问题。

针对 ParEGO 序列化函数评估不能很好地利用现实世界并行硬件计算资源的问题,本书围绕低维决策空间中的昂贵的多目标优化问题,提出了基于自适应采样的批量多目标贝叶斯优化方法。通过引入双目标获取函数和自适应选点策略,该方法实现了以批处理方式进行真实函数评估的同时,改进了贝叶斯优化中的利用和探索之间的平衡关系,从而提高了最终候选解平衡收敛性与多样性的能力。在多目标测试问题和超参调优任务上对比了其他基线方法。实验结果表明,该方法通过并行化函数评估加快了收敛速度;同时利用自适应选点策略,使得选择的最终解集能很好地平衡收敛性和多样性之间的关系,从而验证了该方法求解昂贵的多目标优化问题的有效性。

针对当前关于高维多目标贝叶斯优化方法研究较少且相关研究对决策空间和目标空间假设性过强的问题,本书围绕高维决策空间中的昂贵的多目标优化问题,提出了基于块坐标更新的高维多目标贝叶斯优化方法。通过引入块坐标更新和ϵ-贪心获取函数,该方法降低了决策空间维度、缓解了维度灾难问题的同时,利用贪心思想在贝叶斯优化方法中的有效性,缓解了高维决策空间中的边界搜索问题。在多目标优化测试问题和两个交通领域优化问题上对比了其他基线方法。实验结果表明,该方法避免了算法复杂度随决策空间维度呈指数增长;且合理利用了有限的函数评估次数,使得最终解集能够更均匀地分布在整个搜索空间,从而更好地平衡了高维决策空间中的收敛性和多样性,验证了该方法求解高维昂贵的多目标优化问题的有效性。

针对基于块坐标更新的高维多目标贝叶斯优化方法的决策空间划分具有随机性、优化效率低和串行化函数评估的问题,本书进一步提出了基于可加高斯结构的高维多目标贝叶斯优化方法。通过引入决策空间划分和可加高斯结构学习方法以及可加双目标获取函数,该方法降低了决策空间维度、缓解了维度灾难问题的同时,在高维决策空间中实现了以批处理的方式进行函数评估。在多目标优化测试问题对比了其他基于 EGO 的多目标贝叶斯优化基线方法。

针对基于可加高斯结构的高维多目标贝叶斯优化方法的决策空间划分具有主观性的问题,本书更进一步地提出了基于变量交互分析的高维多目标贝叶斯优化方法。通过引入分类器学习决策变量之间的交互关系,并利用虚拟导数信息优化蒙特卡罗获取函数,该方法降低了决策空间维度、缓解了维度灾难问题的同时,在高维决策空间中实现了以批处理的方式进行函数评估。本书在多目标优化测试问题上对比了其他多目标贝叶斯优化方法。

参 考 文 献

[1] Tesch M，Schneider J，Choset H. Expensive multi-objective optimization for robotics［C］. Proceedings of the 32th IEEE International Conference on Robotics and Automation. Karlsruhe，German，2013：973-980.

[2] Lyu W，Yang F，Yan C，et al. Batch Bayesian optimization via multi-objective acquisition en semble for automated analog circuit design［C］. Proceedings of the 35th International Conference on Machine Learning，2018：3306-3314.

[3] Snoek J，Larochelle H，Adams R P. Practical bayesian optimization of machine learning algorithms［C］. Proceedings of the 25th International Conference on Neural Information Processing Systems，2012：2951-2959.

[4] He Y，Sun J，Song P，et al. Preference-driven kriging-based multi-objective optimization method with a novel multipoint infill criterion and application to airfoil shape design［J］. Aerospace Science and Technology，2020，96：105555.

[5] Hu L，Naeem W，Rajabally E，et al. A multi-objective optimization approach for colregs-compliant path planning of autonomous surface vehicles verified on networked bridge simu-lators［J］. IEEE Transactions on Intelligent Transportation Systems，2020，21(3)：1167-1179.

[6] Weng D，Chen R，Zhang J，et al. Pareto-optimal transit route planning with multi-objective monte-carlo tree search［J］. IEEE Transactions on Intelligent Transportation Systems，2021，22（2）：1185-1195.

[7] Echanobe J，Basterretxea K，Campo I d，et al. Multi-objective genetic algorithm for optimizing an elm-based driver distraction detection system［J］. IEEE Transactions on Intelligent Transportation Systems，2021：1-14.

[8] Pedrielli G，Xing Y，Peh J H，et al. A real time simulation optimization framework for vessel collision avoidance and the case of singapore strait［J］. IEEE Transactions on Intelligent Transportation Systems，2020，21(3)：1204-1215.

[9] Yu G，Wong P，Zhao J，et al. Design of an acceleration redistribution cooperative strategy for collision avoidance system based on dynamic weighted multi-objective model predictive controller ［J］. IEEE Transactions on Intelligent Transportation Systems，2022，23(6)：5006-5018.

[10] Zhang Z，Wan Y，Qin J，et al. A deep rl-based algorithm for coordinated charging of electric vehicles［J］. IEEE Transactions on Intelligent Transportation Systems，2022：1-11.

[11] Yang X T，Huang K，Zhang Z，et al. Eco-driving system for connected automated vehicles：Multi-objective trajectory optimization［J］. IEEE Transactions on Intelligent Transportation Systems，2021，22(12)：7837-7849.

[12] Deb K，Pratap A，Agarwal S，et al. A fast and elitist multi-objective genetic algorithm：NSGA-

Ⅱ[J]. IEEE Transactions on Evolutionary Computation，2002，6(2)：182-197.

[13] Zitzler E，Laumanns M，Thiele L. Spea2：Improving the strength Pareto evolutionary algorithm [J]. Technologie und Informationsmanagement in der Konstruktion，2001，103.

[14] Corne D W，Jerram N R，Knowles J D，et al. Pesa-Ⅱ：Region-based selection in evolutionary multi-objective optimization[C]. Proceedings of the 3th Genetic and Evolutionary Computation Conference，2001：283-290.

[15] Zhang Q，Li H. Moea/d：Amulti-objective evolutionary algorithm based on decomposition[J]. IEEE Transactions on Evolutionary Computation，2007，11(6)：712-731.

[16] Deb K，Jain H. An evolutionary many-objective optimization algorithm using reference-point-based nondominated sorting approach，part Ⅰ：Solving problems with box constraints[J]. IEEE Transactions on Evolutionary Computation，2014，18(4)：577-601.

[17] Jain H，Deb K. An evolutionary many-objective optimization algorithm using reference-point based nondominated sorting approach，part Ⅱ：Handling constraints and extending to an adaptive approach[J]. IEEE Transactions on evolutionary computation，2013，18(4)：602-622.

[18] Yuan Y，Xu H，Wang B. An improved NSGA-Ⅲ procedure for evolutionary many-objective optimization[C]. Proceedings of the 16th Genetic and Evolutionary Computation Conference，2014：661-668.

[19] Yuan Y，Xu H，Wang B，et al. Balancing convergence and diversity in decomposition-based many-objective optimizers[J]. IEEE Transactions on Evolutionary Computation，2016，20(2)：180-198.

[20] Yuan Y，Xu H，Wang B，et al. A new dominance relation-based evolutionary algorithm for many-objective optimization[J]. IEEE Transactions on Evolutionary Computation，2016，20 (1)：16-37.

[21] Györfi L，Kohler M，Krzyzak A，et al. A distribution-free theory of nonparametric regression [M]. Berlin：Springer，2002.

[22] Peng Y，Ishibuchi H. A decomposition-based large-scale multi-modal multi-objective optimization algorithm[C]. Proceedings of the 22th Congress on Evolutionary Computation，2020：1-8.

[23] Tang D，Wang Y，Wu X，et al. A symmetric points search and variable grouping method for large scale multi objective optimization[C]. Proceedings of the 22th Congress on Evolutionary Computation，2020：1-8.

[24] Antonio L M，Coello C A C，Morales M A R，et al. Coevolutionary operations for large scale multi-objective optimization[C]. Proceedings of the 22th Congress on Evolutionary Computation，2020：1-8.

[25] Tian Y，Liu R，Zhang X，et al. A multi-population evolutionary algorithm for solving large-scale multi-modal multi-objective optimization problems [J]. IEEE Transactions on Evolutionary Computation，2020，25(3)：405-418.

[26] Li C，Kandasamy K，Póczos B，et al. High dimensional bayesian optimization via restricted

projection pursuit models[C]. Proceedings of the 19th International Conference on Artificial Intelligence and Statistics，2016：884-892.

[27] Rasmussen C E，Williams C K I. Gaussian processes for machine learning (adaptive computation and machine learning)[M]. Cambridge The MIT Press，2005.

[28] Shahriari B，Swersky K，Wang Z，et al. Taking the human out of the loop：A review of bayesian optimization[J]. Institute of Electrical and Electronics Engineers，2016，104(1)：148-175.

[29] Oh C，Gavves E，Welling M. BOCK：Bayesian optimization with cylindrical kernels[C]. Proceedings of the 35th International Conference on Machine Learning，2018：3865-3874.

[30] Veldhuizen D A V，Allen D. Multi-objective evolutionary algorithms：Classifications，analyses，and new innovations[Z]. Evolutionary Computation，1999.

[31] Coello C A C，Lamont G B，Veldhuizen D A V. Evolutionary algorithms for solving multi-objective problems (genetic and evolutionary computation)[M]. Heidelberg：Springer-Verlag，2006.

[32] Coello C A C，Veldhuizen D A V，Lamont G B. Genetic algorithms and evolutionary computation：volume 5 evolutionary algorithms for solving multi-objective problems[M]. Kluwer，2002.

[33] Chen W，Weise T，Yang Z，et al. Large-scale global optimization using cooperative coevolution with variable interaction learning[C]. Proceedings of the 11th Parallel Problem Solving from Nature，2010：300-309.

[34] Ma X，Liu F，Qi Y，et al. Amulti-objective evolutionary algorithm based on decision variable analyses for multi-objective optimization problems with large-scale variables[J]. IEEE Transactions on Evolutionary Computation，2016，20(2)：275-298.

[35] Bouzarkouna Z，Auger A，Ding D Y. Local-meta-model CMA-ES for partially separable functions[C]. Proceedings of the 13th Genetic and Evolutionary Computation Conference，2011：869-876.

[36] Huband S，Hingston P，Barone L，et al. A review of multi-objective test problems and a scalable test problem toolkit[J]. IEEE Transactions on Evolutionary Computation，2006，10(5)：477-506.

[37] Jones D R，Schonlau M，Welch W J. Efficient global optimization of expensive black-box functions[J]. Journal of Global Optimization，1998，13(4)：455-492.

[38] Knowles J. Parego：a hybrid algorithm with online landscape approximation for expensive multi-objective optimization problems[J]. IEEE Transactions on Evolutionary Computation，2006，10(1)：50-66.

[39] Ponweiser W，Wagner T，Biermann D，et al. Multi-objective optimization on a limited budget of evaluations using model-assisted s-metric selection[C]. Proceedings of the 9th Parallel Problem Solving from Nature，2008：784-794.

[40] Zhang Q，Liu W，Tsang E，et al. Expensive multi-objective optimization by moea/d with Gaussian process model[J]. IEEE Transactions on Evolutionary Computation，2010，14(3)：

456-474.

[41] Feng Z, Zhang Q, Zhang Q, et al. A multi-objective optimization based framework to balance the global exploration and local exploitation in expensive optimization [J]. Journal of Global Optimization, 2014, 61: 1-18.

[42] Grobler C, Kok S, Wilke D N. Simple intuitive multi-objective parallelization of efficient global optimization: Simple-ego [C]. Proceedings of the 10th World Congress on Structural and Multidisciplinary, 2018: 205-220.

[43] Hussein R, Deb K. A generative kriging surrogate model for constrained and unconstrained multi-objective optimization [C]. Proceedings of the 18th Genetic and Evolutionary Computation Conference, 2016: 573-580.

[44] Wang Z, Zhang Q, Ong Y S, et al. Choose appropriate subproblems for collaborative modeling in expensive multi-objective optimization[J]. IEEE Transactions on Cybernetics, 2021: 1-14.

[45] Hansen N, Ostermeier A. Adapting arbitrary normal mutation distributions in evolution strategies: The covariance matrix adaptation[C]. Proceedings of the 1th IEEE International Conference on Evolutionary Computation, 1996: 312-317.

[46] Igel C, Hansen N, Roth S. Covariance matrix adaptation for multi-objective optimization[J]. Evolutionary Computation, 2007, 15(1): 1-28.

[47] Zitzler E. Evolutionary algorithms for multi-objective optimization: Methods and applications [M]. Citeseer, 1999.

[48] Zhan D, Cheng Y, Liu J. Expected improvement matrix-based infill criteria for expensive multi-objective optimization [J]. IEEE Transactions on Evolutionary Computation, 2017, 21 (6): 956-975.

[49] Picheny V. Multi-objective optimization using gaussian process emulators via stepwise uncertainty reduction[J]. Statistics and Computing, 2015, 25(6): 1265-1280.

[50] Chugh T, Jin Y, Miettinen K, et al. A surrogate-assisted reference vector guided evolutionary algorithm for computationally expensive many-objective optimization[J]. IEEE Transactions on Evolutionary Computation, 2018, 22(1): 129-142.

[51] Cheng R, Jin Y, Olhofer M, et al. A reference vector guided evolutionary algorithm for many-objective optimization [J]. IEEE Transactions on Evolutionary Computation, 2016, 20 (5): 773-791.

[52] Auer P. Using confidence bounds for exploitation-exploration trade-offs [J]. The Journal of Machine Learning Research, 2002, 3: 397-422.

[53] Brochu E, Cora V M, de Freitas N. A tutorial on bayesian optimization of expensive cost functions, with application to active user modeling and hierarchical reinforcement learning[J]. CoRR, 2010, abs/1012.2599.

[54] Emmerich M T M, Giannakoglou K C, Naujoks B. Single and multi-objective evolutionary

optimization assisted by gaussian random field metamodels[J]. IEEE Transactions on Evolutionary Computation，2006，10(4)：421-439.

[55] Bradford E，Schweidtmann A M，Lapkin A A. Efficientmulti-objective optimization employing gaussian processes，spectral sampling and a genetic algorithm[J]. Journal of Global Optimization，2018，71(2)：407-438.

[56] Yang K，Palar P S，Emmerich M，et al. A multi-point mechanism of expected hypervolume improvement for parallel multi-objective bayesian global optimization[C]. Proceedings of the 21th Genetic and Evolutionary Computation Conference，2019：656-663.

[57] Yang K，Emmerich M，Deutz A H，et al. Multi-objective bayesian global optimization using expected hypervolume improvement gradient[J]. Swarm and Evolutionary Computation，2019，44：945-956.

[58] Zhang R，Golovin D. Random hypervolume scalarizations for provable multi-objective black box optimization[C]. Proceedings of the 37th International Conference on Machine Learning，2020：11096-11105.

[59] Daulton S，Balandat M，Bakshy E. Differentiable expected hypervolume improvement for parallel multi-objective bayesian optimization[C]. Proceedings of the 33th International Conference on Neural Information Processing Systems，2020，33：9851-9864.

[60] Daulton S，Balandat M，Bakshy E. Parallel bayesian optimization of multiple noisy objectives with expected hypervolume improvement[C]. Proceedings of the 34th International Conference on Neural Information Processing Systems，2021，34：2187-2200.

[61] Konakovic Lukovic M，Tian Y，Matusik W. Diversity-guided multi-objective Bayesian optimization with batch evaluations[C]. Proceedings of the 33th International Conference on Neural Information Processing Systems，2020，33：17708-17720.

[62] Daulton S，Cakmak S，Balandat M，et al. Robust multi-objective bayesian optimization under input noise[C]. Proceedings of the 39th International Conference on Machine Learning. Baltimore，2022：4831-4866.

[63] Lin X，Yang Z，Zhang Q. Pareto set learning for neural multi-objective combinatorial optimization[C]. Proceedings of the 10th International Conference on Learning Representations，2022.

[64] MacKay D J C. Information-based objective functions for active data selection[J]. Neural Computation，1992，4(4)：590-604.

[65] Hennig P，Schuler C J. Entropy search for information-efficient global optimization[J]. The Journal of Machine Learning Research，2012，13：1809-1837.

[66] Henrández-Lobato J M，Hoffman M W，Ghahramani Z. Predictive entropy search for efficient global optimization of black-box functions[C]. Proceedings of the 27th International Conference on Neural Information Processing Systems，2014：918-926.

[67] Hernández-Lobato J M，Gelbart M A，Hoffman M W，et al. Predictive entropy search for

Bayesian optimization with unknown constraints[C]. Proceedings of the 32th International Conference on Machine Learning, 2015: 1699-1707.

[68] Takeno S, Fukuoka H, Tsukada Y, et al. Multi-fidelity bayesian optimization with max-value entropy search and its parallelization[C]. Proceedings of the 37th International Conference on Machine Learning, 2020: 9334-9345.

[69] Zuluaga M, Sergent G, Krause A, et al. Active learning for multi-objective optimization[C]. Proceedings of the 30th International Conference on Machine Learning, 2013: 462-470.

[70] Zuluaga M, Krause A, Püschel M. ϵ-pal: An active learning approach to the multi-objective optimization problem[J]. Journal of Machine Learning Research, 2016, 17(1): 3619-3650.

[71] Hernández-Lobato D, Hernández-Lobato J M, Shah A, et al. Predictive entropy search for multi-objective Bayesian optimization[C]. Proceedings of the 33th International Conference on Machine Learning, 2016: 1492-1501.

[72] Belakaria S, Deshwal A, Doppa J R. Max-value entropy search for multi-objective Bayesian optimization[C]. Proceedings of the 32th International Conference on Neural Information Processing Systems, 2019: 7823-7833.

[73] Suzuki S, Takeno S, Tamura T, et al. Multi-objective bayesian optimization using pareto-frontier entropy[C]. Proceedings of the 37th International Conference on Machine Learning, 2020: 9279-9288.

[74] Belakaria S, Deshwal A, Doppa J R. Multi-fidelity multi-objective bayesian optimization: An output space entropy search approach[C]. Proceedings of the 34th AAAI Conference on Artificial Intelligence, 2020: 10035-10043.

[75] Fernández-Sánchez D, Garrido-Merchán E C, Hernández-Lobato D. Max-value entropy search for multi-objective bayesian optimization with constraints[C]. Proceedings of the Neural Information Processing Systems, 2020.

[76] Tu B, Gandy A, Kantas N, et al. Joint entropy search for multi-objective bayesian optimization [C]. Proceedings of the 35th International Conference on Neural Information Processing Systems, 2022.

[77] Wang Z, Zoghi M, Hutter F, et al. Bayesian optimization in high dimensions via random embeddings[C]. Proceedings of the 23th International Joint Conference on Artificial Intelligence, 2013: 1778-1784.

[78] Djolonga J, Krause A, Cevher V. High-dimensional gaussian process bandits[C]. Proceedings of the 26th International Conference on Neural Information Processing Systems, 2013: 1025-1033.

[79] Li C, Gupta S, Rana S, et al. High dimensional Bayesian optimization using dropout[C]. Proceedings of the 26th International Joint Conference on Artificial Intelligence, 2017: 2096-2102.

[80] Kirschner J, Mutny M, Hiller N, et al. Adaptive and safe Bayesian optimization in high dimensions via one-dimensional subspaces[C]. Proceedings of the 36th International Conference on

Machine Learning，2019：3429-3438.

[81] Zhang M，Li H，Su S W. High dimensional Bayesian optimization via supervised dimension reduction[C]. Proceedings of the 28th International Joint Conference on Artificial Intelligence，2019：4292-4298.

[82] Tran-The H，Gupta S，Rana S，et al. Trading convergence rate with computational budget in high dimensional Bayesian optimization[C]. Proceedings of the 34th AAAI Conference on Artificial Intelligence，2020：2425-2432.

[83] Nayebi A，Munteanu A，Poloczek M. A framework for Bayesian optimization in embedded subspaces[C]. Proceedings of the 36th International Conference on Machine Learning，2019：4752-4761.

[84] Letham B，Calandra R，Rai A，et al. Re-examining linear embeddings for high-dimensional Bayesian optimization[C]. Proceedings of the 33th International Conference on Neural Information Processing Systems，2020：1025-1033.

[85] Papenmeier L，Nardi L，Poloczek M. Increasing the scope as you learn：Adaptive bayesian optimization in nested subspaces[C]. Proceedings of the 35th International Conference on Neural Information Processing Systems，2022.

[86] Kandasamy K，Schneider J，Póczos B. High dimensional Bayesian optimisation and bandits via additive models[C]. Proceedings of the 32th International Conference on Machine Learning，2015：295-304.

[87] Srinivas N，Krause A，Kakade S，et al. Gaussian process optimization in the bandit setting：No regret and experimental design[C]. Proceedings of the 27th International Conference on Machine Learning，2010：1015-1022.

[88] Wang Z，Li C，Jegelka S，et al. Batched high-dimensional Bayesian optimization via structural kernel learning[C]. Proceedings of the 34th International Conference on Machine Learning，2017：3656-3664.

[89] Wang Z，Gehring C，Kohli P，et al. Batched large-scale bayesian optimization in high-dimensional spaces[C]. Proceedings of the 21th International Conference on Artificial Intelligence and Statistics，2018：745-754.

[90] Mutny M，Krause A. Efficient high dimensional bayesian optimization with additivity and quadrature fourier features[C]. Proceedings of the 31th International Conference on Neural Information Processing Systems，2018：9019-9030.

[91] Rolland P，Scarlett J，Bogunovic I，et al. High-dimensional Bayesian optimization via additive models with overlapping groups[C]. Proceedings of the 21th International Conference on Artificial Intelligence and Statistics，2018：298-307.

[92] Rana S，Li C，Gupta S，et al. High dimensional Bayesian optimization with elastic Gaussian process[C]. Proceedings of the 34th International Conference on Machine Learning，2017：

2883-2891.

[93] Raponi E, Wang H, Bujny M, et al. High dimensional bayesian optimization assisted by principal component analysis[C]. Proceedings of the 16th Parallel Problem Solving from Nature, 2020: 169-183.

[94] Jaquier N, Rozo L D. High-dimensional Bayesian optimization via nested riemannian mani-folds [C]. Proceedings of the 33th International Conference on Neural Information Processing Systems, 2020.

[95] Wang L, Fonseca R, Tian Y. Learning search space partition for black-box optimization using Monte Carlo tree search[C]. Proceedings of the 33th International Conference on Neural Information Processing Systems, 2020.

[96] Eriksson D, Pearce M, Gardner J R, et al. Scalable global optimization via local Bayesian optimization[C]. Proceedings of the 32th International Conference on Neural Information Processing Systems, 2019: 5497-5508.

[97] Qian H, Yu Y. Solving high-dimensional multi-objective optimization problems with low effective dimensions[C]. Proceedings of the 31th AAAI Conference on Artificial Intelligence, 2017: 875-881.

[98] Daulton S, Eriksson D, Balandat M, et al. Multi-objective bayesian optimization over high-dimensional search spaces[J]. Uncertainty in Artificial Intelligence, 2022: 507-517.

[99] Zhao Y, Wang L, Yang K, et al. Multi-objective optimization by learning space partition[C]. Proceedings of the 10th International Conference on Learning Representations, 2022.

[100] Snoek J, Larochelle H, Adams P. Practical Bayesian optimization of machine learning algorithms [J]. In Advances in Neural Information Processing Systems, 2012, 25: 2951-2959.

[101] Močkus J. Bayesian approach to global optimization: Theory and applications[M]. Kluwer Academic Publishers, 1989.

[102] Forrester A, Sóbester A, Keane A. Engineering design via surrogate modelling: A practical guide[M]. Hoboken: John Wiley & Sons, 2008.

[103] Negoescu D M, Frazier P I, Powell W B. The knowledge-gradient algorithm for sequencing experiments in drug discovery[J]. Institute for Operations Research and the Management Sciences Journal on Computing, 2011, 23(3): 346-363.

[104] Frazier P I, Wang J. Bayesian optimization for materials design[M]. Cham: Springer International Publishing, 2015.

[105] Packwood D. Bayesian optimization for materials science[M]. Berlin: Springer Singapore, 2017.

[106] Shoemaker C A, Regis R G, Fleming R C. Watershed calibration using multistart local optimization and evolutionary optimization with radial basis function approximation [J]. Hydrological Sciences Journal, 2007, 52(3): 450-465.

[107] Lizotte D J. Practical Bayesian Optimization[D]. Edmonton: University of Alberta, 2008.

[108] Lizotte D J, Wang T, Bowling M H, et al. Automatic gait optimization with Gaussian process regression[C]. Proceedings of the 21th International Joint Conference on Artificial Intelligence, 2007, 7: 944-949.

[109] Kushner H J. A new method of locating the maximum point of an arbitrary multipeak curve in the presence of noise[J]. Journal of Basic Engineering, 1964, 86(1): 97-106.

[110] Mockus J. The application of Bayesian methods for seeking the extremum[J]. Towards Global Optimization, 1998, 2: 117-129.

[111] Zhilinskas A G. Single-step Bayesian search method for an extremum of functions of a single variable[J]. Cybernetics, 1975, 11(1): 160-166.

[112] Huang D, Allen T T, Notz W I, et al. Sequential kriging optimization using multiple-fidelity evaluations[J]. Structural and Multidisciplinary Optimization, 2006, 32: 369-382.

[113] Sóbester A, Leary S J, Keane A J. A parallel updating scheme for approximating and optimizing high fidelity computer simulations[J]. Structural and multidisciplinary optimization, 2004, 27: 371-383.

[114] Keane A J. Statistical improvement criteria for use in multi-objective design optimization[J]. American Institute of Aeronautics and Astronautics, 2006, 44(4): 879-891.

[115] Mockus J B, Mockus L J. Bayesian approach to global optimization and application to multi-objective and constrained problems[J]. Journal of optimization theory and applications, 1991, 70: 157-172.

[116] Calvin J M. Average performance of a class of adaptive algorithms for global optimization[J]. The Annals of Applied Probability, 1997: 711-730.

[117] Calvin J M. One-dimensional global optimization for observations with noise[J]. Computers & Mathematics with Applications, 2005, 50(1-2): 157-169.

[118] Calvin J, Žilinskas A. On the convergence of the P-algorithm for one-dimensional global optimization of smooth functions[J]. Journal of Optimization Theory and Applications, 1999, 102: 479-495.

[119] Calvin J, Žilinskas A. One-dimensional P-algorithm with convergence rate $O(n-3+\delta)$ for smooth functions[J]. Journal of Optimization Theory and Applications, 2000, 106(2): 297-307.

[120] Swersky K, Snoek J, Adams R P. Multi-task Bayesian optimization[J]. Advances in Neural Information Processing Systems, 2013, 26: 2004-2012.

[121] Toscano-Palmerin S, Frazier P I. Bayesian optimization with expensive integrands[J]. Society for Industrial and Applied Mathematics, 2022, 32(2): 417-444.

[122] Klein A, Falkner S, Bartels S, et al. Fast bayesian optimization of machine learning hyperparameters on large datasets[C]. Proceedings of the 20th Artificial Intelligence and Statistics, 2017: 528-536.

[123] Ginsbourger D, Le Riche R, Carraro L. A multi-points criterion for deterministic parallel global

optimization based on Gaussian processes[J]. In International Conference on Nonconvex Programming, 2008.

[124] Ginsbourger D, Le Riche R, Carraro L. Kriging is well-suited to parallelize optimization[J]. Computational Intelligence in Expensive Optimization Problems, 2010: 131-162.

[125] Wang J, Clark S C, Liu E, et al. Parallel Bayesian global optimization of expensive functions[J]. Operations Research, 2020, 68(6): 1850-1865.

[126] Wu J, Frazier P. The parallel knowledge gradient method for batch Bayesian optimization[J]. Advances in Neural Information Processing Systems, 2016, 29: 3126-3134.

[127] Salemi P, Nelson B L, Staum J. Discrete optimization via simulation using Gaussian Markov random fields[C]. Proceedings of the 46th Winter Simulation Conference, 2014: 3809-3820.

[128] Mehdad E, Kleijnen J P C. Efficient global optimisation for black-box simulation via sequential intrinsic Kriging[J]. Journal of the Operational Research Society, 2018, 69(11): 1725-1737.

[129] Kleijnen J P C. Design and analysis of simulation experiments[M]. Berlin: Springer International Publishing, 2018.

[130] Regis R G, Shoemaker C A. Constrained global optimization of expensive black box functions using radial basis functions[J]. Journal of Global Optimization, 2005, 31: 153-171.

[131] Regis R G, Shoemaker C A. Improved strategies for radial basis function methods for global optimization[J]. Journal of Global Optimization, 2007, 37: 113-135.

[132] Regis R G, Shoemaker C A. Parallel radial basis function methods for the global optimization of expensive functions[J]. European Journal of Operational Research, 2007, 182(2): 514-535.

[133] Booker A J, Dennis J E, Frank P D, et al. A rigorous framework for optimization of expensive functions by surrogates[J]. Structural Optimization, 1999, 17: 1-13.

[134] Gelman A, Carlin J B, Stern H S, et al. Bayesian data analysis[M]. Florida: CRC Press, 2013.

[135] Clark C E. The greatest of a finite set of random variables[J]. Operations Research, 1961, 9(2): 145-162.

[136] Močkus J. On Bayesian methods for seeking the extremum[C]. Proceedings of the 4th Optimization Techniques: IFIP Technical Conference, 1975: 400-404.

[137] Liu D C, Nocedal J. On the limited memory BFGS method for large scale optimization[J]. Mathematical Programming, 1989, 45(1-3): 503-528.

[138] Mahajan A, Teneketzis D. Multi-armed bandit problems[J]. Foundations and Applications of Sensor Management, 2008: 121-151.

[139] Sutton R S, Barto A G. Reinforcement learning: An introduction[M]. Cambridge: MIT Press, 2018.

[140] Kaelbling L P, Littman M L, Moore A W. Reinforcement learning: A survey[J]. Journal of Artificial Intelligence Research, 1996, 4: 237-285.

[141] Berger J O. Statistical decision theory and Bayesian analysis[M]. Berlin: Springer Science &

Business Media，2013.

[142] Frazier P，Powell W，Dayanik S. The knowledge-gradient policy for correlated normal beliefs[J]. INFORMS Journal on Computing，2009，21(4)：599-613.

[143] Frazier P I，Powell W B，Dayanik S. A knowledge-gradient policy for sequential information collection[J]. SIAM Journal on Control and Optimization，2008，47(5)：2410-2439.

[144] Chick S E，Inoue K. New two-stage and sequential procedures for selecting the best simulated system[J]. Operations Research，2001，49(5)：732-743.

[145] Robbins H，Monro S. A stochastic approximation method[J]. The Annals of Mathematical Statistics，1951：400-407.

[146] Blum J R. Multidimensional stochastic approximation methods[J]. The Annals of Mathematical Statistics，1954：737-744.

[147] Martí R. Multi-start methods[J]. Handbook of Metaheuristics，2003：355-368.

[148] Ho Y C，Cao X，Cassandras C. Infinitesimal and finite perturbation analysis for queueing networks[J]. Automatica，1983，19(4)：439-445.

[149] Milgrom P，Segal I. Envelope theorems for arbitrary choice sets[J]. Econometrica，2002，70 (2)：583-601.

[150] Poloczek，M.，Wang，J.，and Frazier，P. Multi-information source optimization[J]. In Advances in Neural Information Processing Systems，2017：4291-4301.

[151] Cover T M. Elements of information theory[M]. New York：John Wiley & Sons，1999.

[152] Dynkin E B，Yushkevich A A. Controlled Markov processes[M]. New York：Springer，1979.

[153] Powell W B. Approximate Dynamic Programming：Solving the curses of dimensionality[M]. New York：John Wiley & Sons，2007.

[154] Lam R，Willcox K，Wolpert D H. Bayesian optimization with a finite budget：An approximate dynamic programming approach[J]. Advances in Neural Information Processing Systems，2016，29：883-891.

[155] González J，Osborne M，Lawrence N. GLASSES：Relieving the myopia of Bayesian optimisation [C]. Proceedings of the 19th Artificial Intelligence and Statistics，2016：790-799.

[156] Cashore J M，Kumarga L，Frazier P I. Multi-step Bayesian optimization for one-dimensional feasibility determination[J]. arXiv preprint arXiv：1607.03195，2016.

[157] Xie J，Frazier P I. Sequential bayes-optimal policies for multiple comparisons with a known standard[J]. Operations Research，2013，61(5)：1174-1189.

[158] Waeber R，Frazier P I，Henderson S G. Bisection search with noisy responses[J]. SIAM Journal on Control and Optimization，2013，51(3)：2261-2279.

[159] Deb K，Thiele L，Laumanns M，et al. Scalable test problems for evolutionary multi-objective optimization [J]. Evolutionary Multi-objective Optimization：Theoretical Advances and Applications，2005：105-145.

[160] Zitzler E, Deb K, Thiele L. Comparison of multi-objective evolutionary algorithms: Empirical results[J]. Evolutionary Computation, 2000, 8(2): 173-195.

[161] Schaffer J D. Multiple objective optimization with vector evaluated genetic algorithms[C]. Proceedings of the 1th International Conference on Genetic Algorithms and their Applications. 1985: 93-100.

[162] Fonseca C, Fleming P. Multi-objective genetic algorithms made easy: selection sharing and mating restriction[C]. Proceedings of 1th International Conference on Genetic Algorithms in Engineering Systems: Innovations and Applications, 1995: 45-52.

[163] Poloni C, Mosetti G, Contessi S, et al. Multi objective optimization by gas: Application to system and component design[M]. New York: John Wiley & Sons, 1996.

[164] Kursawe F. A variant of evolution strategies for vector optimization[C]. Proceedings of 3th Parallel Problem Solving from Nature, 1990: 193-197.

[165] Viennet R, Fonteix C, Marc I. Multicriteria optimization using a genetic algorithm for determining a pareto set[J]. International Journal of Systems Science, 1996, 27(2): 255-260.

[166] Deb K. Wiley-interscience series in systems and optimization: Multi-objective optimization using evolutionary algorithms[M]. New York: Wiley, 2001.

[167] Zhang Q, Zhou A, Zhao S, et al. Multi-objective optimization test instances for the cec 2009 special session and competition[J]. Mechanical Engineering, 2008: 1-30.

[168] Wang Z, Ong Y, Ishibuchi H. On scalable multi-objective test problems with hardly dominated boundaries[J]. IEEE Transactions on Evolutionary Computation, 2019, 23(2): 217-231.

[169] Li M, Yao X. Quality evaluation of solution sets in multi-objective optimisation: A survey[J]. Association for Computing Machinery, 2019, 52(2): 1-38.

[170] Halim A H, Ismail I, Das S. Performance assessment of the metaheuristic optimization algorithms: an exhaustive review[J]. Artificial Intelligence Review, 2021, 54: 2323-2409.

[171] Veldhuizen D A V. Multiobjective evolutionary algorithms: classifications, analyses, and new innovations[R]. 1999.

[172] Coello C A C, Cortés N C. Solving multi-objective optimization problems using an artificial immune system[J]. Genetic Programming and Evolvable Machines, 2005, 6(2): 163-190.

[173] Deb K, Jain S. Running performance metrics for evolutionary multi-objective optimization [R]. 2002.

[174] Schutze O, Esquivel X, Lara A, et al. Using the averaged hausdorff distance as a performance measure in evolutionary multi-objective optimization[J]. IEEE Transactions on Evolutionary Computation, 2012, 16(4): 504-522.

[175] Wang Y, Wu L, Yuan X. Multi-objective self-adaptive differential evolution with elitist archive and crowding entropy-based diversity measure[J]. Soft Computing, 2010, 14(3): 193-209.

[176] Li M, Yang S, Liu X. Diversity comparison of Pareto front approximations in many-objective

optimization[J]. IEEE Transactions on Cybernetics, 2014, 44(12): 2568-2584.

[177] Ishibuchi H, Masuda H, Nojima Y. A study on performance evaluation ability of a modified inverted generational distance indicator[C]. Proceedings of the 17th Genetic and Evolutionary Computation Conference, 2015: 695-702.

[178] Brockhoff D, Auger A, Hansen N, et al. Quantitative performance assessment of multiobjective optimizers: The average runtime attainment function[C]. Proceedings of the 9th Evolutionary Multi-Criterion Optimization, 2017: 103-119.

[179] Hale J Q, Zhu H, Zhou E. Domination measure: A new metric for solving multi-objective optimization[J]. INFORMS Journal on Computing, 2020, 32(3): 565-581.

[180] Falcón-Cardona J G, Emmerich M T M, Coello C A C. On the construction of pareto-compliant quality indicators [C]. Proceedings of the 21th Genetic and Evolutionary Computation Conference, 2019: 2024-2027.

[181] Falcón-Cardona J G, Martínez S Z, García-Nájera A. Pareto compliance from a practical point of view[C]. Proceedings of the 23th Genetic and Evolutionary Computation Conference, 2021: 395-402.

[182] Zhou A, Zhang Q, Tsang E, et al. Combining model-based and genetics-based offspring generation for multi-objective optimization using a convergence criterion[C]. Proceedings of the 8th Congress on Evolutionary Computation, 2006: 892-899.

[183] Durillo J J, Nebro A J. Jmetal: A Java framework for multi-objective optimization[J]. Advances in Engineering Software, 2011, 42(10): 760-771.

[184] Sasena M J. Flexibility and efficiency enhancements for constrained global design optimization with kriging approximations[D]. Ann Arbor: University of Michigan, 2002.

[185] Frazier P I. Bayesian optimization[J]. Recent Advances in Optimization and Modeling of Contemporary Problems, 2018: 255-278.

[186] Wang Z, Hutter F, Zoghi M, et al. Bayesian optimization in a billion dimensions via random embeddings[J]. Journal of Artificial Intelligence Research, 2016, 55: 361-387.

[187] Liu H, Ong Y S, Shen X, et al. When Gaussian process meets big data: A review of scalable GPs[J]. IEEE Transactions on Neural Networks and Learning Systems, 2020, 31 (11): 4405-4423.

[188] Binois M, Wycoff N. A survey on high-dimensional Gaussian process modeling with application to Bayesian optimization[J]. ACM Transactions on Evolutionary Learning and Optimization, 2022, 2(2): 1-26.

[189] Chen B, Castro R, Krause A. Joint optimization and variable selection of high-dimensional Gaussian processes[J]. arXiv preprint: 1206.6396.2012.

[190] Spagnol A, Riche R L, Veiga S D. Global sensitivity analysis for optimization with variable selection[J]. Society for Industrial and Applied Mathematics/American Statistical Association

Journal on Uncertainty Quantification, 2019, 7(2): 417-443.

[191] Winkel M A, Stallrich J W, Storlie C B, et al. Sequential optimization in locally important dimensions[J]. Technometrics, 2021, 63(2): 236-248.

[192] Ziyu W, Masrour Z, Frank H, et al. Bayesian optimization in high dimensions via random embeddings [C]. Proceedings of the 23th International Joint Conference on Artificial Intelligence, 2013.

[193] Antonova R, Rai A, Li T, et al. Bayesian optimization in variational latent spaces with dynamic compression[J]. Robot Learning, 2020: 456-465.

[194] Siivola E, Paleyes A, González J, et al. Good practices for Bayesian optimization of high Moriconi R, Deisenroth M P, Sesh Kumar K S. High-dimensional Bayesian optimization using low-dimensional feature spaces[J]. Machine Learning, 2020, 109: 1925-1943.

[195] Moriconi R, Deisenroth M P, Sesh Kumar K S. High-dimensional Bayesian optimization using low-dimensional feature spaces[J]. Machine Learning, 2020, 109: 1925-1943.

[196] Jaquier N, Rozo L, Calinon S, et al. Bayesian optimization meets Riemannian manifolds in robot learning[J]. Robot Learning, 2020: 233-246.

[197] Duvenaud D K, Nickisch H, Rasmussen C. Additive Gaussian processes[C]. Proceedings of the 24th International Conference on Neural Information Processing Systems, 2011, 24.

[198] Gardner J, Guo C, Weinberger K, et al. Discovering and exploiting additive structure for Bayesian optimization [C]. Proceedings of the 20th International Conference on Artificial Intelligence and Statistics, 2017: 1311-1319.

[199] Wang Z, Jegelka S. Max-value entropy search for efficient Bayesian optimization [C]. Proceedings of the 34th International Conference on Machine Learning, 2017: 3627-3635.

[200] Hoang T N, Hoang Q M, Ouyang R, et al. Decentralized high-dimensional Bayesian optimization with factor graphs[C]. Proceedings of the 32th AAAI Conference on Artificial Intelligence, 2018, 32(1).

[201] Garrido-Merchán E C, Hernández-Lobato D. Dealing with categorical and integer-valued variables in Bayesian optimization with Gaussian processes[J]. Neurocomputing, 2020, 380: 20-35.

[202] Gómez-Bombarelli R, Wei J N, Duvenaud D, et al. Automatic chemical design using a data-driven continuous representation of molecules[J]. American Chemical Society Central Science, 2018, 4(2): 268-276.

[203] Swersky K, Rubanova Y, Dohan D, et al. Amortized Bayesian optimization over discrete spaces [C]. Proceedings of the 36th Conference on Uncertainty in Artificial Intelligence, 2020: 769-778.

[204] Hutter F, Hoos H H, Leyton-Brown K. Sequential model-based optimization for general algorithm configuration[R]. Technical Report TR-2010-10. University of British Columbia, Computer Science, Tech. Rep, 2010.

[205] Bergstra J, Yamins D, Cox D D. Hyperopt: A python library for optimizing the hyperparameters of machine learning algorithms[C]. Proceedings of the 12th Python in Science Conference,2013, 13: 20.

[206] Bliek L, Verwer S, de Weerdt M. Black-box combinatorial optimization using models with integer-valued minima[J]. Annals of Mathematics and Artificial Intelligence, 2021, 89: 639-653.

[207] Deshwal A, Belakaria S, Doppa J R, et al. Optimizing discrete spaces via expensive evaluations: A learning to search framework[C]. Proceedings of the 34th AAAI Conference on Artificial Intelligence,2020, 34(04): 3773-3780.

[208] Baptista R, Poloczek M. Bayesian optimization of combinatorial structures[C]. Proceedings of the 35th International Conference on Machine Learning, 2018: 462-471.

[209] Oh C, Tomczak J, Gavves E, et al. Combinatorial Bayesian optimization using the graph cartesian product[C]. Proceedings of the 33th International Conference on Neural Information Processing Systems, 2019, 32.

[210] Deshwal A, Belakaria S, Doppa J R. Mercer features for efficient combinatorial Bayesian optimization[C]. Proceedings of the 35th AAAI Conference on Artificial Intelligence. 2021, 35 (8): 7210-7218.

[211] Kandasamy K, Neiswanger W, Schneider J, et al. Neural architecture search with Bayesian optimisation and optimal transport[C]. Proceedings of the 32th International Conference on Neural Information Processing Systems, 2018, 31.

[212] Ru B, Wan X, Dong X, et al. Interpretable neural architecture search via Bayesian optimisation with Weisfeiler-Lehman kernels[C]. Proceedings of the 9th International Conference on Learning Representations,1-16.

[213] Ru B, Alvi A, Nguyen V, et al. Bayesian optimisation over multiple continuous and categorical inputs[C]. Proceedings of the 37th International Conference on Machine Learning, 2020: 8276-8285.

[214] Pelamatti J, Brevault L, Balesdent M, et al. Efficient global optimization of constrained mixed variable problems[J]. Journal of Global Optimization, 2019, 73: 583-613.

[215] Pelamatti J, Brevault L, Balesdent M, et al. Bayesian optimization of variable-size design space problems[J]. Optimization and Engineering,2021, 22: 387-447.

[216] McHutchon A, Rasmussen C. Gaussian process training with input noise[C]. Proceedings of the 24th International Conference on Neural Information Processing Systems,2011.

[217] Picheny V, Wagner T, Ginsbourger D. A benchmark of kriging-based infill criteria for noisy optimization[J]. Structural and Multidisciplinary Optimization, 2013, 48: 607-626.

[218] Huang D, Allen T T, Notz W I, et al. Global optimization of stochastic black-box systems via sequential kriging meta-models[J]. Journal of Global Optimization, 2006, 34: 441-466.

[219] Scott W, Frazier P, Powell W. The correlated knowledge gradient for simulation optimization of

continuous parameters using Gaussian process regression[J]. SIAM Journal on Optimization，2011，21(3)：996-1026.

[220]　Kandasamy K，Krishnamurthy A，Schneider J，et al. Parallelised Bayesian optimisation via Thompson sampling [C]. Proceedings of the 21th International Conference on Artificial Intelligence and Statistics，2018：133-142.

[221]　Forrester A I J，Keane A J，Bressloff N W. Design and analysis of "noisy" computer experiments[J]. Journal of the American Institute of Aeronautics and Astronautics. American Institute of Aeronautics and Astronautics Journal，2006，44(10)：2331-2339.

[222]　O'Hagan A. On outlier rejection phenomena in Bayes inference[J]. Journal of the Royal Statistical Society：Series B：Statistical Methodology，1979，41(3)：358-367.

[223]　Kodamana H，Huang B，Ranjan R，et al. Approaches to robust process identification：A review and tutorial of probabilistic methods[J]. Journal of Process Control，2018，66：68-83.

[224]　Martinez-Cantin R，Tee K，McCourt M. Practical Bayesian optimization in the presence of outliers[C]. Proceedings of the 21th International Conference on Artificial Intelligence and Statistics，2018：1722-1731.

[225]　Vanhatalo J，Jylänki P，Vehtari A. Gaussian process regression with Student-t likelihood[C]. Proceedings of the 22th International Conference on Neural Information Processing Systems，2009：1910-1918.

[226]　Goldberg P，Williams C，Bishop C. Regression with input-dependent noise：A Gaussian process treatment [C]. Proceedings of the 10th International Conference on Neural Information Processing Systems，1997：493-499.

[227]　Lázaro-Gredilla M，Titsias M K. Variational heteroscedastic Gaussian process regression[C]. Proceedings of the 28th International Conference on International Conference on Machine Learning，2011：841-848.

[228]　Nogueira J，Martinez-Cantin R，Bernardino A，et al. Unscented Bayesian optimization for safe robot grasping[C]. Proceedings of the 29th IEEE/RSJ International Conference on Intelligent Robots and Systems，2016：1967-1972.

[229]　Beland J J，Nair P B. Bayesian optimization under uncertainty[C]. Proceedings of the 31th Neural Information Processing Systems BayesOpt，2017：1-10.

[230]　Marzat J，Walter E，Piet-Lahanier H. Worst-case global optimization of black-box functions through Kriging and relaxation[J]. Journal of Global Optimization，2013，55：707-727.

[231]　ur Rehman S，Langelaar M，van Keulen F. Efficient Kriging-based robust optimization of unconstrained problems[J]. Journal of Computational Science，2014，5(6)：872-881.

[232]　Bogunovic I，Krause A，Scarlett J. Corruption-tolerant Gaussian process bandit optimization[C]. Proceedings of the 23th International Conference on Artificial Intelligence and Statistics，2020：1071-1081.

［233］ Bagheri S, Konen W, Allmendinger R, et al. Constraint handling in efficient global optimization [C]. Proceedings of the 19th Genetic and Evolutionary Computation Conference, 2017: 673-680.

［234］ Schonlau M, Welch W J, Jones D R. Global versus local search in constrained optimization of computer models[J]. Lecture Notes-Monograph Series, 1998: 11-25.

［235］ Gardner J R, Kusner M J, Xu Z E, et al. Bayesian optimization with inequality constraints[C]. Proceedings of the 31th International Conference on International Conference on Machine Learning, 2014: 937-945.

［236］ Letham B, Karrer B, Ottoni G, et al. Constrained Bayesian optimization with noisy experiments [J]. Bayesian Analysis, 2019: 495-519.

［237］ Chevalier C, Bect J, Ginsbourger D, et al. Fast parallel kriging-based stepwise uncertainty reduction with application to the identification of an excursion set[J]. Technometrics, 2014, 56 (4): 455-465.

［238］ Picheny V. stepwise uncertainty reduction approach to constrained global optimization[C]. Proceedings of the 17th International Conference on Artificial Intelligence and Statistics, 2014: 787-795.

［239］ Bernardo J, Bayarri M J, Berger J O, et al. Optimization under unknown constraints[J]. Bayesian Statistics, 2011, 9(9): 229.

［240］ Perrone V, Shcherbatyi I, Jenatton R, et al. Constrained Bayesian optimization with max-value entropy search[C]. Proceedings of the 33th Conference on Neural Information Processing Systems, 2019: 12972-12981.

［241］ Hernández-Lobato J M, Gelbart M A, Adams R P, et al. A general framework for constrained Bayesian optimization using information-based search[J]. Journal of Machine Learning Research, 2016: 1T(160): 1-53.

［242］ Lam R, Willcox K. Lookahead Bayesian optimization with inequality constraints[C]. Proceedings of the 31th International Conference on Neural Information Processing Systems, 2017: 1890-1900.

［243］ Zhang Y, Zhang X, Frazier P. Constrained two-step look-ahead Bayesian optimization[C]. Proceedings of the 35th International Conference on Neural Information Processing Systems, 2021, 34: 12563-12575.

［244］ Zhang S, Yang F, Yan C, et al. An efficient batch constrained Bayesian optimization approach for analog circuit synthesis via multi-objective acquisition ensemble[J]. IEEE Transactions on Computer-Aided Design of Integrated Circuits and Systems, 2021, 41(1): 1-14.

［245］ Gramacy R B, Gray G A, Le Digabel S, et al. Modeling an augmented Lagrangian for blackbox constrained optimization[J]. Technometrics, 2016, 58(1): 1-11.

［246］ Perrone V, Donini M, Zafar M B, et al. Fair Bayesian optimization[C]. Proceedings of the 1th AAAI/ACM Conference on AI, Ethics, and Society, 2021: 854-863.

[247] Zhou A, Qu B Y, Li H, et al. Multi-objective evolutionary algorithms: A survey of the state of the art[J]. Swarm and Evolutionary Computation, 2011, 1(1): 32-49.

[248] Li B, Li J, Tang K, et al. Many-objective evolutionary algorithms: A survey[J]. ACM Computing Surveys, 2015, 48(1): 1-35.

[249] Qin S, Sun C, Jin Y, et al. Bayesian approaches to surrogate-assisted evolutionary multi-objective optimization: A comparative study[C]. Proceedings of the 11th IEEE Symposium Series on Computational Intelligence, 2019: 2074-2080.

[250] Cheng R, Jin Y, Olhofer M, et al. A reference vector guided evolutionary algorithm for many-objective optimization[J]. IEEE Transactions on Evolutionary Computation, 2016, 20(5): 773-791.

[251] Zhang Q, Liu W, Tsang E, et al. Expensive multi-objective optimization by MOEA/D with Gaussian process model[J]. IEEE Transactions on Evolutionary Computation, 2009, 14(3): 456-474.

[252] Wang X, Jin Y, Schmitt S, et al. An adaptive Bayesian approach to surrogate-assisted evolutionary multi-objective optimization[J]. Information Sciences, 2020, 519: 317-331.

[253] Belakaria S, Deshwal A, Jayakodi N K, et al. Uncertainty-aware search framework for multi-objective Bayesian optimization[C]. Proceedings of the 34th AAAI Conference on Artificial Intelligence, 2020, 34(06): 10044-10052.

[254] Ruan X, Li K, Derbel B, et al. Surrogate assisted evolutionary algorithm for medium scale multi-objective optimisation problems[C]. Proceedings of the 22th Genetic and Evolutionary Computation Conference, 2020: 560-568.

[255] Li N, Yang L, Li X, et al. Multi-objective optimization for designing of high-speed train cabin ventilation system using particle swarm optimization and multi-fidelity Kriging[J]. Building and Environment, 2019, 155: 161-174.

[256] Lv Z, Wang L, Han Z, et al. Surrogate-assisted particle swarm optimization algorithm with Pareto active learning for expensive multi-objective optimization[J]. IEEE/CAA Journal of Automatica Sinica, 2019, 6(3): 838-849.

[257] Zhou A, Jin Y, Zhang Q, et al. Combining model-based and genetics-based offspring generation for multi-objective optimization using a convergence criterion[C]. Proceedings of the 8th IEEE International Conference on Evolutionary Computation, 2006: 892-899.

[258] Zitzler E, Thiele L. Multi-objective evolutionary algorithms: A comparative case study and the strength Pareto approach[J]. IEEE Transactions on Evolutionary Computation, 1999, 3(4): 257-271.

[259] Li Z, Wang X, Ruan S, et al. A modified hypervolume based expected improvement for multi-objective efficient global optimization method[J]. Structural and Multidisciplinary Optimization, 2018, 58: 1961-1979.

[260] Wagner T, Emmerich M, Deutz A, et al. On expected-improvement criteria for model-based multi-objective optimization[C]. Proceedings of the 11th International Conference on Parallel Problem Solving from Nature, 2010: 718-727.

[261] Shimoyama K, Sato K, Jeong S, et al. Comparison of the criteria for updating kriging response surface models in multi-objective optimization[C]. Proceedings of the 14th IEEE Congress on Evolu-tionary Computation, 2012: 1-8.

[262] Emmerich M T M, Deutz A H, Klinkenberg J W. Hypervolume-based expected improvement: Monotonicity properties and exact computation[C]. Proceedings of the 13th IEEE Congress of Evolutionary Computation, 2011: 2147-2154.

[263] Couckuyt I, Deschrijver D, Dhaene T. Fast calculation of multi-objective probability of improvement and expected improvement criteria for Pareto optimization[J]. Journal of Global Optimization, 2014, 60: 575-594.

[264] Svenson J, Santner T. Multi-objective optimization of expensive-to-evaluate deterministic computer simulator models[J]. Computational Statistics & Data Analysis, 2016, 94: 250-264.

[265] Hernández-Lobato D, Hernandez-Lobato J, Shah A, et al. Predictive entropy search for multi-objective Bayesian optimization[C]. Proceedings of the 33th International Conference on Machine Learning, 2016: 1492-1501.

[266] Liu H, Cai J, Ong Y S. Remarks on multi-output Gaussian process regression[J]. Knowledge-Based Systems, 2018, 144: 102-121.

[267] Maddox W J, Balandat M, Wilson A G, et al. Bayesian optimization with high-dimensional outputs[C]. Proceedings of the 35th International Conference on Neural Information Processing Systems, 2021, 34: 19274-19287.

[268] Alvarez M A, Lawrence N D. Computationally efficient convolved multiple output Gaussian processes[J]. The Journal of Machine Learning Research, 2011, 12: 1459-1500.

[269] Moss H B, Leslie D S, Rayson P. Mumbo: Multi-task max-value Bayesian optimization[C]. Proceedings of the 33th Joint European Conference on Machine Learning and Knowledge Discovery in Databases. Springer, 2021: 447-462.

[270] Bardenet R, Brendel M, Kégl B, et al. Collaborative hyperparameter tuning[C]. Proceedings of the 30th International Conference on Machine Learning, 2013: 199-207.

[271] Char I, Chung Y, Neiswanger W, et al. Offline contextual Bayesian optimization[J]. In Proceedings of the 33th International Conference on Neural Information Processing Systems, 2019, 32.

[272] Kennedy M C, O'Hagan A. Predicting the output from a complex computer code when fast approximations are available[J]. Biometrika, 2000, 87(1): 1-13.

[273] Qian P Z G, Wu C F J. Bayesian hierarchical modeling for integrating low-accuracy and high-accuracy experiments[J]. Technometrics, 2008, 50(2): 192-204.

[274] Le Gratiet L, Garnier J. Recursive co-kriging model for design of computer experiments with multiple levels of fidelity[J]. International Journal for Uncertainty Quantification, 2014, 4(5).

[275] Perdikaris P, Raissi M, Damianou A, et al. Nonlinear information fusion algorithms for data-efficient multifidelity modelling[J]. Proceedings of the Royal Society A: Mathematical, Physical and Engineering Sciences, 2017, 473(2198): 20160751.

[276] Cutajar K, Pullin M, Damianou A, et al. Deep Gaussian processes for multi-fidelity modeling [C]. Proceedings of the 32th International Conference on Neural Information Processing Systems, 2019: 9695.

[277] Hebbal A, Brevault L, Balesdent M, et al. Multi-fidelity modeling with different input domain definitions using deep Gaussian processes[J]. Structural and Multidisciplinary Optimization, 2021, 63: 2267-2288.

[278] Liu Y, Chen S, Wang F, et al. Sequential optimization using multi-level cokriging and extended expected improvement criterion[J]. Structural and Multidisciplinary Optimization, 2018, 58: 1155-1173.

[279] Kandasamy K, Dasarathy G, Oliva J B, et al. Gaussian process optimisation with multi-fidelity evaluations[C]. Proceedings of the 30th International Conference on Advances in Neural Information Processing Systems, 2016: 4124.

[280] Kandasamy K, Dasarathy G, Schneider J, et al. Multi-fidelity Bayesian optimisation with continuous approximations[C]. Proceedings of the 34th International Conference on Machine Learning, 2017: 1799-1808.

[281] Sen R, Kandasamy K, Shakkottai S. Multifidelity black-box optimization with hierar-chical partitions. Multifidelity black-box optimization with hierar-chical partitions[C]. Proceedings of the 35th International Conference on Machine Learning, 2018: 4538-4547.

[282] Kandasamy K, Dasarathy G, Oliva J, et al. Multi-fidelity Gaussian process bandit optimisation [J]. Journal of Artificial Intelligence Research, 2019, 66: 151-196.

[283] Marco A, Berkenkamp F, Hennig P, et al. Virtual vs. real: Trading off simulations and physical experiments in reinforcement learning with Bayesian optimization[C]. Proceedings of the 35th IEEE International Conference on Robotics and Automation, 2017: 1557-1563.

[284] Zhang Y, Hoang T N, Low B K H, et al. Information-based multi-fidelity Bayesian optimization [C]. Proceedings of the 6th NIPS Workshop on Bayesian Optimization, 2017: 49.

[285] Yogatama D, Mann G. Efficient transfer learning method for automatic hyperparameter tuning [C]. Proceedings of the 17th International Conference on Artificial Intelligence and Statistics, 2014: 1077-1085.

[286] Golovin D, Solnik B, Moitra S, et al. Google vizier: A service for black-box optimization[C]. Proceedings of the 23th ACM SIGKDD International Conference on Knowledge Discovery and Data Mining, 2017: 1487-1495.

［287］ Min A T W, Gupta A, Ong Y S. Generalizing transfer Bayesian optimization to source-target heterogeneity[J]. IEEE Transactions on Automation Science and Engineering, 2020, 18(4): 1754-1765.

［288］ Joy T T, Rana S, Gupta S, et al. A flexible transfer learning framework for Bayesian optimization with convergence guarantee[J]. Expert Systems with Applications, 2019, 115: 656-672.

［289］ Ramachandran A, Gupta S, Rana S, et al. Selecting optimal source for transfer learning in Bayesian optimisation[C]. Proceedings of the 15th Pacific Rim International Conference on Artificial Intelligence,2018: 42-56.

［290］ Schilling N, Wistuba M, Schmidt-Thieme L. Scalable hyperparameter optimization with products of Gaussian process experts[C]. Proceedings of the 27th Joint European Conference on Machine Learning and Knowledge Discovery in Databases, 2016: 33-48.

［291］ Feurer M, Letham B, Bakshy E. Scalable meta-learning for Bayesian optimization[J]. Stat, 2018, 1050(6).

［292］ Min A T W, Ong Y S, Gupta A, et al. Multiproblem surrogates: Transfer evolutionary multi-objective optimization of computationally expensive problems [J]. IEEE Transactions on Evolutionary Computation, 2017, 23(1): 15-28.

［293］ Wistuba M, Schilling N, Schmidt-Thieme L. Scalable Gaussian process-based transfer surrogates for hyperparameter optimization[J]. Machine Learning, 2018, 107(1): 43-78.

［294］ Volpp M, Fröhlich L P, Fischer K, et al. Meta-learning acquisition functions for transfer learning in Bayesian optimization [C]. Proceedings of the 8th International Conference on Learning Representations, 2019.

［295］ Nguyen V, Le T, Yamada M, et al. Optimal transport kernels for sequential and parallel neural architecture search[C]. Proceedings of the 38th International Conference on Machine Learning, 2021: 8084-8095.

［296］ Janusevskis J, Le Riche R, Ginsbourger D, et al. Expected improvements for the asynchronous parallel global optimization of expensive functions: Potentials and challenges[C]. Proceedings of the 6th International Conference on Learning and Intelligent Optimization, 2012: 413-418.

［297］ Contal E, Buffoni D, Robicquet A, et al. Parallel Gaussian process optimization with upper confidence bound and pure exploration[C]. Proceedings of the 24th Joint European Conference on Machine Learning and Knowledge Discovery in Databases, 2013: 225-240.

［298］ Shah A, Ghahramani Z. Parallel predictive entropy search for batch global optimization of expensive objective functions[J]. Advances in Neural Information Processing Systems,2015,28: 3330-3338.

［299］ Azimi J, Fern A, Xiaoli Z Fern. Batch Bayesian optimization via simulation matching[C]. Proceedings of the 23th International Conference on Neural Information Processing Systems, 2010: 109-117.

[300] Javier González，Zhenwen Dai，Philipp Hennig，et al. Batch Bayesian optimization via local penalization[C]. Proceedings of the 19th International Conference on Artificial Intelligence and Statistics，2016：648-657.

[301] Liu J，Jiang C，Zheng J. Batch Bayesian optimization via adaptive local search[J]. Applied Intelligence，2021，51(3)：1280-1295.

[302] Joy T T，Rana S，Gupta S，et al. Batch Bayesian optimization using multi-scale search[J]. Knowledge-Based Systems，2020，187：104818.

[303] Hu H，Li P，Huang J Z. Parallelizable Bayesian optimization for analog and mixed-signal rare failure detection with high coverage[C]. Proceedings of the 37th IEEE/ACM International Conference on Computer-Aided Design，2018：1-8.

[304] De Ath G，Everson R M，Rahat A A M，et al. Greed is good：Exploration and exploitation trade-offs in Bayesian optimisation [J]. ACM Transactions on Evolutionary Learning and Optimization，2021，1(1)：1-22.

[305] De Ath G，Everson R M，Fieldsend J E，et al. ϵ-shotgun：ϵ-greedy batch Bayesian optimisation [C]. Proceedings of the 22th Genetic and Evolutionary Computation Conference. 2020：787-795.

[306] Rehbach F，Zaefferer M，Naujoks B，et al. Expected improvement versus predicted value in surrogate-based optimization[C]. Proceedings of the 22th Genetic and Evolutionary Computation Conference. 2020：868-876.

[307] Press W H. Numerical recipes 3rd edition：The art of scientific computing[M]. Cambridge：Cambridge University Press，2007.

[308] Srinivas N，Krause A，Kakade S M，et al. Information-theoretic regret bounds for Gaussian process optimization in the bandit setting[J]. IEEE Transactions on Information Theory，2012，58(5)：3250-3265.

[309] Desautels T，Krause A，Burdick J W. Parallelizing exploration-exploitation tradeoffs in Gaussian process bandit optimization[J]. Journal of Machine Learning Research，2014，15：3873-3923.

[310] Gupta S，Shilton A，Rana S，et al. Exploiting strategy-space diversity for batch Bayesian optimization[C]. Proceedings of the 21th International Conference on Artificial Intelligence and Statistics，2018：538-547.

[311] Bengio S，Vinyals O，Jaitly N，et al. Scheduled sampling for sequence prediction with recurrent neural networks[C]. Proceedings of the 28th International Conference on Neural Information Processing Systems，2015：1171-1179.

[312] Tian Y，Zhang X，Wang C，et al. An evolutionary algorithm for large-scale sparse multi-objective optimization problems[J]. IEEE Transactions on Evolutionary Computation，2020，24(2)：380-393.

[313] Tian Y，Lu C，Zhang X，et al. Solving large-scale multi-objective optimization problems with sparse optimal solutions via unsupervised neural networks[J]. IEEE Transactions on Cybernet-

ics，2021，51(6)：3115-3128.

[314] Tian Y，Cheng R，Zhang X，et al. Platemo：A Matlab platform for evolutionary multi-objective optimization[J]. IEEE Computational Intelligence Magazine，2017，12(4)：73-87.

[315] Carrasco J，Garc'ia S，del Mar Rueda M，et al. Recent trends in the use of statistical tests for comparing swarm and evolutionary computing algorithms：Practical guidelines and a critical review[J]. Swarm and Evolutionary Computation，2020，54：100665.

[316] Bergstra J，Bardenet R，Bengio Y，et al. Algorithms for hyper-parameter optimization[C]. Proceedings of the 23th International Conference on Neural Information Processing Systems，2011：2546-2554.

[317] Jamieson K G，Talwalkar A. Non-stochastic best arm identification and hyperparameter optimization[C]. Proceedings of the 19th International Conference on Artificial Intelligence and Statistics，2016：240-248.

[318] Li L，Jamieson K G，DeSalvo G，et al. Hyperband：A novel bandit-based approach to hyperparameter optimization[J]. Journal of Machine Learning Research，2018，18(185)：1-52.

[319] Perez E，Kiela D，Cho K. True few-shot learning with language models[C]. Proceedings of the 34th International Conference on Neural Information Processing Systems，2021：11054-11070.

[320] Lecun Y，Bottou L，Bengio Y，et al. Gradient-based learning applied to document recognition[J]. Institute of Electrical and Electronics Engineers，1998，86(11)：2278-2324.

[321] Luenberger D G，Ye Y，et al. Linear and nonlinear programming：volume 2[M]. Berlin：Springer，1984.

[322] Tseng P. Convergence of a block coordinate descent method for nondifferentiable minimization[J]. Journal of Optimization Theory and Applications，2001，109(3)：475-494.

[323] Tseng P，Yun S. Block-coordinate gradient descent method for linearly constrained nonsmooth separable optimization[J]. Journal of Optimization Theory and Applications，2009，140(3)：513-535.

[324] Lu Z，Xiao L. On the complexity analysis of randomized block-coordinate descent methods[J]. Mathematical Programming，2015，152(1-2)：615-642.

[325] Beume N，Naujoks B，Emmerich M. SMS-EMOA：Multi-objective selection based on dominated hypervolume[J]. European Journal of Operational Research，2007，181(3)：1653-1669.

[326] Bader J，Zitzler E. HypE：An algorithm for fast hypervolume-based many-objective optimization[J]. Evolutionary Computation，2011，19(1)：45-76.

[327] Owen A B. Quasi-Monte Carlo sampling[J]. Monte Carlo Ray Tracing：Siggraph，2003，1：69-88.

[328] Noble W S. What is a support vector machine? [J]. Nature biotechnology，2006，24(12)：1565-1567.

[329] Siivola E，Vehtari A，Vanhatalo J，et al. Correcting boundary over-exploration deficiencies in

Bayesian optimization with virtual derivative sign observations[C]. Proceedings of the 28th IEEE International Workshop on Machine Learning for Signal Processing, 2018: 1-6.

[330] Balandat M, Karrer B, Jiang D R, et al. Botorch: A framework for efficient Monte-Carlo Bayesian optimization [C]. Proceedings of the 33th International Conference on Neural Information Processing Systems, 2020.

[331] Zhu C, Byrd R H, Lu P, et al. Algorithm 778: L-bfgs-b: Fortran subroutines for large-scale bound-constrained optimization[J]. ACM Transactions on Mathematical Software, 1997, 23(4): 550-560.

[332] Paliwal C, Bhatt U, Biyani P, et al. Traffic estimation and prediction via online variational bayesian subspace filtering[J]. IEEE Transactions on Intelligent Transportation Systems, 2022, 23(5): 4674-4684.

[333] Katrakazas C, Quddus M, Chen W. A simulation study of predicting real-time conflict-prone traffic conditions[J]. IEEE Transactions on Intelligent Transportation Systems, 2018, 19(10): 3196-3207.

[334] Isukapati I K, Igoe C, Bronstein E, et al. Hierarchical bayesian framework for bus dwell time prediction[J]. IEEE Transactions on Intelligent Transportation Systems, 2021, 22(5): 3068-3077.

[335] Guo H, Hou X, Cao Z, et al. GP3: Gaussian process path planning for reliable shortest path in transportation networks[J]. IEEE Transactions on Intelligent Transportation Systems, 2021: 1-16.

[336] Rodrigues F, Henrickson K, Pereira F C. Multi-output Gaussian processes for crowdsourced traffic data imputation[J]. IEEE Transactions on Intelligent Transportation Systems, 2019, 20 (2): 594-603.

[337] Zhu Z, Xu M, Di Y, et al. Fitting spatial-temporal data via a physics regularized multi-output grid Gaussian process: Case studies of a bike-sharing system [J]. IEEE Transactions on Intelligent Transportation Systems, 2022: 1-12.

[338] Tanabe R, Ishibuchi H. An easy-to-use real-world multi-objective optimization problem suite[J]. Applied Soft Computing Journal, 2020, 89: 106078.

[339] Young M T, Hinkle J, Ramanathan A, et al. Hyperspace: Distributed Bayesian hyperparameter optimization[C]. Proceedings of the 30th International Symposium on Computer Architecture and High Performance Computing, 2018: 339-347.

[340] Hernández-Lobato J M, Requeima J, Pyzer-Knapp E O, et al. Parallel and distributed Thompson sampling for large-scale accelerated exploration of chemical space[C]. Proceedings of the 34th International Conference on Machine Learning, 2017: 1470-1479.

[341] Garcia-Barcos J, Martinez-Cantin R. Fully distributed Bayesian optimization with stochastic policies [C]. Proceedings of the 28th International Joint Conference on Artificial

Intelligence，2019.

[342] McMahan B，Moore E，Ramage D，et al. Communication-efficient learning of deep networks from decentralized data[C]. Proceedings of the 20th Artificial Intelligence and Statistics，2017：1273-1282.

[343] Dai Z，Low B K H，Jaillet P. Federated Bayesian optimization via Thompson sampling[J]. Advances in Neural Information Processing Systems，2020，33：9687-9699.

[344] Xu J，Jin Y，Du W，et al. A federated data-driven evolutionary algorithm[J]. Knowledge-based Systems，2021，233：107532.

[345] Yazdani D，Cheng R，Yazdani D，et al. A survey of evolutionary continuous dynamic optimization over two decades—Part A[J]. IEEE Transactions on Evolutionary Computation，2021，25(4)：609-629.

[346] Zhao P，Zhang L，Jiang Y，et al. A simple approach for non-stationary linear bandits[C]. Proceedings of the 23th International Conference on Artificial Intelligence and Statistics. PMLR，2020：746-755.

[347] Bogunovic I，Scarlett J，Cevher V. Time-varying Gaussian process bandit optimization[C]. Proceedings of the 19th Artificial Intelligence and Statistics. PMLR，2016：314-323.

[348] Chen R，Li K. Transfer Bayesian optimization for expensive black-box optimization in dynamic environment[C]. Proceedings of the 50th IEEE International Conference on Systems，Man，and Cybernetics，2021：1374-1379.

[349] Zhou X，Shroff N. No-regret algorithms for time-varying bayesian optimization[C]. Proceedings of the 55th Annual Conference on Information Sciences and Systems，2021：1-6.

[350] Deng Y，Zhou X，Kim B，et al. Weighted Gaussian process bandits for non-stationary environments[C] Proceedings of the 25th International Conference on Artificial Intelligence and Statistics，2022：6909-6932.

[351] Lee E H，Eriksson D，Perrone V，et al. A nonmyopic approach to cost-constrained Bayesian optimization[C]. Proceedings of the 37th Uncertainty in Artificial Intelligence，2021：568-577.

[352] Wang X，Jin Y，Schmitt S，et al. Transfer learning based surrogate assisted evolutionary bi-objective optimization for objectives with different evaluation times[J]. Knowledge-Based Systems，2021，227：107190.

[353] Wang X，Jin Y，Schmitt S，et al. Alleviating Search Bias in Bayesian Evolutionary Optimization with Heterogeneous Objectives[J]. Manuscript Submitted for Publication，2022.

[354] Sim R H L，Zhang Y，Low B K H，et al. Collaborative Bayesian optimization with fair regret[C]. Proceedings of the 38th International Conference on Machine Learning，2021：9691-9701.

[355] Paciorek C J，Schervish M J. Spatial modelling using a new class of nonstationary covariance functions[J]. Environmetrics：The official journal of the International Environmetrics Society，2006，17(5)：483-506.

[356] Hebbal A，Brevault L，Balesdent M，et al. Bayesian optimization using deep Gaussian processes with applications to aerospace system design[J]. Optimization and Engineering，2021，22：321-361.

附　　录

英文对照表

MOPs	多目标优化问题（Multi-objective Optimization Problems）
MOEAs	多目标进化算法（Multi-objective Evolutionary Algorithms）
Expensive MOPs	昂贵的多目标优化问题（Expensive Multi-objective Optimization Problems）
High-dimensional Expensive MOPs	高维昂贵的多目标优化问题（High-dimensional Expensive Multi-objective Optimization Problems）
GP	高斯过程（Gaussian Process）
BO	贝叶斯优化（Bayesian Optimization）
The Curse of Dimensionality	维度灾难
Boundary Issue	边界问题
Over Exploration	过度搜索
POS	帕累托最优集（Pareto Optimal Set）
PF	帕累托前沿（Pareto Front）
Separable MOPs	可分多目标问题
EGO	有效全局优化（Efficient Global Optimization）
HV	超体积（Hypervolume）
HVI	超体积改进（Hypervolume Improvement）
PE	预测熵（Predictive Entropy）
ES	熵搜索（Entropy Search）
PES	预测熵搜索（Predictive Entropy Search）

QFF	正交傅里叶变换（Quadrature Fourier Features）
PCA	主成分分析方法（Principal Component Analysis）
TR	置信域（Trust Region）
AF	获取函数（Acquisition Function）
RSM	响应面方法（Response Surface Method）
RBF	径向基函数（Radial Basis Function）
SVR	支持向量回归（Support Vector Regression）
PI	概率改进（Probability of Improvement）
EI	期望改进（Expected Improvement）
UCB	上置信度界限（Upper Confidence Bound）
LCB	下置信度界限（Lower Confidence Bound）
RMSE	均方误差（Root Mean Squared Error）
P^*	帕累托最优解
PF^*	帕累托前沿
APF	近似帕累托前沿
D	决策变量空间的维度
M	多目标问题中的子目标个数
$\boldsymbol{D}_t$	高斯过程模型中的已知数据点
$\boldsymbol{\mu}$	高斯过程的均值函数
$\boldsymbol{\sigma}^2$ 或 $\boldsymbol{K}$	高斯过程的协方差函数
$\boldsymbol{r}$	参考点
GD	世代距离（Generational Distance）
IGD	反世代距离（Inverted Generational Distance）
DM	多样性指标（Diversity Measurement）
Δ_p	豪斯多夫距离均值（the Averaged Hausdorff Distance）
Δ	均匀性（Spread）
N_{ini}	初始化采样点个数

续表

N_{res}	实际的用于真实函数评估的解的个数
Eval	当前算法评估次数
B	批处理大小
MaxEvals	最大真实函数评估次数
$\boldsymbol{\Lambda}$	均匀分布的权重向量
x^*	帕累托最优解
LHS	拉丁超立方采样(Latin Hypercube Sampling)
Greedy Exploitation	贪心利用
N	可分问题的子空间个数
d	决策变量子空间的维度
q	蒙特卡罗获取函数中的批处理大小

图 索 引

表 索 引